HARDPRESS.NET
HOME OF HARD-TO-FIND BOOKS

Guide Du Chauffeur Et Du Propriétaire De Machines À Vapeur, Ou Essai Sur Létablissement, La Conduite Et L'entretien Des Machines À Vapeur, Et Principalement De Celles Dites De Woolf À Moyenne Pression

by Philippe Grouvelle

Address:
HardPress
8345 NW 66TH ST #2561
MIAMI FL 33166-2626
USA
Email: info@hardpress.net

GUIDE

DU CHAUFFEUR

ET DU

Propriétaire de Machines à Vapeur.

ÉVERAT, IMPRIMEUR
rue du Cadran, nº 16.

GUIDE
DU CHAUFFEUR

ET DU

PROPRIÉTAIRE DE MACHINES A VAPEUR

OU ESSAI SUR L'ÉTABLISSEMENT, LA CONDUITE ET L'ENTRETIEN DES
MACHINES A VAPEUR, ET PRINCIPALEMENT DE CELLES DITES DE WOOLF
A MOYENNE PRESSION; PRÉCÉDÉ DE PRINCIPES PRATIQUES SUR LA
CONSTRUCTION DES FOURNEAUX;

Suivi d'Observations sur l'utilité comparative des principaux Systèmes
de Machines à Vapeur, et de quelques Moteurs.

Par MM. Grouvelle et Jaunez,

INGÉNIEURS CIVILS.

ORNÉ DE 10 PLANCHES
Gravées par M. LEBLANC, Professeur au Conservatoire.

A LA LIBRAIRIE

de l'École Centrale des Arts et Manufactures,

MALHER ET COMPAGNIE, ÉDITEURS,

Passage Dauphine.

1830.

EXPLICATION DES PLANCHES.

PLANCHE PREMIÈRE.

Fig. 1re. Chaudière à bouilleurs de fonte avec son fourneau, pour une machine à moyenne pression de huit chevaux, pouvant produire jusqu'à 200 k de vapeur à l'heure avec une consommation de 40 k de houille.

Fig. 1, 2, 3, 7 et 8 (Voy. art. 6, 7, 8, 9, 20, 22, 34).

A B. Les deux segmens de la chaudière, mastiqués ensemble à queue d'hironde et boulonnés.

C. Bouilleurs de fonte dont le col E est mastiqué à queue dans la tubulure de la chaudière.

D. Cheminée de 13 1|2 décimètres carrés de section sans rétrécissement et munie d'un registre q servant à régler le tirage du fourneau.

E. Col du bouilleur dans lequel passe un boulon h de fer destiné à soutenir la tête de ce bouilleur, et à la relier à la chaudière au moyen de deux traverses $f. g.$

F G H J K L M. Carneaux dans lesquels circule la fumée au sortir du foyer pour se rendre dans la cheminée D.

A

N. Foyer qui n'a que 0^m,030 de hauteur, destiné à brûler
la houille.

O. Cendrier.

S S. Supports en fonte de la chaudière.

V V. Cintres en briques, réservés devant et derrière
fourneau, pour le démontage des bouilleurs, et le ne
toyage des carneaux; ils sont ensuite fermés en m
çonnerie.

a. Bourrelet de fonte, réservé à l'un des segmens de
chaudière, dans lequel s'ajuste à queue l'autre segmen

b. Support de fer en croissant, sur lequel repose la queu
des bouilleurs, et qui est placé sur le sol du premi
carneau L.

c. Seuil en fonte de la porte du fourneau, soutenu p
une voûte en briques, afin qu'il ne soit pas exposé
se briser comme cela arrive quand il porte à faux.

d. Autel ou marche en briques, qui sépare la grille du pr
mier carneau, et empêche la houille et les cendres
s'y engager.

e. Traverse en fonte qui soutient la tête des bouilleur
cette pièce ne doit pas reposer sur la porte.

f. g. h. Traverses de fer unies par un boulon, et servant
relier les bouilleurs à la chaudière quand leur coll
n'est pas à queue d'hironde.

ii. Plateaux des bouilleurs.

l. Porte du fourneau.

m. Cloison horizontale en briques, fermant sur toute
longueur l'intervalle resté entre les deux bouilleurs.

n. Mur en briques élevé sur chacun des bouilleurs et for

mant sous la chaudière un carneau central **M**, et deux carneaux latéraux **J. K.**

o. Barreaux de la grille, reposant sur des chenets ou sommiers en fonte.

p. Dez en pierre dans lesquels sont entaillés les pieds des supports de fonte **S** de la chaudière.

q. Registre de la cheminée.

r. Balancier du flotteur reposant sur sa colonne avec son contrepoids.

ss. Traverses et bouchons du trou d'homme.

t. Tuyau à vapeur.

u. Tuyau de décharge de la chemise.

v. Tuyau d'injection de la pompe alimentaire.

x. Pierre du flotteur.

y Soupapes de sûreté.

z. Fil de cuivre qui soutient la pierre du flotteur.

Ce fourneau présente quatre carneaux horizontaux, parce qu'il était nécessaire de placer la cheminée sur le devant du fourneau.

Au sortir du foyer **N**, l'air chaud s'engage dans le carneau **L**, remonte ensuite derrière la queue des bouilleurs dans le carneau central **M** (la fig. 7 montre clairement cette disposition); de là, après avoir parcouru la longueur des bouilleurs jusqu'à leur col, il passe par l'ouverture **G**, dans le carneau latéral de gauche **J**, et revient par derrière la chaudière en **F**, dans le carneau latéral de droite **K**, et passant enfin par-dessus les bouilleurs devant leur col, va se rendre dans la cheminée **D**, par le carneau vertical **H**, dont

IV

la prolongation est indiquée (fig. 1re) par des lignes ponctuées.

FIG. 2. Coupe transversale de la chaudière représentée fig. 1re, et de son fourneau passant par le col des bouilleurs et le foyer.

FIG. 3. Élévation de la face du même fourneau avec le cintre V.

FIG. 4 et 5. Assemblage des deux segmens d'une chaudière de fonte avec des boulons traversant leurs collets. *a a.* sans queue d'hironde. (art. 6)

FIG. 6. Coupe d'une chaudière en cuivre à trois bouilleurs et disposition des carneaux (art. 5 et 35).

Il n'y a que trois carneaux horizontaux.

L'air brûlé passe dans le 1er carneau L, de là se rend dans l'un des carneaux latéraux J K, puis par le devant de la chaudière dans le second, et débouche enfin dans la cheminée placée derrière le fourneau.

a a. Indication ponctuée de l'élargissement que prennent les carneaux latéraux pour conserver la même section en passant devant les tubulures.

m. m. Briques fermant l'espace resté entre les bouilleurs.

n. Mur élevé au-dessus du bouilleur du milieu.

Au moyen de cette disposition plus de la moitié des bouilleurs est directement chauffée par le feu.

FIG. 7. Coupe sur le travers de la chaudière des carneaux

de la fig. 1re, montrant la disposition des trois carneau horizontaux J K M, et des deux murs *n n* qui les séparent.

FIG. 8. Coupe d'une chaudière semblable, sous laquelle on n'a établi que deux carneaux horizontaux, parce que la cheminée est placée derrière le fourneau (art. 34).

Le mur de *séparation n*, est élevé sur les briques *m*, qui ferment l'intervalle des bouilleurs.

On doit alors donner beaucoup de solidité à cette construction, qui, quand elle vient de s'écrouler, occasione très-souvent la rupture de la chaudière, parce que la flamme vient alors la frapper directement.

Cette disposition de carneaux est plus simple, et donne un meilleur tirage que celle de la fig. 7; elle est assez semblable à celle de la fig. 6.

PLANCHE DEUXIÈME.

FIG. 1 et 2. Chaudière cilindrique avec son fourneau destiné à brûler du bois, et pouvant produire 150 l de vapeur, en consommant 70 à 75 k de bois (art. 37).

A. Foyer d'une grande capacité.

B. Voûte qui couvre le cendrier et porte les barreaux de la grille.

C. Chaudière.

D. Cheminée.

a c. Niveau de l'eau , au—dessus duquel ne doivent p: monter les carneaux, pour ne pas s'exposer à brûler : chaudière.

FIG. 3 , 4 et 5. Chaudière à fond, concave avec so fourneau pouvant brûler environ 4o k ^{s} de houille, e donnant 2oo à 25o k^{os} de vapeur par heure, ce qui al menterait une machine à basse pression de 6 ou chevaux (art. 3).

A. Bache en fonte, servant à l'alimentation.

B. Flotteur qui baisse dès que l'eau vient à diminue dans la chaudière , et qui ouvre en même temps, a moyen du balancier *a*, la soupape conique *b*; celle—c laisse alors entrer l'eau de la bache dans la chaudière jusqu'à ce que le niveau, se rétablissant, soulève l flotteur, et ferme par conséquent la soupape *b*.

G. Barreaux de fer carré, posés librement à côté l'un d l'autre ; ils portent par leurs bouts sur la voûte *c* d cendrier et sur la retraite *e* faite dans la maçonnerie, et par leur milieu, sur le chenet *k*, destiné à les empê-cher de plier quand ils sont trop longs.

J. Carneaux.

K. Élargissement que prend le carneau J, en se relevant sur la porte du fourneau , afin de ne pas augmenter sa hauteur.

O. Cendrier.

P. Porte en double cintre fermée par une plaque en tôle avec poignée.

a. Balancier, v. B.

b. Soupape conique, v. B.

c. Voûte du cendrier qui porte les barreaux de la grille.

d. Autel qui retient le combustible sur la grille et force la flamme à se relever sous la chaudière.

e. Retraite dans la maçonnerie destinée à porter les barreaux de la grille.

f. Chapeau en tôle qui garantit la cheminée de la pluie.

g. Double voûte qui forme la porte du fourneau.

h h. Niveau de l'eau dans la chaudière.

o o. Ouvertures réservées dans la maçonnerie du fourneau vis-à-vis les carneaux pour leur nétoyage.

t t. Tuyau de sûreté.

FIG. 4. Élévation de la face du même fourneau.

FIG. 5. Coupe transversale du même fourneau.

PLANCHE TROISIÈME.

FIG. 1 et 2. Coupe et élévation des soupapes de sûreté, et de la boîte à étoupes. (Voy. art. 52 et 53.)

a. Lévier qui presse les soupapes de sûreté, guidé par les jumelles *ii* et le prisonnier *k.*

b. Goupille qui sert de point de rotation à ce lévier, c'est son point fixe, pris sur le prisonnier *k.*

c. Point de suspension du poids P.

d. Point où s'exerce la tension de la vapeur pour soulever le lévier *a* chargé du poids P.

e. Support des soupapes qui porte en même temps la cc
lonne du flotteur.

f. Soupapes à siége plat.

g, Siége des soupapes mastiqué et boulonné sur le sup
port.

h. Boîte à étoupes du flotteur et son chapeau.

ii. Jumelles qui fixent et maintiennent le lévier *a* de
soupapes, et en même temps retiennent par leurs écroux *i*
le support *e* au siége *gg* des soupapes.

k. Prisonnier du lévier des soupapes.

ll. Écrous du prisonnier et des jumelles.

P. Poids dont on charge les soupapes : la distance du
poids P au point *b* et *a* sert à régler cette charge.

Fig. 3. Reniflard, ou soupape de sûreté agissant du dehors au dedans et destinée à laisser rentrer l'air quand
le vide se produit dans les chaudières. (Voy. art. 62.)

Fig. 4. Manomètre des machines à basse pression. (Voy.
art. 56.)

a b. Tube de fer, dans lequel on met du mercure et qui
est boulonné à la chaudière *c*.

c. Chaudière.

d. Curseur en bois ou en fer qui indique dans le tube de
verre *v* le niveau du mercure.

e. Boule de cire rouge, servant d'indicateur pour les mouvemens du curseur.

P. Planchette sur laquelle est tracée l'échelle du manomètre.

v. Tube de verre.

Fɪɢ. 5. Manomètre à moyenne et à haute pression. (Voy art. 57 et 58.)

a. Boîte en fonte qui reçoit le mercure.

b. Conduit par lequel la vapeur vient agir sur le mercure.

c. Tuyau qui établit la communication entre la chaudière
et la boîte , au moyen du conduit *b.*

d. Plateau de la boîte.

e. Tube de verre, mastiqué dans le plateau *d* , dans leque
la pression de la vapeur comprime l'air, et en indiqu
la compression, par la hauteur à laquelle le mercur
s'élève.

P. Planchette de graduation.

r. Robinet destiné à fermer le tuyau *c*, dans le cas ou le
tube de verre *e* viendrait à se briser.

Fɪɢ. 6. Manomètre du même genre à siphon et en verre
mastiqué sur le tuyau de cuivre *a.*

Fɪɢ. 7. Manomètre à moyenne pression dé la société de
Mulhousen, mesurant la tension de la vapeur, par la
hauteur de la colonne de mercure soulevée.(V. art. 61.)

a. Tubulure de la boîte du manomètre, qui s'ajuste et se
boulonne sur celle de la chaudière.

b. Boîte en fonte pleine de mercure.

c. Plateau de cette boîte , fixé par des vis.

dd. Oreilles au moyen desquelle la boîte *b* est attachée à
l'un des murs de la chambre de la machine.

x

e. Poulies de renvoi du contre-poids *p.*

f. Flotteur en fer qui suit le niveau du mercure et fai
marcher le contre-poids *p* le long de l'échelle graduée
gg, où il indique la hauteur du mercure dans le tube
et par conséquent la tension de la vapeur.

gg. Planchette graduée, sur laquelle court le contre-
poids *p.*

p. Contre-poids du flotteur *f.*

tt. Tubes de fer vissés les uns dans les autres, et recevan
la colonne de mercure à mesure que la pression de la
vapeur le refoule hors de la boîte *b.*

u. Entonnoir qui retient le mercure quand la pression
de la vapeur devenant trop forte, soulève la colonne
entière, et s'échappe par le tube *tt.*

F<small>IG</small>. 8. Indicateur du niveau dans les chaudières. (Voy
art. 67.)

a. Tube de verre mastiqué dans les deux tubes de cuivre
bb, et indiquant le niveau de l'eau dans la chaudière
cc.

F<small>IG</small>. 9. Tracé des pressions exercées sur les soupapes de
sûreté à siége plat. (Voy. art. 53 et note 12.)

F<small>IG</small>. 10. Echelle de graduation des manomètres à air
comprimé. (Voy. art. 58.)

ab. ef. gh. k. Lignes parallèles, coupées en parties propor
tionnelles, par toutes les divisions qui courent de *c*
en *a. l. r. q. d. p. m. n. s. t. u. v.* Ces lignes sont les
échelles des manomètres de diverses longueur. Ains
ab est la graduation du manomètre dans la colonne

d'air , etc. Voy., note 18, la manière de construire cette échelle.

La ligne *gh* donne en nombres les réductions qu'éprouve successivement une colonne d'air égale à *gh*, quand elle est soumise à des pressions croissantes. La ligne *ab* les donne en atmosphères, la ligne *ef* en kilogrammes, et la ligne *ik* en livres. Ainsi quand la pression s'est élevée à 1/4 d'atmosphère comme l'indique la ligne *cl*, la longueur de la colonne *gh*, que nous supposons primitivement de 100 parties, est réduite à 80.

Quand la pression s'est élevée à 1 atmosphère ou 15 livres suivant la ligne proportionnelle *cd*, la colonne d'air est réduite à 50 parties, etc.

PLANCHE QUATRIÈME.

FIG. 1re. Tracé de la course du balancier de la bielle et de la manivelle (montage des machines). (Voy. art 327 et 331.)

ge. Demi-longueur du balancier.

eh. Arc de cercle qu'il décrit dans sa 1/2 course inférieure.

ef. Flèche de l'arc de cercle que décrit le balancier.

d. Milieu de cette flèche ; c'est le point à l'aplomb duquel doit se trouver l'axe *a* de la manivelle *ab*.

db. Position et longueur de la bielle quand le balancier est au milieu de sa course.

On voit que, en vertu de l'obliquité de la bielle, au moment où le balancier est horizontal, le prisonnier *b* de
manivelle se trouve au-dessus du niveau de l'axe de
rotation *a*; d'où il résulte que la 1/2 course inférieure
klb de la manivelle est plus longue que sa 1/2 course
supérieure *lmn*.

kh. Position de la bielle quand la machine est sur son
centre.

On remarquera encore ici que la légère obliquité de la
bielle dans cette position fait descendre le balancier
un peu plus bas que la longueur exacte *fh* de sa 1/2
course verticale, mesurée par la longueur de la manivelle, et l'empêche de monter aussi haut dans sa 1/2
course supérieure, mais cette erreur est à peine sensible.

Fig. 2. Manivelle et queue de la bielle (Voy. art. 139,
140).

aa, Grains de la manivelle.

b. Prisonnier de la manivelle fixé par sa clavette.

c. Clavette de la manivelle.

d. Contre-clavette de la manivelle.

e et *f*. Clefs et goupille de la manivelle, qui la fixent sur
son arbre.

Fig. 3. Ajustement de la tête du balancier et de la bielle
(Voy. art. 119, 137, 138.)

a. Boule du balancier dont les tourillons portent la tête
de la bielle.

b. b. Clavettes et contre-clavettes des grains de la tête de
la bielle.

d. Goupille du chapeau du balancier *g.*

ee. Clavettes et contre-clavettes de la frette de la bielle.

ff. Double frette de la tête de la bielle, qui sert à la relier au balancier.

g. Chapeau du balancier qui serre et maintient la boule au moyen de la goupille *d.*

FIG. 4. Coupe des cilindres de la grande plaque et des massifs sur lesquels ils se reposent. (Voy. art. 84 à 98.)

a. Tuyau d'apport de la vapeur, boulonné sur la tubulure de la chemise.

bbb. Chemise des cilindres.

c. Robinet de décharge de la chemise, remplaçant le tuyau de décharge.

dd. Vis de pression des cilindres destinées à les maintenir verticaux.

ee. Masticages de la chemise et des cilindres.

f. Fond des cilindres mastiqué à queue d'hironde.

gg. Position des trous à vapeur dans les cilindres.

h. Trou réservé pour recevoir le pied de la colonne du parallélogramme.

ii. Grande plaque fixée sur les massifs par des grands boulons, et sur laquelle sont aussi boulonnés les cilindres.

FIG. 5. Plan des cilindres et de la grande plaque, indiquant la position des colonnes de l'entablement, de la pompe du puits, de la pompe alimentaire, du grand axe de la machine et des axes de rotation du balancier, et de la manivelle. (Voy. art. 131, 328 et 336.)

ab. Grand axe de la machine.

ai. Axe de rotation de la manivelle.

lm. Axe de rotation du balancier.

ce. Axe de la colonne du parallélogramme, ou axe de rotation des bras de rappel ou point fixe du parallélogramme.

dd. Vis de pression des cilindres.

f. Centre du grand cilindre.

n. Centre du petit cilindre.

gh. Colonnes de l'entablement, liées à la grande plaque par des boulons à clavette.

vo. Grande plaque.

ppp. Trous où s'engagent les grands boulons qui fixent la plaque aux massifs.

qq. Trous destinés à boulonner sur la grande plaque la balustre qui porte l'indicateur, et la manivelle du robinet du condenseur.

rrrr. Taquets en fonte qui servent à caller invariablement la chemise sur la grande plaque.

s. Axe et centre de la pompe alimentaire.

t. Axe et centre de la pompe du puits.

uu. Trous à vapeur des cilindres.

vov. Chemise.

F IG. 6. Tracé du parallélogramme et de son réglement. (Voy. art. 120.... 136.)

u. Axe de la colonne du balancier.

ar. Colonne du parallélogramme.

b. Axe de l'ellipse du condenseur.

ab. Bras de rappel du parallélogramme.

cbd. Arc de cercle que décrit le bras de rappel.

e. Axe de la tête du grand piston.

em. Tige du grand piston.

Cette tige se trouve à l'aplomb du point *s*, qui est le milieu de la flèche de l'arc de cercle que décrit le balancier.

f. Axe de l'ellipse du petit piston.

g. Axe de rotation du balancier.

gn. Demi-longueur du balancier depuis son axe de rotation jusqu'au centre de sa boule.

h. Axe de la tête du petit piston.

hi. Tige du petit piston.

k. Chapeau de la boîte à étoupes du grand cilindre, avec
ses boulons *tt*, dont les oreilles s'engagent sur de
goujons *uu*.

l. Rondelle en cuivre de cette boîte à étoupes.

n. Axe de la boule du balancier. C'est l'axe de rotation
des bras du grand piston.

ne. Bras du grand piston.

o. Tourillon des bras du petit piston.

ohf. Bras du petit piston.

p. Tourillons des bras du condenseur.

pqb. Bras du condenseur.

q. Axe de l'arbre du condenseur. On voit que les centre
des arbres du condenseur, du petit piston et du grand
piston, sont placés sur une même ligne droite *eg*, qu

va du centre du dernier à l'axe de rotation du balancier.

r. Pied de la colonne du parallélogramme fixé sur l'oreille de la chemise.

s. Milieu de la flèche de l'arc de centre du balancier.

tt. Boulons de la boîte à étoupes du grand cilindre.

u. Goujons de cette boîte.

vv. Plateau du grand cilindre.

x. Trou à vapeur qui conduit sur le grand piston, la vapeur qui a travaillé sous le petit piston.

y. Trou à vapeur qui conduit sous le grand piston la vapeur qui a travaillé sur le petit.

az. Bras de la colonne qui la rend invariable en la reliant à l'entablement.

FIG. 7 et 8. Plan, coupe et élévation de l'entablement. (Voy. art. 117, 118.)

ab. Position des colonnes de l'entablement, lorsqu'on en emploie quatre pour le soutenir, comme dans les fortes machines.

c. Croix en fonte ajoutée aux extrémités de l'entablement et prise invariablement dans les murs de la chambre, pour s'opposer au mouvement de torsion que lui fait éprouver le balancier, à chaque course des pistons.

de. Pierres de taille, entre lesquelles doit être serrée et scellée la croix *c* de l'entablement.

ff. Colonne de l'entablement dans les petites machines.

g. Boulon à clavette de la tête de la colonne.

h. Clavette qui serre la colonne avec l'entablement.

ii. Trous destinés à recevoir les bras de la colonne d
parallélogramme.

kl. Grand axe de la machine.

PLANCHE CINQUIÈME.

F<small>IG</small>. 1re. Coupe et élévation des pistons à segmens d
cuivre, d'une machine de huit chevaux à deux cilindres
(Voy. art. 106 à 114.)

a. Clavette de la tête du grand piston.

b. Tige du grand piston.

c. Arbre du grand piston qui relie la tête de ce piston a
parallélogramme.

d. Clavette du plateau du grand piston.

e. Tête du grand piston.

f. Plateau du grand piston serré sur les segmens *h*, pa
quatre vis *gg*.

hh. Double rangée de segmens de cuivre, pressés pa
des boudins d'acier fondu *iii*, et destinés à empêche
la vapeur de passer autour du piston.

ii. Boudins d'acier fondu, portés sur des goujons et vissé
dans le corps du piston.

F<small>IG</small>. 5. Petit piston.

a. Ecrou qui serre le piston sur sa tige et l'embase *b*.

b. Embase du petit piston.

B

f. **Plateau du petit piston.**

hh. **Segmens de cuivre.**

Fɪ**ɢ. 6. Appareil d'alimentation continue. (Voy. art. 60 83.)**

a. Petit piston cilindrique percé d'un trou, glissant dans le cilindre *e*, et fixé au balancier *b* du flotteur, qui ouvre ou ferme par sa marche le tuyau d'aspiration *c* de la pompe alimentaire.

b. Balancier du flotteur.

c. Tuyau d'aspiration conduisant l'eau du condenseur dans le corps de la pompe alimentaire.

d. Tige du flotteur.

e. Cilindre en cuivre boulonné sur la chaudière , et que traverse le tuyau d'aspiration.

f. Point où devrait toujours être suspendu le piston *a*, afin qu'il n'arrête pas les mouvemens du flotteur, mais qu'il sorte au contraire de son cilindre, quand la pompe alimentaire cessant de fonctionner, le niveau de l'eau dans la chaudière continue à baisser.

gh. Limites supérieures et inférieures, dans lesquelles doit rester la course du flotteur.

Fɪ**ɢ. 2. Pompe alimentaire. (Voy. art. 68 à 83.)**

a. Robinet d'aspiration qui sert à régler la marche de la pompe alimentaire, et par conséquent l'alimentation de la chaudière.

c. Tuyau d'aspiration amenant l'eau du condenseur, dans le corps de la pompe alimentaire.

d. Soupape d'injection.

e. Soupape d'aspiration.

f. Robinet d'injection, servant à fermer le passage à l'eau et à la vapeur de la chaudière quand il est nécessaire de nétoyer les soupapes, au milieu du travail de la machine.

g. Tringle de la pompe alimentaire.

h. Chapeau qui ferme la chapelle *u*.

l. Piston de la pompe alimentaire.

m. Boîte à étoupes de la pompe alimentaire.

n. Rondelle de cuivre placée au fond de la boîte à étoupes.

o. Vis de pression et son étrier, servant à maintenir le plateau *h* de la chapelle.

t. Corps de pompe.

u. Chapelle de la pompe alimentaire.

x. Clavette du piston de la pompe alimentaire.

z. Chapeau de la boîte à étoupes.

FIG. 3. Modérateur à force centrifuge. (Voy. art. 217, 222.)

aa. Arbre du modérateur.

bb. Grands bras du modérateur.

cc. Boulets fixés sur les bras par des écrous rivés.

dd. Petits bras du modérateur, qui conduisent la douille *e*.

e. Douille en cuivre, glissant sur l'arbre *a* et conduisant le balancier *f*.

f. Balancier, qui transmet au robinet d'introduction de la vapeur les mouvemens de la douille *e*, au moyen de

xx

la bielle *g*, et de son prisonnier *h*, qui s'engage dans le levier du robinet.

g. f. Voyez *f.*

Fɪɢ. 4. Condenseur d'une machine de huit chevaux à deux cilindres. (Voy. art. 183, 197.)

a. Tuyau d'aspiration, qui se prolonge jusque dans le puits.

b. Piston du condenseur garni de sa corde et de son clapet d'aspiration, fixé sur sa tige, par un écrou.

c. Tuyau d'aspiration de la pompe alimentaire, qui vient puiser l'eau dans la cuvette du condenseur.

d. Pomme d'arrosoir placée à l'extrémité du robinet d'injection *t*, pour le garantir de l'introduction des ordures, qui le pourraient engorger.

e. Bache dans lequel plonge le condenseur, et où il puise l'eau fournie par la pompe de puits.

f. Boîte à étoupes.

ii. gg. Corps de pompe du condenseur, et ses rebords inférieurs : il est mastiqué en *l* dans la chemise *mm*.

hh. Fond de la chemise du condenseur. Ce fond y est quelquefois mastiqué à queue.

k. Cuvette du condenseur, qui reçoit l'eau de condensation, et la laisse couler au—dehors par le tuyau de décharge *u*.

ll. Masticage du corps de pompe avec la chemise.

m. Chemise du condenseur.

n. Trépied destiné à soutenir le piston du condenseur, s'il venait à tomber au fond du corps de pompe.

o. Tuyau à vapeur du condenseur, établissant la communication avec la boîte du grand cilindre.

p. Clapet de refoulement du condenseur, glissant sur le collet *q* du plateau *ss.*

q. Collet sur lequel glisse ce clapet.

rr. Vis qui fixent le plateau du condenseur au corps de pompe.

s. Plateau du condenseur.

t. Robinet d'injection mis en mouvement par des léviers articulés, et une manivelle, qui est portée sur un balustre avec une platine en cuivre graduée, pour régler l'injection de l'eau.

u. Tuyau de décharge du condenseur.

v. Tige du piston du condenseur, fixée à la tringle *x,* par une clavette, et au piston *b* par un écrou.

x. Tringle du condenseur, qui lie son piston au parallélogramme.

y. Clavette de la tige du condenseur.

z. Clapet d'aspiration du condenseur, et de la pompe à air.

FIG. 7. Grains en cuivre rechargés.(Voy.art. 240, 243.)

a. Epaisseur soudée sous un grain.

b. Epaisseur entaillée à queue, et soudée dans l'intérieur d'un grain usé.

FIG. 8. Planchette avec fil à plomb, pour dresser les cilindres. (Voy. art. 94.)

Cette planchette doit avoir exactement la largeur des cilindres, où elle entre à frottement.

Fɪɢ. 9. Coupe du socle qui porte les colonnes des boît
à vapeur, et sert en même temps de communicatic
entre la boîte du grand cilindre et le tuyau à vape
du condenseur.(Voy. art. 157.)

b. Socle.

c. Tuyau à vapeur du condenseur.

u. Colonne de la grande boîte, mastiquée solidement da
le socle *b.*

Fɪɢ. 10. Niveau pour poser d'aplomb l'axe de rotatic
du balancier.

ab. Pieds parfaitement égaux que l'on pose sur les de
tourillons de l'arbre du balancier.

Fɪɢ. 11. Raccommodage d'une chaudière ou d'un bou
leur fendu. (Voy. art. 49.)

ab. Fente qui s'est faite dans la fonte.

ccvc. Plaque de tôle ajustée en dedans de la chaudière
du tube mastiqué.

dddd. Vis en cuivre, vissées à travers la fonte dans
plaque de tôle, et servant à la serrer fortement com
la fente. Ces vis se recoupent l'une l'autre, pour ferm
tout passage à l'eau.

efef. Entretoises en fer, tenues à chaque extrémité par u
vis pareille aux vis *dd*, et servant à empêcher l'écar
ment des deux lèvres de la fente.

PLANCHE SIXIÈME.

Règlement des soupapes de Hall.

G. 1re. Tracé des deux roues d'angle qui commandent l'excentrique, montrant comment on met un des deux engrenages en avant de l'autre. (Voy. art. 167, 170.)

. Engrenage callé sur l'arbre de la manivelle.

. Engrenage qui a le même nombre de dents que le précédent, et qui est callé sur l'arbre de l'excentrique.

. Dent qui engrène avec la dent correspondante q', au moment où la manivelle est horizontale en montant (g, fig. 5) et où l'excentrique est au bas de sa course, la pointe en haut (u' fig. 2).

'. Dents avec l'une desquelles doit engrener la dent r', la manivelle restant toujours dans la même position, pour que l'engrenage p', et par conséquent l'excentrique u', soit en avance de deux ou trois dents sur l'engrenage h'.

FIG. 2 et 4. Excentrique avec son chariot, et son arbre dans la position qu'il occupe, quand les pistons sont au milieu de leur course, et la manivelle horizontale en montant. (Voy. art. 161, 167, 170.)

. Arbre du chariot de l'excentrique.

i'. n'. Axe de rotation de l'excentrique.

'. Chariot de l'excentrique armé de ses deux platines v'' z'' fixées par leurs vis.

i'. Excentrique au bas de sa course.

XXIV

v. Arbre de l'excentrique.

Les lignes ponctuées, indiquent la position de l'excentrique et de son chariot, au haut de leur course quand la machine est sur son autre centre, et la manivelle horizontale en descendant (*a'* fig. 5).

FIG. 5. Elévation des cilindres, des soupapes, de l'excentrique, et de la manivelle, dans la position indiquée plu haut, pour en opérer le réglement.

FIG. 7. Coupe de la petite boîte, passant par l'axe du petit cilindre.

FIG. 8. Coupe de la grande boîte, passant par l'axe du grand cilindre.

FIG. 9. Coupe transversale passant par l'axe des deux boîtes.

FIG. 10. Coupe du support des porte-boudins ; montran le contre écrou vissé sur la tige de la soupape supérieure.

FIG. 5, 7, 8, 9, 10. (Voy. art. 167, 171.)

ab. Axe vertical de la petite boîte. C'est la direction du fi à plomb, que l'on doit faire passer par le centre de cette boîte, pour la poser verticalement.

cd. Axe vertical de la grande boîte.

ef. Paliers des tiges ou tringles des soupapes.

gg. Tringles des soupapes, portées sur le chariot de l'excentrique.

hh. Arbre de ce chariot.

k. Robinet régulateur.

i. Traverse du chariot.

l. Grande manivelle des soupapes.

m. Petite manivelle des soupapes.

n. n. Tuyaux à vapeur des boîtes.

o. Lèvres réservées autour des trous à vapeur pour joindre plus exactement les boîtes avec les cilindres, et laisser un espace suffisant pour le masticage.

pq. Trous à vapeur de la petite boîte.

r. Anneau de tôle placé dans le trou d'apport de la vapeur, pour empêcher le mastic de le fermer.

s. Trou d'apport de la vapeur, établissant la communication entre la chemise et la petite boîte.

tt. Espace réservé entre les boîtes et les cilindres pour le masticage.

u. Tuyau à vapeur du condenseur.

v. Arbre de l'excentrique.

x. Tiroir cilindrique de la petite boîte.

y. Tige de la soupape inférieure.

z. Porte-boudins des soupapes et leurs boudins, en fil d'acier fondu.

a'. Soupape supérieure.

b'. Soupape inférieure.

c'. Contre-écrou qui fixe invariablement la tige de la soupape supérieure, dans le support des porte-boudins, et l'empêche de se dévisser.

d'. Tige de la soupape supérieure.

e'. Traverse des porte-boudins qui court dans la douille de la grande manivelle des soupapes.

Fig. 3. Robinet régulateur. (Voy. art. 151, 153.)

a. Manivelle percée d'un trou *e*, destiné à recevoir le prisonnier de la bielle du modérateur : elle est ajustée sur le carré *b* du robinet, et maintenue par l'écrou.

b. Voyez *a.*

c. Voy. *a.*

d. Tête carrée du robinet.

f. Ecrou qui serre le robinet dans sa boîte *h*, au moyen du ressort à boudin *g.* qu'il renferme.

h. Voyez *f.*

g. Voy. *f.*

PLANCHE SEPTIÈME.

Régulateur des machines d'Edward.

Fig. 1, 2, 3, 4, 5, 6, 7, régulateurs à tiroirs, tels qu'on les construit aujourd'hui à Chaillot pour les machines de vingt chevaux et au-dessous. (Voy. art. 177 à 180.)

Fig. 1re. Elévation des cilindres et de l'appareil entier du régulateur, quand la machine est sur l'un de ses centres.

Fig. 2. Elévation latérale du régulateur et de son mouvement d'équerre dans la même position.

Fig. 3. Coupe de la boîte du grand cilindre et de son tiroir quand la machine est sur l'un de ses centres.

Fɪɢ. 4. Élévation de face de la boîte, quand la coquille *i* est enlevée, et coupe du tiroir aux deux extrémités de sa course.

Fɪɢ. 5. Élévation de face de la boîte du petit cilindre, quand la coquille *i* est enlevée.

Fɪɢ. 6. Coupe de la même boîte, de sa coquille et de son tiroir, quand la machine est sur l'un de ses centres.

Fɪɢ. 7. Excentrique dans la position où il se trouve au milieu de sa course, son axe de rotation en bas, quand la machine est sur l'un de ses centres.

a. Tiroir en cuivre dont la tige est liée à la manivelle des soupapes par deux écrous *k l.* et qui établit alternativement la communication dans la grande boîte, entre le trou à vapeur *d* qui mène au condenseur, et les trous *c,e* qui conduisent dessus et dessous le grand piston; et dans la petite boîte, entre le trou *g*, qui conduit la vapeur dans la grande boîte et le dessus et le dessous du petit piston, par les conduits *f. h.*

h. Surface de fonte de la boîte à vapeur sur laquelle glisse les tiroirs *a.*

c. Trou qui conduit la vapeur sur le grand piston.

d. Trou et tuyau qui conduisent la vapeur au condenseur.

e. Trou qui conduit la vapeur sous le grand piston.

f. Trou qui conduit la vapeur sur le petit piston.

g. Conduit qui établit la communication entre la petite et la grande boîte.

h. Trou qui conduit la vapeur dessous le petit piston.

ii. Coquilles qui couvrent les tiroirs *aa*.

k. l. Ecrous qui servent à fixer les tiges des tiroirs *aa* sur la manivelle des tiroirs, et à régler celle-ci.

m. Excentrique.

n. Arbre du volant.

o. Chariot de l'excentrique.

p. q'. Bras du mouvement d'équerre.

r. Tirant de l'excentrique qui communique le mouvement à l'équerre *p. q*

s. Tringles de l'excentrique.

tt. Colonnes dans lesquelles les tringles *ss* montent et descendent.

u. Manivelle des tiroirs.

v. Chemise des cilindres.

x. Tuyau qui amène la vapeur de la chemise *v*, dans la petite boîte à travers le robinet régulateur.

y. Robinet régulateur.

z. Tuyau qui établit la communication entre les deux boîtes.

a'. Position des tiroirs au haut de leur course, quand les pistons sont au milieu de leur course, en montant, et la manivelle horizontale en descendant.

b'. Position des tiroirs au bas de leur course, quand les pistons sont au milieu de leur course en descendant, et la manivelle horizontale en montant.

c'. Contre-poids du mouvement d'équerre.

g. Robinet distributeur.

h. Robinet d'introduction de la vapeur, ou robinet régulateur.

i. Petit trou du robinet *g*, conduisant la vapeur de la boîte, dans le petit cilindre.

k. Trou et conduit à vapeur, communiquant avec le haut du petit cilindre.

l. Grand trou du robinet distributeur, conduisant la vapeur entre les soupapes du grand cilindre.

m. Trou et conduit qui communique avec le bas du petit cilindre.

n. Trou et conduit communiquant avec le haut du grand cilindre.

o. Trou et conduit communiquant avec le bas du grand cilindre.

p. Boudins d'acier fondu qui ferment et ouvrent les soupapes coniques *ab*.

q. Crémaillère qui fait tourner à droite et à gauche le robinet distributeur. Elle est ici au haut de sa course

r. Tuyau à vapeur du condenseur.

s. Etrier du robinet régulateur, servant à le tenir serré, au moyen d'un écrou *u*, et d'un contre-écrou *t*.

t. Contre-écrou qui empêche l'écrou de se desserrer.

u. Ecrou qui serre le robinet régulateur.

v. Bielle du modérateur.

PLANCHE HUITIÈME.

FIG. 1, 2, 3, 4, 5. Régulateurs des machines à basse pression, de Watt. (v. art. 182.)

a. Manivelle et bielle.

bc. Double tiroir qui ouvre et ferme les conduits à vapeur *m* et *o.*

d. Excentrique fixé sur l'arbre du volant.

e. Chariot de l'excentrique.

f. Tirant de l'excentrique.

g. h. Bras de l'équerre de l'excentrique qui commande le tiroir.

ik. Ecrous qui servent à régler la longueur du tirant *f.*

l. Tuyau d'apport de la vapeur.

m. Trou à vapeur, communiquant avec le haut du cilindre.

n. Tuyau du condenseur.

o. Trou à vapeur, communiquant au bas du cilindre.

p. Bielle du tiroir.

q. Tringle du tiroir.

FIG. 6, 7, 8, 9, 10. Coupe et détails de la pompe de puits. (v. art. 198 à 216.)

a. Piston en fonte, dont le fond *o* est mastiqué comme le fonds des cilindres des machines à vapeur.

b. Soupape de refoulement.

c. Soupapes d'aspiration, toutes deux sont garnies de cuir.

d. Tuyau d'aspiration.

ee. Vis taraudées au travers de la fonte et servant à empêcher les soupapes de tourner.

f. Tuyau de refoulement.

gg. Cuirs emboutis qui s'opposent, l'un à la sortie de
l'eau du corps de pompe, l'autre à l'entrée de l'air.

h. Clavette du piston.

ii. Plateaux de pression du corps de pompe que l'on remplit d'eau, pour empêcher l'air de pénétrer dans le corps
de pompe.

k. Pomme d'arrosoir percée de quelques trous et destinée à empêcher l'eau de jaillir par le haut du tuyau de
refoulement.

ll. Oreilles des soupapes, qui les empêchent de retomber
de côté.

m. Chapelle des soupapes.

n. Chapeau des soupapes.

o. Fond mastiqué du piston.

Fɪɢ. 11. Frein dynamométrique de Prony, qui sert à
mesurer l'effet utile des moteurs.

a. Arbre du moteur, comme d'une roue à eau par
exemple.

b. Lévier en bois de chêne ou de sapin de 7 à 8 pouces
carrés, fixé à l'arbre *a* par un collier en fer *c*, boulonné sur le lévier en *dd.*

c. Voyez *b.*

d. Ecrous destinés à serrer le collier *c*, sur le levier *b.*

e. Voyez plus bas.

C

f. Poids placés à l'extrémité du lévier pour mesurer l'effet de la roue.

g. Chevalet destiné à empêcher le lévier de retomber quand on desserre trop les écrous *dd.*

h. Cordelle qui empêche le lévier de s'enlever, quand on vient à serrer trop fortement les écrous *dd.*

i. Voyez ci-dessous.

On règle le serrage des écrous *dd*, de manière que la roue tournant à sa vitesse de régime, le lévier et le poids *f* soient en équilibre. — Dans cette position, l'effet de la roue à eau ou de la machine à vapeur est directement mesuré par le poids total agissant *ef, ai* multiplié par la circonférence du rayon *ei'.*

PLANCHE NEUVIÈME.

FIG. 1ʳᵉ. Ajustement de tuyaux employés pour la conduite de la vapeur.

cd. Brides simples en fer, serrées par des boulons.

a. Tuyau qui pénètre en *g* jusque dans le tuyau *b.* Le masticage est ainsi plus facile, et l'on n'est pas exposé à voir le mastic boucher les tuyaux.

b. Tuyau qui reçoit le tuyau *a.*

e. Ajustement à vis recouverte. Ce procédé, un peu plus cher que le précédent, est plus facile à démonter et plus solide.

g. Voyez *a.*

FIG. 2. Engrenage de champ à dents de bois, callé su
arbre carré. (v. art. 247 à 273.)

aaa. Dents en bois ajustées dans leur mortaises, et noi
encore taillées. L'espace qui les sépare est rempli pa
des coins, afin de les pouvoir tourner.

bbbb. Calles en fer ou en acier.

cc. Fausses calles servant à dresser l'arbre et à le mettr
au rond, avant l'ajustement des calles.

FIG. 3. Portion d'engrenage à dents de bois, garni d
ses dents. (v. art. 260, 262.)

aaa. Dents de bois ajustées dans des mortaises mal divisées, et taillées de côté.

bc. Ligne de portée ou cercle primitif, ou cercle de contact de l'engrenage.

di. Pas de l'engrenage, ou distance du centre d'une den
au centre de la suivante, sur la ligne de portée.

gg. Goupilles qui retiennent les dents dans leurs mortaises.

emh. Cercle qui détermine la courbure des dents.

FIG. 4. Palier avec grains en acier trempé. (v. art. 245.

FIG. 5. Calibre pour déterminer l'épaisseur et la courbure des dents en bois d'un engrenage. (v. art. 263.)

FIG. 6. Plan d'une portion d'engrenage de champ avec
les dents tournées et encore pleines, mais déjà divisées,
montrant le procédé employé pour reporter les divisions sur toute leur largeur. (v. art. 261.)

abcde. Points de division des dents.

f. Rencontre de deux arcs de cercle, dont les centres respectifs sont en *a* et en *e*, et qui déterminent la perpendiculaire *cf*.

FIG. 7. Coupe du moyeu d'un engrenage de champ et de son arbre carré.

ab. Bourrelet réservé dans le noyau, pour que les calles *cd* ne portent que sur les deux côtés du moyeu.

cd. Deux calles entrées chacune d'un côté de l'engrenage.

ef. Fausses calles. (v. art. 269.)

FIG. 8. Calibre pour tracer directement l'épaisseur des dents en bois.

a. Pointe de compas se posant sur le centre de l'engrenage. (v. art. 263.)

bc. Pointes qui vont se reposer sur les centres des deux dents voisines de celles que l'on trace.

defg. Flanc de la dent à tailler.

La distance *bc* égale deux fois le pas de l'engrenage.

FIG. 9. Mortaise d'une dent, son entrée est taillée en cône, pour empêcher la dent de passer au travers. Cette figure indique le procédé à suivre pour mettre une roue au rond et la dégauchir.

a. Ligne de portée de l'engrenage. (v. art. 270, 272.)

FIG. 10. Tracé de l'opération à faire pour déterminer l'inclinaison des dents de bois d'une roue d'angle, quand on la tourne.

ag. Inclinaison du fond des dents de la roue à dents d
fonte. C'est cette inclinaison que l'on adopte pour cel:
du haut des dents de bois. Cette inclinaison est la mêm
que celle de la ligne *eg* sur la ligne *ep.*

lhm. Fausse équerre qui sert à mesurer sur la roue qu
l'on tourne l'inclinaison des dents.

FIG. 11. Gourroies transmettant le mouvement entr
deux arbres verticaux, et marchant sur deux cônes pl:
cés en sens inverse.

PLANCHE DIXIÈME.

ÉLÉVATION D'UNE MACHINE A VAPEUR DE 8 CHEVAUX A 2 CILINDRE:

a. Massif des cilindres.

b. Massif des colonnes.

d. Massif de la manivelle.

e. Perron et escalier qui conduit à la machine.

f. Porte et escalier conduisant dans les ateliers. Il s:
trouve une autre porte en face qui communique à l:
chambre des fourneaux.

g. Tuyau d'apport de la vapeur.

h. Grand cilindre.

i. Petit cilindre.

kk. Plateaux du petit et du grand cilindre.

ll. Robinets de graissage des plateaux.

mm. Boîtes à étoupes des plateaux avec leurs vis et leurs écrous.

nn. Tringles de l'excentrique.

o. Grande manivelle des soupapes.

p. Petite manivelle.

q. Tige du grand piston.

r. Tige du petit piston.

s. Robinet de décharge de la chemise, pour l'écoulement de l'eau condensée.

t. Colonne du parallélogramme.

u. Bras de la colonne.

v. Traverse de la colonne.

x. Bras du grand piston.

y. Bras du petit piston.

z. Bras du condenseur.

u'. Tringle du condenseur.

b'. Clavette et tige du piston du condenseur.

c'. Corps de pompe du condenseur.

d' Chemise du condenseur.

e'. Tuyau d'écoulement de l'eau de condensation.

f'. Bâche du condenseur.

g'. Trop plein de la bache.

h'. Tuyau à vapeur du condenseur.

i'. Balustre, manivelle et équerre du robinet d'injection.

k'. Chapeaux du balancier.

l'. Boules du balancier.

m'. Balancier.

n'. Supports et palier du balancier.

o'. Entablement.

p'. Colonnes.

q'. Grande plaque des cilindres et des colonnes.

r'. Modérateur.

s'. Bielle.

t'. Tête de la bielle avec ses grains, sa frette et ses clavettes.

u'. Manivelle.

v'. Arbre du volant.

x'. Prisonnier de la manivelle, son grain et sa clavette.

z'. Palier de la manivelle.

y'. Grands boulons qui relient la grande plaque et le palier de la manivelle aux massifs.

a''. Volant.

b''. Pompe alimentaire.

c''. Tuyau d'aspiration de la pompe alimentaire.

d''. Tuyau d'injection de la pompe alimentaire.

$e''e''$. Arbre de commande de l'excentrique.

$f''f''$. Tringles et tiges de la pompe de puits.

g''. Pompe de puits.

h''. Piston de la pompe de puits.

i''. Tuyau d'aspiration.

k''. Tuyau de refoulement.

l''. Chapelle de la pompe de puits.

m''. Madrier sur lequel repose la pompe de puits : il est scellé dans le murs du puits.

XL

n''. Planches qui ferment le puits.

o''. Puits.

p''. Plancher de la chambre de la machine.

q''. Murs du puits.

OBSERVATIONS PRÉLIMINAIRES.

L'ouvrage que nous publions ici est un Manuel pratique, destiné aux manufacturiers qui emploient des machines à vapeur, ou qui seraient en position d'en employer et aux ouvriers chargés de les conduire. Si nous avons atteint le but que nous nous sommes proposé en le composant, ils y trouveront réunis et développés les meilleurs moyens d'entretenir ces machines en bon état, de reconnaître et de réparer promptement les accidens auxquels elles sont le plus sujettes, d'en obtenir le plus grand travail dont elles soient capables avec la moindre dépense d'entretien et de combustible, et en même temps la meilleure marche à suivre pour les établir. Ils y trouveront en un mot, exposés avec simplicité et dans les plus grands détails, les résultats pratiques de l'expérience que nous avons acquise, en conduisant et en montant des machines et des ateliers.

Nous avons lieu d'espérer que cet ouvrage leur sera plus utile qu'une grande partie de ceux qu'on offre chaque jour aux industriels. En effet, bien que, sous le rapport de la disposition des idées et du style, il se ressente nécessairement des travaux d'ateliers au milieu desquels il a été rédigé, il a cependant le mérite positif d'être écrit avec franchise, de toucher directement aux points

I

importans, et, par suite, de pouvoir être lu et compris, ce qui n'arrive pas toujours aux ouvrages de ce genre, parce que le plus ordinairement, les écrivains ne connaissent pas les ateliers, et que les hommes d'atelier n'écrivent guère qu'après s'être retirés des travaux, et lorsqu'ils ne sont déjà plus au courant de l'art qui marche tous les jours en avant.

Tous les fabricans qui ont étudié long-temps et attentivement les machines à vapeur, ont sans doute observé, comme nous, que, lorsqu'elles sont bien construites et bien montées, l'économie de leur consommation et de leurs frais d'entretien, la régularité et la quantité du travail qu'elles peuvent faire, et bien souvent le succès de l'établissement qu'elles font mouvoir, dépendent de la manière dont elles sont conduites. En effet, la machine la meilleure et la plus parfaite, si elle est mal soignée, est une source constante de pertes graves, et peut être mise hors de service en peu de mois ; car le moindre dérangement dans l'ajustement des pièces, qui vient occasionner des frottemens nouveaux et une détérioration rapide, ou qui laisse pénétrer l'air dans le cilindre et le condenseur, augmente énormément, et peut quelquefois doubler la consommation de la houille, qui est la plus forte dépense des machines. Ces fabricans ont pu remarquer aussi que presque tous les accidens qui arrivent sont dus au défaut de soin des chauffeurs, et par conséquent au peu de surveillance et d'expérience des propriétaires, et que ceux même qui n'ont pu être prévus, deviennent très-sérieux, et quelquefois irréparables, lorsque l'on n'y porte pas un prompt remède.

Ainsi, c'est souvent aux causes les plus légères, et les plus faciles à éviter, que l'on doit ces nombreux frais de réparations et d'entretien, et ces fréquens chômages, dont les conséquences sont si graves pour le manufacturier, et qui, par suite, en occasionnant des plaintes réitérées contre les machines à vapeur, ont empêché beaucoup de fabricans de les employer avec succès, dans la fausse conviction où ils sont que leur travail est très-cher et surtout très-irrégulier. Or, c'est un inconvénient très-grave que d'être soumis chaque jour aux inégalités et aux interruptions d'un moteur, parce que la constance et la régularité du travail sont au rang des objets auxquels on doit donner l'attention la plus suivie dans un atelier, et que les pertes de temps sont les plus graves que l'on puisse éprouver ; et telle est la nécessité d'un travail régulier, que l'on a souvent accordé aux machines à basse pression de Watt, la préférence sur les machines à moyenne pression de Woolf, malgré l'importante économie de combustible que présentent ces dernières. Les soins plus assidus qu'elles réclament, les accidens plus fréquens auxquels elles sont sujettes, et les pertes de temps qui en sont la conséquence, ont paru, non sans raison, à bien des manufacturiers, compenser souvent une économie de combustible qui peut s'élever à près de moitié, mais que le défaut de soin rend souvent presque nulle, comme nous l'avons dit.

Nous reviendrons plus loin sur la comparaison pratique de ces deux systèmes de machines. Il nous suffira de dire ici que presque tous les inconvéniens des machines de Woolf tiennent à ce qu'elles ne sont pas bien conduites ; et quoiqu'elles soient réellement plus difficiles à diriger que les machines de Watt, avec une surveillance active et des soins assidus, on réussit parfaitement à réunir dans ce système une économie de combustible de

leux cinquièmes au moins à la régularité de travail indispensable dans un atelier.

C'est en montant, en soignant, en visitant des machines de Woolf, que nous avons été conduits à reconnaître toute l'importance d'une surveillance éclairée :
obligés d'étudier sans cesse nos machines, et y décou-
vrant chaque jour des faits nouveaux, nous avons senti
vivement quel devait être l'embarras des manufacturiers
qui, désirant connaître à fond celles qu'ils emploient et
constamment détournés de cette étude par leurs affaires,
ont contraints de s'en remettre entièrement à des chauffeurs souvent aussi peu actifs qu'instruits. Nous croyons
donc rendre un service important aux manufacturiers, en
leur exposant les signes auxquels ils découvriront d'un
coup-d'œil les défauts de leurs machines, en leur indiquant
le genre de surveillance prompte et facile qu'ils doivent
toujours exercer par eux-mêmes ; enfin, en enseignant
aux chauffeurs quels sont les soins particuliers à donner
à une machine, pour qu'elle développe constamment
toute sa force sans éprouver aucun accident grave.

Les manufacturiers qui emploient des machines à vapeur doivent se convaincre profondément de cette vérité, que la consommation de la houille formant, dans
les machines à vapeur au-dessus de 6 à 8 chevaux, au
moins les deux tiers de la dépense journalière, et cette
consommation, étant de chaque instant, et très-difficile
à évaluer jour par jour, tous leurs soins, toute leur surveillance doivent s'appliquer constamment et sans relâche à la diminuer : qu'ils se persuadent, de plus, que le
moindre dérangement dans leur machine, en diminuant
sa puissance, augmente immédiatement, sans aucune
utilité et dans un très-grand rapport, cette consomma-

tion de houille ; que par conséquent il ne faut ajourner, sous aucun prétexte, les réparations ou les soins d'entretien, sans parler même des accidens souvent très-graves auxquels on s'expose par un léger retard. Nous avons vu diminuer de plus d'un quart la quantité de combustible qu'absorbait une machine, en fermant quelques ouvertures par lesquelles l'air y pénétrait et s'opposait à ce que le vide se fît complètement dans le cilindre et le condenseur (1).

Les manufacturiers actifs , auxquels l'exactitude de leur surveillance fait découvrir les défauts de leurs machines, mais qui ne connaissent pas le moyen de les réparer, se trouvent dans la pénible nécessité, ou de s'en rapporter aveuglément à leurs chauffeurs, ou de garder chez eux un mécanicien chèrement payé ; et d'autant plus disposé à faire valoir ses services, que l'on en éprouve un plus vif besoin ; ou enfin de faire venir de loin , à grands frais et avec de longs retards, un mécanicien à qui une inspection rapide et superficielle ne permet pas de découvrir et de réparer tous les défauts d'une machine. Notre but est de leur éviter cette fâcheuse alternative, et de les mettre promptement en état de diriger eux-mêmes leurs chauffeurs, et de se passer de tout secours étranger et éloigné. Les manufacturiers n'ont pas besoin d'être mécaniciens eux-mêmes; mais ils doivent connaître les défauts des outils qu'ils emploient, sans se reposer

(1) Nous pouvons citer ici l'exemple d'une machine de 12 chevaux à basse pression, sortie de l'un des plus beaux ateliers de l'Europe, qu n'entraîne qu'une seule paire de meules de moulin avec une consommation de 1500 k° de houille par jour. Cependant les réparation qu'elle exige sont probablement faciles, puisqu'elle paraît en assez bon état à l'extérieur, et qu'elle marche encore avec régularité.

jamais de ce soin sur leurs ouvriers, parce que là, comme partout ailleurs, un œil intéressé peut seul les découvrir.

On ne trouve consignés nulle part les renseignemens indispensables pour atteindre ce but; aucun des ouvrages qui, jusqu'à ce jour, traitent des machines à vapeur, ne fournit à ce sujet des renseignemens qui puissent être réellement utiles. Afin de remplir cette lacune, nous avons cherché à développer, dans les plus grands détails, les soins qu'exigent les machines à vapeur pour fonctionner régulièrement, les maladies qu'elles éprouvent, leurs symptômes et les remèdes à y apporter. Notre livre n'est pas une compilation, on ne le trouvera pas rempli d'observations déjà publiées; mais ce qui, à notre avis, est un éloge que nous avons cherché à mériter, c'est que les hommes qui ont suivi de près la marche des machines y retrouveront une foule de détails pratiques, et beaucoup de faits qu'ils ont depuis long-temps appris à leurs dépens dans les ateliers; et quelque triviales que ces connaissances puissent paraître aux hommes du métier, il faut, pour les acquérir, payer chèrement les conseils de l'expérience: que si ces résultats de pratique, ces détails d'atelier, si importans à répandre, ne sont consignés dans aucun ouvrage, si aucun auteur ne s'occupe à les publier, c'est que les uns n'ont pas le temps ou le goût de suivre ce travail, ou qu'ils veulent profiter seuls de leur expérience, et que les autres ignorent ou dédaignent des faits trop au-dessous de la science. Ces derniers, empressés et hardis à donner, de loin, des conseils aux manufacturiers, prétendent marcher en avant sans s'appuyer sur une étude entière des arts qu'ils traitent, et leur indiquer des progrès à faire, sans connaître ni leurs ressources ni leurs besoins. Mais avant de faire mieux, i

faut savoir faire et faire bien. La description exacte et raisonnée des faits connus doit précéder l'exposition des
projets d'amélioration et des systèmes ; autrement on ne
sait ni ce qu'il faut chercher, ni dans quelle route le
trouver.

D'un autre côté, les écrits de la plupart des hommes
qui rédigent des traités d'arts et métiers et y proposent
des améliorations nombreuses, sans être initiés eux-
mêmes dans la connaissance pratique et approfondie de
ces arts, comme ceux qui ont pour objet spécial d'en développer les hautes théories, ont un défaut grave, c'est
de ne s'adresser qu'à peu d'hommes en état de les comprendre et de les juger. La masse presque entière des industriels, c'est-à-dire tous les entrepreneurs de petites
fabrications, et les ouvriers, se trouvent privés de ce puis-
sant moyen d'instruction, tandis que de nombreux ouvrages
se croisent au-dessus de leurs têtes, sans qu'ils aper-
çoivent seulement leur passage. Ainsi, plus des trois quarts
des hommes civilisés se trouvent déshérités de l'expérience progressive de leurs pères, et enchaînés par le
cercle étroit de leurs travaux ordinaires dans une routine,
qui force chaque individu à recommencer laborieusement
son éducation expérimentale, au lieu de trouver dans les
ouvrages où elles devraient être réunies, toutes les observations déjà faites dans chaque genre de travail, et les faits
qu'une comparaison éclairée pourrait lui faire utilement
puiser dans d'autres industries.

Toute connaissance, quelle qu'elle soit, répandue parmi
les peuples, tout ouvrage pratiquement utile, afin qu'on
le lise et qu'on le sente, adressé à ces millions d'hommes
qui en ont un si vif besoin, et qui en tireraient un si
grand parti, est un pas fait vers leur affranchissement ;

c'est un moyen de faire jaillir de leur sein tous ces talens supérieurs qui y existent, et dans la même proportion que parmi les hommes les plus éclairés, mais qui sont inconnus encore à eux-mêmes, et perdus pour leur propre bonheur et pour celui de l'espèce humaine. Il faut donc offrir à chacune des branches d'industrie des ouvrages qui développent ces talens cachés, ou qui au moins fournissent aux esprits ordinaires des connaissances et des ressources qu'ils n'auraient peut-être jamais trouvées par eux-mêmes.

La carrière de la mécanique appliquée aux arts a été long-temps remplie entièrement par des hommes sortis honorablement des rangs des ouvriers, parce que tous ceux qui auraient pu y entrer par l'autre extrémité, c'est-à-dire par la science, avec des connaisances plus étendues, ont dédaigné les travaux manuels, comme déshonorans. Mais parmi ces hommes habiles qui se sont créés eux-mêmes, il en est bien peu qui n'aient pas oublié le point d'où ils sont partis, et qui aient pensé à éclairer à leur tour leurs anciens confrères, et tenté de leur faire partager ces connaissances plus relevées, qui les ont si heureusement portés eux-mêmes en avant. La tâche reste donc presque entière. Nous en essaierons une partie, avides que nous sommes de contribuer, autant qu'il sera en notre pouvoir, à répandre quelques connaissances dans la masse entière des hommes qui y ont tant de droits. Mais avant de traiter le sujet, beaucoup plus difficile, de la construction des machines à vapeur, que nous espérons pouvoir tenter plus tard, nous commencerons par exposer aux industriels qui les conduisent, les connaissances nécessaires pour développer leur force entière.

Tous les résultats que nous donnons ici sont le fruit de nos observations dans le montage et la conduite des machines à vapeur. Le désir de ne dire jamais que ce que nous savons, nous a fait appesantir particulièrement sur les machines dites de Woolf, à moyenne pression. et à deux cilindres, parce que nous les avons mieux étudiées que les autres : en outre, les soins à donner à tous les systèmes de machines sont du même genre, et nous sommes convaincus, par notre expérience, que quand on est en état de conduire parfaitement les machines à moyenne pression, la surveillance des machines à basse pression le plus fréquemment employées avec celles de Woolf, n'offre pas de difficulté réelle. En effet, les premières, soit par leur plus grande complication, soit par la pression plus élevée de la vapeur que l'on emploie, sont sujettes à de plus fréquens dérangemens que les autres, et demandent des soins plus assidus. Nous donnerons cependant aussi quelques détails sur les machines à basse pression et le réglement de leurs soupapes, afin que, dans cet ouvrage, les chauffeurs trouvent, autant qu'il sera en notre pouvoir, une instruction complète.

Nous consacrerons un article particulier à la comparaison des frais de consommation et d'entretien, et des chômages proportionnels dans les deux systèmes de machines, pour guider avec certitude les fabricans dans le choix raisonné qu'ils doivent faire suivant les localités, choix qui n'est le plus souvent déterminé que par la présence auprès d'eux de quelques machines d'un système quelconque, et le nom du mécanicien qui les a montées. Nous chercherons à indiquer la marche à suivre pour apprécier la valeur de travail d'une machine suivant les lieux et les circonstances, et à la comparer à celle du travail des autres moteurs, comme les chevaux, l'eau et le vent. On sentira facilement combien il est important pour un manufactu-

·ier qui veut former un établissement , ou changer son moteur, de pouvoir se rendre d'avance un compte approché des résultats qu'il doit obtenir. Que d'établissenens ont été arrêtés et souvent renversés , parce que l'on n'avait pas calculé d'avance le prix auquel reviendrait la force qu'ils exigeaient ! On trouvera aussi dans cet ouvrage, comme complément , des conseils sur la manière le traiter avec les mécaniciens dans l'achat des machines, et le montage des ateliers. Cet objet est de la plus haute importance, puisque seul il peut garantir à celui qui crée un établissement, souvent même nouveau pour lui , qu'il trouvera dans son moteur toute la force et toutes les conditions nécessaires au succès, ou qu'il peut au moins lui éviter, en cas d'erreur du mécanicien, un procès que l'expérience a démontré presque impossible à juger dans l'état actuel des connaissances générales et de la législation. A ces conseils , nous avons cru devoir en ajouter quelques autres sur le montage des machines à vapeur, parce que, quoique ce montage regarde essentiellement le constructeur mécanicien, les manufacturiers sont souvent obligés de rétablir des pièces brisées , ou de vérifier la position de celles qui pourraient avoir varié. Il leur est utile, en outre, de pouvoir suivre et surveiller le travail de l'ouvrier monteur, et s'assurer qu'il ne néglige aucune des précautions nécessaires au développement de toute la puissance de la machine.

Beaucoup de manufacturiers désireront connaître en même temps la théorie des outils qu'ils emploient, et les chauffeurs, principalement, à mesure qu'ils se ressentiront de l'heureuse influence des cours industriels institués dans un grand nombre de villes , éprouveront aussi le besoin de s'instruire davantage : pour satisfaire à ce besoin, sans ôter à notre ouvrage son caractère spécial de pratique, nous avons rejeté dans un appendice un abrégé de la théorie des vapeurs, des lois auxquelles elles sont soumises, et de la manière d'en mesurer les effets appliqués aux machines à vapeur. Ce dernier objet, qui jusqu'à ce jour a offert peu d'importance aux manufacturiers, en présentera bientôt davantage quand on aura trouvé un mode certain et régulier de mesurer la puissance utile des machines à vapeur et de tous les moteurs, et que l'on connaîtra exactement la force qu'exigent les divers travaux industriels, puisqu'alors l'évaluation pratique et réelle des machines à vapeur servira de base à la formation des établissemens et aux traités à passer avec les mécaniciens pour leur construction.

Enfin, nous avons terminé par quelques observations sur les ordonnances relatives aux machines à vapeur. Ces ordonnances, rédigées par des hommes qui connaissent peu les machines, nous ont paru, sur plusieurs points, contraires aux conditions qui assurent leurs succès, contraires au but même qu'elles se proposent : le but en lui-même nous paraît entièrement erroné, en ce que, à part toute idée du droit de propriété, l'entière indépendance des manufacturiers est beaucoup plus importante que toute fausse nécessité de surveillance administrative.

La marche suivie dans cet ouvrage est simple. Nous avons examiné successivement toutes les pièces qui composent une machine du système de Woolf, depuis celle où se produit la vapeur, jusqu'à celles qui transmettent le mouvement créé aux outils. A chaque pièce nous avons indiqué les accidens qui lui arrivent, les symptômes auxquels on peut les reconnaître, et les remèdes à y apporter.

Nous avons ensuite réuni, dans un article particulier, le détail de tous les soins nécessaires à la conduite générale et à la surveillance d'une machine, soit de la part des chauffeurs, soit de la part des manufacturiers. Le tracé de chacune des pièces de la machine suffira pour la parfaite intelligence de ce que nous avons à dire. Nous ne sommes entrés que rarement dans le détail de la construction des pièces et de leur ajustement entre elles, attendu que nous écrivons plus particulièrement pour des hommes qui ont déjà vu et conduit des machines à vapeur, et qui en connaissent au moins le jeu et la combinaison générale.

Il est enfin un objet auquel nous avons cru devoir donner quelque attention, c'est la nomenclature des diverses pièces d'une machine. Le premier pas à faire, lorsque l'on veut consigner sur le papier des faits relatifs à une branche encore neuve de connaissances, c'est de fixer l'acception des mots, et d'assigner à chaque objet un nom distinctif. Ce travail n'a jamais été tenté, en France, pour la mécanique ; quelques noms ont été adoptés dans différens ateliers, sans suite et sans ordre. Nous avons donc essayé d'appliquer un nom distinct à chacune des pièces qui composent une machine à vapeur. Ne pouvant pas, sans de grandes difficultés, créer des noms qui ne forment qu'un seul mot, et pour ainsi dire, une langue nouvelle, comme cela a lieu dans la langue mécanique de l'Angleterre, nous avons adopté, lorsqu'il n'existait pas un terme précis et simple, des noms méthodiques formés d'un mot générique qui s'applique à plusieurs espèces semblables, et d'un autre mot qui les distingue les unes des autres, tels que *bras de rappel*, *bras de la colonne*, etc. ; et lors même que nous

n'aurions pas réussi à les choisir heureusement parmi
ceux que la routine emploie quelquefois, ils nous ser-
viraient au moins à être clairs, et à éviter des péri-
phrases, des explications et de nombreux renvois, qui
ne peuvent qu'embarrasser la marche des faits et en
obscurcir tout le développement. Quoi qu'il en soit, cette
première tentative, dût-elle échouer, éveillera, nous l'espérons, l'attention des mécaniciens, et fera naître des
efforts plus habiles, plus heureux, et un succès très-important pour les progrès de la mécanique en France.

Cependant, quelque rares que soient les renseignemens à puiser dans les ouvrages publiés jusqu'à ce jour,
nous en avons trouvé d'utiles, et nous avons cherché à
en profiter, soit pour étendre ou rectifier nos observations, soit pour comparer entre elles celles des divers
auteurs. Nous citerons, parmi les plus remarquables, les
traités des machines à vapeur et du chauffage de Tredgold, le *Traité de la chaleur* de M. Peclet, l'excellent *Bulletin de la société* de Mulhouse, qui porte si évidemment le
caractère de l'expérience théorique et pratique et de l'activité industrielle de ses rédacteurs, etc., etc. Le peu d'é-
tendue de notre cadre et le but même de l'ouvrage, qui
ne doit présenter que des faits clairs et positifs, sans dis-
cussion ni développemens, ne nous ont pas permis d'indiquer chacun des emprunts que nous avons faits et leurs
sources diverses. Nous profitons aussi de cette occasion
pour exprimer ici notre reconnaissance à M. Darcet, pour
les importantes communications que nous avons dues à
son amitié dans le cours de nos travaux, et en particulier
pour les faits relatifs à la construction des fourneaux, et les
avis qu'il a bien voulu nous transmettre, et dans lesquels
cet ouvrage a puisé un caractère d'utilité plus générale.

Nous prions également nos amis, MM. Casalis et Cordier, de Saint-Quentin, de recevoir nos vifs remercîmens pour les notes que leur expérience dans les constructions mécaniques les a mis à même d'ajouter à notre manuscrit, et dont nous avons heureusement profité.

Sans doute, quelques-uns des accidens si variés qui arrivent aux machines à vapeur manquent à notre travail, soit qu'ils ne se soient pas encore présentés à nous, soit qu'ils nous aient échappé : mais, dans l'espoir de pouvoir un jour présenter cet ouvrage plus complet, si on lui trouve le degré d'utilité que nous croyons y voir, nous prions, dans l'intérêt général de l'industrie, tous les manufacturiers qui auraient eu occasion de faire de nouvelles et importantes observations sur ce sujet, de vouloir bien nous les communiquer. Nous recevrons avec reconnaissance cette nouvelle preuve de l'intérêt universel que l'on prend aujourd'hui à tous les efforts qui ont pour but les progrès de l'industrie et de l'instruction populaire.

GUIDE
DU CHAUFFEUR

ET

DU PROPRIÉTAIRE DE MACHINES A VAPEUR.

PREMIÈRE PARTIE.

—

DES CHAUDIÈRES ET FOURNEAUX.

1. L'étude des chaudières et des fourneaux appartient principalement à l'art du constructeur de machines à vapeur; cependant nous entrerons dans quelques détails sur cet objet, parce que les manufacturiers sont souvent appelés, soit à rétablir, soit à changer leurs chaudières et leurs fourneaux, et que la plus légère amélioration dans leurs dispositions peut donner immédiatement une importante économie de combustible. La construction des fourneaux, en particulier, a été si peu étudiée, que les mécaniciens, qui ont un vif in-

térêt à leur donner toute la perfection possible pour assurer la marche régulière et constante de leurs machines à vapeur, se laissent encore guider, dans ce travail, par une mauvaise routine, n'y attachent même, en général, aucun intérêt, et, en abandonnant ainsi à un ouvrier monteur la direction d'un travail aussi difficile qu'important, s'exposent à de fréquens accidens, dont ils accusent la machine même, tandis qu'un changement facile dans la forme du fourneau en préviendrait le retour. On voit, en effet, des machines qui paraissent en bon état, et auxquelles cependant le feu le plus vif ne peut pas donner la vitesse demandée : elles consomment toute la vapeur produite par le fourneau, et sont toujours *lourdes*. On trouvera constamment la cause de ce défaut dans une cheminée et des carneaux trop étroits, qui ne peuvent pas brûler assez de houille, et produire assez de vapeur, ou dans une chaudière qui ne présente pas au feu direct une surface suffisante. Rien de plus fréquent que ces défauts, et nous prouverons surtout plus loin qu'il n'y a peut-être pas une machine de bateau à vapeur qui en soit exempte.

2. Aujourd'hui, quoiqu'on ne soit pas d'accord sur les meilleures proportions à donner aux fourneaux, on commence à reconnaître la nécessité d'adopter et de suivre quelques principes pratiques, que plusieurs constructeurs ont cherché à fixer, sans avoir jusqu'à présent obtenu un succès complet. Nous exposerons avec soin les bases desquelles nous sommes partis dans des travaux de ce genre, en les accompagnant de plans

détaillés, et dessinés à l'échelle; les seuls qui puissent offrir de l'utilité; nous aurons, en outre, la précaution d'y coter les dimensions les plus importantes, comme celles des grilles, des carneaux et des cheminées.

Nous n'entrerons pas dans l'examen méthodique et complet de chacune des pièces dont se compose une chaudière et un fourneau; nous ne chercherons pas à analyser ou à réfuter les écrits publiés sur ce sujet: Convaincus que jusqu'à ce jour tous les calculs appliqués à la construction des fourneaux, outre le défaut d'une complication qui leur enlève toute utilité, n'ont encore conduit qu'à des résultats vagues et incertains, et que l'on ne peut encore atteindre le but que par des formules pratiques qui, réduisant tous les cas particuliers à un petit nombre de cas généraux, sacrifient une vaine prétention d'exactitude mathématique, au besoin d'une simplicité usuelle; nous donnerons seulement les élémens pratiques de la construction des fourneaux destinés à produire de la vapeur, déduits de l'expérience, et directement applicables. Ces données nous ont été communiquées par M. d'Arcet, membre de l'Institut; elles sont le résultat de nombreux essais, et d'un travail éclairé par la théorie et l'analyse chimique, et long-temps suivi sur les fourneaux de toute espèce qu'il a eu occasion d'établir. Dans toutes les constructions dont nous nous sommes occupés, et où nous les avons appliquées, nous en avons constamment obtenu les meilleurs résultats, et quoique les travaux qui portent ce nom

2

n'aient besoin d'aucune garantie, nous pouvons assurer d'avance aux industriels qui en feront usage, le succès le plus complet.

DES CHAUDIÈRES.

3. *Chaudières en tôle à fond concave.* Les chaudières destinées à produire de la vapeur sont construites en tôle, en fonte ou en cuivre, selon l'usage auquel elles seront employées, et la pression à laquelle elles travailleront.

Les chaudières à basse pression (1) ont ordinairement la forme d'un carré long, dont la partie supérieure est cilindrique, et le dessous concave (*Pl.* 2, *fig.* 3 et 5), afin de présenter plus de surface à l'action directe du feu. Quand la chaudière est grande, quelques constructeurs y pratiquent intérieurement un ou deux conduits dans lesquels ils font circuler la fumée avant de l'envoyer dans la cheminée, afin de la dépouiller de toute sa chaleur. Cette forme de chaudière, qui n'offre pas à la pression de la vapeur une résistance

(1) Nous entendons par machines à basse pression celles qui travaillent ordinairement avec de la vapeur en équilibre avec la pression de l'atmosphère, ou supérieure à cette pression, de 8 à 10 centimètres (3 à 4 pouces) de mercure. Les machines dites de Watt et Boulton, et toutes celles qui sont construites sur le même principe, sont de ce genre. Nous appelons *machines à moyenne pression* celles qui emploient la vapeur sous une pression de 2 à 3 atmosphères au-dessus de celle de l'air, comme les machines de Woolf; nous nommons enfin *machines à haute pression* proprement dites, celles où la vapeur travaille sous une pression plus élevée, depuis 4 jusqu'à 7 et 8 atmosphères, comme celles de Trevithick, d'Olivier Evans, etc.

aussi grande que la forme cilindrique, est assez difficile à exécuter, et ne peut être rendue solide dans les
grandes dimensions, qu'au moyen d'une carcasse en
fer. Le principal avantage qu'elle offre est de présenter
au feu une surface plane ou légèrement concave,
beaucoup plus favorable à la production de la vapeur qu'une surface cilindrique.

L'expérience nous paraît, en effet, prouver contre
l'opinion de M. Péclet (1), qu'une surface plane fournit
plus de vapeur, en un temps donné, qu'une surface cilindrique égale, si elles sont toutes deux exposées directement au feu, quand les fourneaux sont construits
sur les mêmes principes. En effet les côtés A, B, C, D
des chaudières cilindriques (*Pl. 2, fig. 1re*) ne reçoivent
qu'obliquement l'action du feu et son rayonnement, ce
qui diminue considérablement l'effet du combustible;
de sorte qu'à circonstances égales, avec des chaudières
cilindriques de tôle de 0m 60 de diamètre, et 2m de
longueur, nous n'avons obtenu que 5k de vapeur pour
1k de houille, tandis que l'on obtient au moins 6k avec
des chaudières à surface plane ou concave, et avec des
chaudières à bouilleurs de tôle, qui agissent à peu près
comme les surfaces planes, par suite du peu d'obliquité de leur surface latérale, due à leur petit diamètre, et de la facilité avec laquelle on peut les placer
presque dans la masse de houille brûlante. Mais les
chaudières à surface planes n'offrent pas assez de
résistance à la pression de la vapeur. On en a vu quel-

(1) Péclet, tom. 2, p 7..

quefois aussi s'écraser sous le poids de l'air extérieur, lorsque le vide s'y produit intérieurement, et
que l'on n'a pas eu la précaution de les munir de tubes
ou de soupape de sûreté nommés *reniflards* (*Pl.* 5,
fig. 5), qui permettent à l'air de rentrer, quand, par
le refroidissement et la condensation de la vapeur, le
vide s'y produit. De plus, les réparations en sont difficiles, et exigent souvent la démolition d'une grande
partie du fourneau, ce qui n'arrive pas avec les chaudières à bouilleurs.

Il y a aussi quelques inconvéniens dans les grandes
chaudières de cette forme, à avoir une couche d'eau
trop épaisse qui ne présente pas une surface assez
grande à l'action du feu. Pour corriger en partie ce
défaut, on y établit souvent un conduit qui sert à
porter la chaleur dans le centre même de la masse
d'eau; mais, à moins de donner à ces conduits les
dimensions nécessaires au passage de la fumée, et qui
alors occuperaient la capacité presque entière des chaudières, leur ouverture est beaucoup trop étroite; d'autant plus que le grand refroidissement qu'éprouve la
fumée en passant dans un tuyau entouré d'eau, y diminue encore le tirage, et y fait déposer beaucoup de
suie, qui l'engorge promptement, et le rend mauvais
conducteur. Toutes ces causes contribuent à gêner le
tirage du fourneau, et, en rallentissant l'activité du
feu, à diminuer la quantité de vapeur que le charbon
peut produire. Les manufacturiers qui emploient des
chaudières de ce genre ne doivent donc pas hésiter
à fermer ces conduits, et à faire passer la fumée di-

rectement dans la cheminée, après qu'elle a circulé une fois autour de la chaudière. Ils peuvent être certains que, si ce premier conduit de circulation est suffisamment large, en supprimant les conduits intérieurs, ils augmenteront l'effet de leur combustible, au lieu de le diminuer. Nous donnerons plus loin le plan et la construction d'un fourneau de ce genre.

4. *Chaudières cilindriques*. Les chaudières cilindriques ont ordinairement les deux extrémités sphériques (*Pl. 1re, fig. 1re*), ce qui leur donne plus de force. Toutefois, quand ce sont des chaudières de petites dimensions, et qui ne doivent soutenir qu'une faible pression, il est souvent plus facile de faire les fonds plats (*Pl. 2, fig. 2*); elles sont construites soit en tôle, soit en cuivre, et doivent être rivées avec le plus grand soin, sans cependant que les rivets soient trop nombreux et trop rapprochés l'un de l'autre, car ils affaibliraient considérablement les feuilles de métal, ce qui n'est pas sans danger. L'écartement des rivets doit varier avec la nature et l'épaisseur du métal.

Ces chaudières présentent une construction en même temps simple et très-solide; la disposition de leurs fourneaux est facile; en un mot, elles sont d'un emploi préférable à celui des chaudières dont nous venons de parler. On doit leur donner un petit diamètre et une grande longueur. Le feu produit plus d'effet, et en même temps elles résistent mieux à la pression de la vapeur; et si l'on avait besoin de dimensions plus grandes, il vaudrait mieux en avoir deux. Au-delà

le 1ᵐ pour les chaudières à basse pression, de
)ᵐ 80 pour les chaudières à moyenne pression, et d'une
ongueur trois à quatre fois plus grande, nous conseillons
ıux fabricans d'employer deux chaudières de moindre
limension : le travail en est plus régulier, plus simple,
et les accidens moins graves et plus faciles à réparer.

Quant au défaut que nous avons signalé de produire
noins de vapeur à surface égale, et de consommer
plus de houille pour le même produit, que les chau-
lières planes ou concaves, et d'exiger, comme celles-
si, pour leur réparation, la démolition du fourneau,
on a réussi à l'éviter, en plaçant sous les chaudières
cilindriques des tubes en cuivre, en tôle, ou en fonte
(*Pl.* 1ʳᵉ *fig.* 1ʳᵉ, 2 et 6), qui sont seuls exposés à l'action directe du feu, et qui peuvent être démontés et
changés facilement sans détruire aucune partie essentielle du fourneau : et sous ce dernier point de vue,
c'est une mauvaise méthode de construction que celle
de river les bouilleurs aux chaudières, d'une manière
fixe ; il vaut beaucoup mieux les assembler, comme les
bouilleurs de fonte, au moyen d'une tubulure entrant
à queue d'hironde dans celle de la chaudière, et fixée
avec du mastic de fonte.

5. *Bouilleurs.* On a reproché aux tubes bouilleurs de
compliquer inutilement les chaudières : nous sommes
loin de partager cette opinion : comme nous venons de
le dire, ils présentent plus de résistance que les chaudières à fond plat, et sont plus favorables à la production de la vapeur que les chaudières cilindriques, parce
que leur diamètre étant plus petit, la partie oblique

qu'ils présentent à l'action du feu, en est moins éloignée que dans ces chaudières. En même temps, il préservent utilement la chaudière du contact direct du feu et de presque tous ses fâcheux effets : On peut alors la construire en fonte (*Pl.* 1re *fig.* 1re,), qui ne brûle ni ne s'altère jamais, quand on ne laisse pas le fourneau se dégrader, et le feu agir directement sur elle. Ces tubes offrent aussi dans la partie qui supporte l'action la plus vive de la chaleur, et brûle avec le plus de rapidité, une résistance plus grande, vu leur petit diamètre; enfin, ils peuvent être au besoin changés et raccommodés facilement, promptement, et à moins de frais que la chaudière elle-même. Ces avantages sont si grands en pratique, que nous n'hésitons pas à en conseiller l'emploi le plus fréquent, aussi bien pour produire la vapeur à basse pression qu'à haute pression, dès que la chaudière devra présenter plus de 2^m carrés à l'action directe du feu. On les a déjà appliqués à des chaudières de tôle ou de cuivre, avec autant de succès qu'aux chaudières de fonte.

On adapte souvent aux chaudières de tôle ou de cuivre trois bouilleurs de même matière; aux chaudières cilindriques de fonte (*Pl.* 1re *fig.* 6), employées dans les machines du système de Woolf, qui ne passent pas une force de 16 à 20 chevaux, on n'en met ordinairement que deux.

6. *Chaudières de fonte.* Les inconvéniens que présentent ces chaudières de fonte ne sont pas plus grands que ceux des chaudières de tôle; ar, si elles sont exposées à se fendre quelquefois, celles de tôle

sont exposées à brûler. D'un autre côté, comme nous
l'avons dit, si l'on entretient le fourneau en bon état,
ces chaudières, convenablement nétoyées, peuvent
durer indéfiniment sans jamais s'user ni laisser échapper de l'eau ou de la vapeur, ce qui arrive très-fréquemment aux chaudières de tôle, et la moindre fuite
qu'éprouve ainsi une chaudière pendant son travail,
consomme inutilement une grande quantité de combustible, sans que l'on puisse toujours s'en apercevoir. Elles sont ordinairement formées de deux pièces
A et *B*, (*Pl.* 1re *fig.* 1re,) ajustées ensemble. Voici les
deux méthodes les plus usitées pour leur assemblage.
Dans la première (*Pl.* 1re *fig.* 4 et 5) les deux segmens,
coulés avec un collet intérieur *aa*, sont boulonnés
à chaud, et le joint en est rempli par du mastic de
fonte; et dans la seconde (*fig.* 1re et 2), une des deux
pièces *A* pénètre dans l'autre *B* à queue d'hironde, et
y est retenue invariablement par le mastic de fonte
en même temps que par les boulons. La deuxième méthode a le défaut de former des bourrelets saillans *a*
beaucoup plus épais que le reste de la chaudière;
mais comme celle-ci ne doit pas être exposée directement au feu, il n'en résulte que des accidens très-
rares, tandis que cet assemblage offre plus de résistance que le premier; et d'ailleurs, dans le premier, le
collet intérieur *a* donne aussi une épaisseur inégale à
la fonte : et avec ce mode d'assemblage, que quelques-
uns des boulons serrés à chaud avec une grande force
viennent à se briser, les deux moitiés de la chaudière
ne se trouveront plus liées solidement entre elles, et

il en pourra résulter une explosion, ou au moins l'eau coulera sur les bouilleurs, et les fera fendre s'ils sont en fonte : et s'ils sont en tôle, le moindre inconvénient sera de consommer inutilement une grande quantité de houille pour mettre en vapeur toute l'eau écoulée, et de ne pouvoir plus pousser assez vivement la machine. Il est inutile d'insister sur la nécessité de mastiquer ces pièces avec la plus grande précaution. parce que ce masticage, s'il n'est pas fait avec les plus grands soins, se fend et laisse couler l'eau sur les bouilleurs pendant que la chaudière travaille. On trouvera plus loin quelques détails sur l'emploi du mastic de fonte.

7. *Masticage des bouilleurs.* Nous avons dit que les bouilleurs des chaudières de tôle et de cuivre ne doivent pas être rivés invariablement au corps de la chaudière, parce que, pour les remplacer, il faut couper les rivets, et s'exposer à déchirer les bords du métal. Nous avons dit que ces inconvéniens disparaissent en assemblant ces bouilleurs, comme ceux des chaudières de fonte, de manière à pouvoir les enlever et les changer avec facilité. Ajoutons qu'il n'est pas inutile de donner aux bouilleurs deux tubulures qui facilitent le passage de la vapeur dans la chaudière à mesure qu'elle se forme. Cette disposition n'est adoptée que pour les bouilleurs de cuivre et de tôle, parce que ceux de fonte se briseraient toujours en s'alongeant. Nous indiquerons rapidement la manière de les mastiquer.

Si le fourneau est nouvellement construit, on laisse

la maçonnerie opérer son tassement, afin que la chau dière prenne une position invariable. On met ensuite les bouilleurs *CC*, (*fig.* 1 et 2) en place. Leur queue repose sur un support de fer *b* en forme de croissant, bien préférable à une simple barre de fer, puisque pour enlever le tube, on peut dégager au besoin le support sans démolir le fourneau. Ce support repose immédiatement sur le sol *d* du conduit qui passe sous les bouilleurs. Quant à la partie antérieure, ce que nous nommerons tête du bouilleur, quelques mécaniciens conseillent de la laisser libre et suspendue à la chau-dière, persuadés que, si on la soutenait solidement, la dilatation pourrait, par la résistance qu'elle rencontre, faire rompre le bouilleur même. Nous ne sommes pas de cet avis ; nous n'avons trouvé aucun inconvénient à la soutenir sur une barre de fer ou une plaque de fonte, que la dilatation, qui du reste est très-faible, ferait au besoin aisément plier, et le masticage n'est pas obligé de supporter toute cette charge. A plus forte raison doit-on soutenir solidement la queue du bouilleur, puisque ce poids considérable agissant sur la tubulure placée à une des extrémités avec un aussi grand bras de levier, peut faire briser la fonte fortement chauffée.

Le tube posera donc sur un support *bb* et sur un barreau de fer ou de fonte *e* que l'on place, autant qu'il est possible de le faire, sur le devant du fourneau, pour que le feu ne le brûle pas. Il faut ensuite assurer exac-tement le collet du bouilleur *E* au milieu de la tubulure de la chaudière, au moyen de trois calles mises en de-dans de celle-ci, et qui permettent de conserver au-

tour de ce collet un espace libre pour recevoir le mastic-
de fonte : on enlève les calles, quand une partie de cet
espace est rempli et que le tube est invariablement fixé ;
car si on les laissait en place, il deviendrait presque impossible de détacher au besoin ce bouilleur, quand les
calles rouillées auraient fait corps avec le mastic et la
fonte. Or, en montant une machine quelconque, un
mécanicien éclairé et prudent doit toujours prévoir
le cas où l'on serait obligé de la démonter, pour rendre
ce démontage facile ; à plus forte raison doit-on le prévoir pour des bouilleurs qui sont exposés à de fréquens
changemens, et dont un des avantages est de pouvoir
être facilement renouvelés. Il faut par conséquent,
quand on fait couler des bouilleurs, avoir soin de
donner autour de leur collet, à l'espace vide destiné
au masticage, une largeur de 13 millimètres environ
(6 lignes), afin de pouvoir facilement y entrer les
burins quand on voudra le démonter. Ce mastic plus
épais y prend aussi beaucoup plus de dureté. La plupart du temps, cet espace est tellement étroit, que les
outils s'y brisent ou y restent engagés, de sorte que le
démontage d'un tube exige quelquefois trois jours
d'un travail très-pénible. Le mastic doit être employé
par petites parties, et fortement chassé avec un mattoir de fer, jusqu'à ce que l'intervalle en soit entièrement rempli. On le laisse alors sécher deux jours
avant de verser de l'eau dans la chaudière, ou si l'on
était vivement pressé par le temps, il faudrait entretenir dessous un feu léger pendant 24 heures, pour
le sécher plus rapidement.

8. Si, malgré ces précautions, on apercevait en remplissant la chaudière le moindre suintement de l'eau à
travers le masticage, il serait indispensable de le recommencer de suite; car vouloir travailler malgré
cette fuite, ce serait s'exposer inévitablement à briser
les bouilleurs de fonte. Pour éviter toute fuite dans le
masticage pendant le travail de la chaudière, surtout
lorsqu'on ne peut pas attendre deux ou trois jours, et
pour la relier encore plus solidement avec le bouilleur,
on les assemble quelquefois au moyen de deux traverses *F* et *G* placées l'une dans la chaudière l'autre
dans le tube, et réunies par un boulon *H* que l'on serre
fortement en dedans. Cette précaution est indispensable
quand le collet des bouilleurs n'est que peu ou point
évasé en queue d'hironde, parce que le masticage ne
retient plus assez fortement le tube, pour l'empêcher
de descendre par son poids et par l'action de la vapeur.

9. *Bouilleurs de fonte.* Le grand inconvénient des
bouilleurs de fonte que l'on a presque uniquement employés jusqu'à ce jour dans les chaudières en fonte à
moyenne et à haute pression, est de se briser souvent,
soit lorsqu'à l'ouverture de la porte du fourneau, ils sont
frappés par un courant d'air froid, soit lorsque l'eau de
la chaudière vient à les mouiller pendant qu'ils sont
chauds; soit lorsque l'on ne prend pas la précaution de
les nétoyer assez souvent, et que le dépôt terreux qui
s'y attache, s'opposant au passage de la chaleur à travers
la fonte, exige un coup de feu beaucoup plus violent,
fait rougir le bouilleur qui n'est plus intérieurement en

contact avec l'eau, et le brûle ou le brise; soit parce
que dans la plupart des machines au-dessus de douze à
seize chevaux, les bouilleurs de fonte n'offrent pas
assez de surface pour produire toute la vapeur nécessaire, ce qui force les chauffeurs à pousser le feu trop
vivement. On appréciera mieux cette observation,
quand nous aurons indiqué les quantités de vapeur
que peut produire une surface donnée de fonte ou de
tôle. Telles sont les principales causes de rupture des
tubes auxquelles il faut encore ajouter les dégradations
de la maçonnerie des fourneaux qui y établissent des
courans d'air mal dirigés, et chauffent des parties sur
lesquelles le feu ne doit pas agir.

10. *Bouilleurs de tôle.* Pour éviter ces accidens,
qui, en dépit de toutes les précautions, entraînent de
grandes pertes de temps et d'assez fortes dépenses, on a
essayé avec succès d'appliquer des bouilleurs de tôle
aux chaudières de fonte: on y a même trouvé une économie assez notable de combustible, parce que la tôle
étant beaucoup moins épaisse que la fonte, laisse plus
facilement passer la chaleur. On est, d'un autre côté,
obligé de les nétoyer plus souvent sous peine de les
brûler; mais, en somme, à égalité de prix dans l'achat,
quoiqu'ils se brûlent quelquefois assez rapidement,
nous avons reconnu par expérience qu'ils sont plus
économiques que les bouilleurs de fonte; d'un côté,
parce qu'il est facile d'y remplacer les plaques de
tôle brûlées au-dessus du foyer, et de l'autre surtout parce que l'on n'a pas à craindre les accidens inat-
tendus qui, avec les bouilleurs de fonte, entraînent de
si longs chômages.

Souvent les tubes et chaudières de tôle ou de cuivre présentent de légères fentes dans les assemblages des feuilles, et dans les rivures : le meilleur moyen de les arrêter, est de faire bouillir dans l'eau de la chaudière vingt ou vingt-cinq litres de son gras, auxquels on peut même ajouter une petite quantité de chaux : l'amidon qui se délaie alors forme avec la chaux un mastic que l'eau dépose dans les joints à mesure que le feu la met en vapeur, de sorte que tout écoulement s'arrête ; il est nécessaire ensuite de vider et nétoyer la chaudière avec soin, parce que le son resté en dépôt avec la chaux s'attacherait à la chaudière et la ferait promptement brûler.

11. *Changemens des bouilleurs.* En prenant d'avance toutes les précautions que nous allons indiquer pour opérer avec promptitude et facilité le changement d'un bouilleur brisé ou brûlé, et en ayant soin d'en tenir toujours deux en réserve, on peut, sans de grands inconvéniens, se dispenser d'avoir deux chaudières. Le nétoyage complet d'une chaudière ne demande que 12 ou 15 heures, et le renouvellement d'un bouilleur bien disposé, un seul jour : avec des bouilleurs de tôle, ce renouvellement est très-rare : d'ailleurs le nétoyage des chaudières, quand on n'attend pas au dernier moment, peut s'opérer pendant un jour de chômage naturel, sans arrêter en rien les travaux d'atelier.

On doit toujours élever au-dessus des bouilleurs, devant et derrière le fourneau, une voûte en briques *V V* (*Pl. 1, fig.* 1 et 5), que l'on ferme ensuite, quand les bouilleurs sont placés et mastiqués ; pour les renouveler, on n'est plus alors obligé de démolir toute la maçonnerie; il suffit d'ouvrir les deux cintres. Le fourneau se trouve à jour, et les bouilleurs dégagés des deux côtés et faciles à enlever. On retire le support de fer *B* et la plaque de fonte *E* qui soutiennent le tube, et on le fait porter sur des leviers, qui lui permettront de descendre quand il sera démastiqué. En même temps on place dessous deux petits rouleaux de bois, afin de pouvoir sortir le tube facilement, ce qui se fait beaucoup mieux par le derrière que par le devant du fourneau. On voit que, pour la facilité de ce travail, il ne faut pas oublier de se réserver sur le derrière un espace dans lequel on puisse manœuvrer librement les bouilleurs, ou une fosse que l'on recouvre de madriers, si le fourneau est enfoncé en terre. Si la disposition des lieux ne permettait pas de réserver cet espace vide sur le derrière, il faudrait nécessairement le conserver sur un des côtés au moins, et y pratiquer une voûte pareille à celle dont nous venons de parler.

On procède alors au démasticage du bouilleur, ce qui s'opère par l'intérieur de la chaudière au moyen de burins d'acier fondu. Si le mastic résistait trop fortement, et que l'espace qu'il remplit fût trop étroit pour y engager un burin, défaut qui rend souvent cette opération très-longue, il faudrait le couvrir d'un mélange d'acide sulfurique et d'acide nitrique étendu d'une petite quantité d'eau. Le mastic est fortement attaqué par l'acide, que l'on renouvelle de temps, en temps et en enlevant avec un outil tout ce qui est attaqué, on parvient à le détacher entièrement. On dégage ainsi le collet *E* du tube qui descend sur les leviers ou sur un cric, et au moyen des rouleaux, on le fait sortir par le derrière du fourneau. On y replace le nouveau tube de la même manière en engageant la tubulure la première. Quand elle est arrivée au-dessous de celle de la chaudière, on relève la tête du bouilleur avec un cric, on replace la plaque de fonte *E* et le support *B* ; on met le collet *E* exactement au milieu de la tubulure de la chaudière, on mastique le tout, et on ferme le fourneau. Remarquons que les deux ouvertures *VV*, dont nous venons de parler, sont également utiles pour opérer le nétoyage complet du fourneau et de ses carneaux.

Ainsi la forme qui nous semble devoir être préférée est celle des chaudières cilindriques, à deux ou trois bouilleurs.

12. *Quantité de vapeur que fournissent les diverses chaudières.* Quand la forme des chaudières est ainsi déterminée, il est encore nécessaire de connaître leur produit en vapeur, et par conséquent la dimension qu'il faut leur donner.

Voici les quantités de vapeur que fournissent approximativement les diverses chaudières employées dans les machines. Nous ne comptons ici que la surface directement exposée au feu, parce que, dans un fourneau bien construit, la partie enfermée dans les conduits ne produit que peu d'effet.

1° Chaudière à fond plat ou légèrement concave (*Pl. 2, fig. 3 et 5,* en tôle), 1 mètre carré de surface de tôle exposé directement au feu, fournit 72^k et jusqu'à 75^k de vapeur en une heure;

2° **Chaudière cilindrique** en tôle ou en cuivre (*Pl. 2, fig. 1* et 2). Un mètre carré directement exposé au feu donne de 50 à 60^k de vapeur par heure.

3° **Chaudière de fonte à bouilleurs de fonte** (*Pl. 1, fig. 1* et 2). Elles sont beaucoup plus épaisses que les chaudières de tôle, et ne donnent que 25 à 30^k de vapeur par mètre carré, en une heure. Dans celles-ci, la surface directement exposée au feu, absorbe une portion moins considérable de la chaleur totale que dans les autres chaudières. Il en résulte que la surface exposée à l'action de la fumée dans le premier conduit, produit encore un effet marqué; car une chaudière dont les bouilleurs n'exposent au feu direct que 3^m $^1/_2$ à 4^m de surface, produit cependant environ 150^k de vapeur par heure; ce qui ferait 40^k par mètre carré de fonte exposée au feu direct d'un fourneau ordinaire, et l'expérience prouve que le mètre carré de fonte ne donne pas dans ces circonstances une aussi grande quantité de vapeur.

13. *Comparaison du prix des chaudières.* En comparant donc les diverses chaudières sous ce rapport et sous celui de leur prix, et observant que celles de tôle et de cuivre n'ont pas besoin d'être aussi grandes pour fournir autant de vapeur, on arrive à peu près aux résultats suivans.

Une chaudière de fonte à bouilleurs, de 4 mètres carrés de surface exposée au feu, et produisant 150 de vapeur à l'heure, peserait 1500^k environ, et coûterait à peu près 1,500 francs sans les accessoires.

Une chaudière de cuivre de même force n'aurai

que 3 mètres carrés de surface chauffée directement; elle peserait environ 315^k, et coûtèrait 1,137 francs: dans le même cas, une chaudière en tôle, de même dimension et d'épaisseur égale, peserait 300^k, et coûterait 540 fr. Observons que, lorsqu'on les vendra, on n'en trouvera plus que les prix suivans :

				PERTE	
Chaudière de fonte à	13 °/₀ k°	195 fr.	1305 fr.	87 °/₀
en cuivre à	250 °/₀ k°	787	650	55 °/₀
en tôle à	24 °/₀ k°	72	468	86 °/₀

Nous donnons au cuivre la même épaisseur qu'à la tôle, quoiqu'il offre moins de résistance à la pression, parce qu'il s'altère moins vîte que celle-ci : aussi l'avantage de la tôle, sous le rapport de la moindre perte réelle, est-il beaucoup moins marqué dans notre calcul qu'il ne le serait, si nous avions adopté les épaisseurs introduites par M. Péclet dans le calcul qu'il fait pour fixer l'économie comparative des diverses chaudières. Il a comparé la perte relative que le cuivre et la tôle éprouvent; elle est moins forte sans doute pour le cuivre, mais la perte absolue et réelle, subie par le fabricant, est plus grande, comme on le voit, pour une chaudière de cuivre que pour une chaudière de tôle de même force, parce que celle-ci coûte beaucoup moins cher : et si l'on ajoute à cette différence de perte réelle, les intérêts composés de l'excès de prix d'une chaudière de cuivre sur une chaudière de tôle, on préférera probablement les chaudières de tôle à

celles de cuivre, quand même les premières offriraie
moins de résistance à l'action corrosive du feu, surtou
quand on peut se procurer de la tôle platinée, qui n
brûle pas aussi promptement que la tôle laminée
parce qu'elle ne se réduit pas en feuilles minces comm
celle-ci. L'avantage reste donc aux chaudières de tôl
sous le rapport de l'économie dans le prix d'achat
de la moindre perte réelle (1). Celles de cuivre r
résistent pas aussi bien à la pression; elles sont fort
ment attaquées par le soufre que contient souvent
houille; elles se détruisent assez vite, principalemer
quand on veut y produire la vapeur à une haute pre
sion, et qu'il s'y forme un dépôt, parce qu'alors le cui
vre, outre qu'il brûle à la surface, s'altère profonde
ment et devient très-cassant. Elles ont cependant un
qualité importante, c'est de ne pas être exposées
des explosions, parce qu'elles se déchirent sans acci
dent, et d'être plus faciles à raccommoder.

Quant aux chaudières de fonte, lorsqu'elles porten
des bouilleurs en tôle, elles sont fort bonnes; n'étan
pas exposées au contact direct du feu, il ne leur arriv
que peu d'accidens, et quand les masticages sont bien
faits et le fourneau bien entretenu, elles peuvent dure
un temps indéfini. Enfin, elles résistent beaucou
mieux que les autres à de très-fortes pressions.

Nous pensons donc que, dans les machines à basse

(1) Quels que soient les prix de ces divers métaux, et en supposan
que le rapport de ces prix soit différent dans d'autres contrées, or
pourra toujours refaire facilement nos calculs, et arriver ainsi à un ré
sultat positif.

3.

pression et dans les chauffages à vapeur, on doit employer des chaudières de cuivre ou mieux de tôle, en y adaptant des bouilleurs, dès qu'elles ont plus de 2 mètres carrés de surface exposés au feu; mais que, dans les machines à moyenne et à haute pression, il faut se servir de chaudières de fonte ou de tôle avec des bouilleurs de tôle.

Prix comparatif de trois chaudières capables de produire environ 150 ou 160^k de vapeur à l'heure.

	SURFACE.	POIDS.	PRIX d'achat.	PRIX de vente.	PERTE réelle.	Perte °/₀
Chaudières de fonte..	4 mètres.	°k° 1500	fr. 1500	195	1305	87 °/₀
Id. cylindriques en cuivre.	3 mètres.	315	1137	787	650	55 °/₀
Id. *Id.* en tôle. .	3 mètres.	350	540	85	468	86 °/₀

Il deviendra facile de déterminer, à l'aide de ces résultats, les dimensions que doit avoir une chaudière destinée à alimenter une machine à vapeur, puisque l'on sait d'avance ce que cette machine consommera de vapeur et ce que la chaudière peut produire. Il faudra, dans cette détermination, avoir soin de donner toujours à la chaudière une surface exposée au feu direct, capable de fournir plus de vapeur que la machine n'en réclame, parce que, comme nous l'avons dit, la plupart des chaudières adaptées à de grandes machines, et principalement celles à moyenne pression et à bouilleurs, présentent le défaut de ne pas avoir assez de surface chauffée directement.

Une machine de huit chevaux, par exemple, a deux bouilleurs de fonte de $2^m,60^c$ de longueur chacun; une machine de 16 chevaux n'a également que deux bouilleurs de même diamètre, et de $3^m,60^c$ de longueur. La surface exposée directement au feu est, dans la première machine, de $2^m,60^c$ carrés, et dans la seconde, de $3^m,60^c$ tandis qu'elle devrait être de 5^m au moins. En employant dans ces fortes machines, des bouilleurs de tôle qui produisent plus de vapeur à surface égale que ceux de fonte, on corrige en partie ce défaut.

14. *Chaudières de bateaux à vapeur.* Nulle part ce défaut n'est aussi marqué que dans les chaudières des bateaux à vapeur, où le besoin d'en diminuer le poids, d'en réduire le volume, a conduit des mécaniciens qui n'avaient pas des idées bien nettes sur la construction des fourneaux, à fabriquer des chaudières hors d'état de fournir toute la vapeur que la machine réclame pour prendre sa vitesse entière. On a placé constamment les foyers en dedans des chaudières, ce qui est le plus sûr moyen d'en diminuer la surface de chauffe, et cette position du foyer est loin de donner les avantages que l'on s'en promet pour profiter de la chaleur qui doit rayonner de côté et par-dessous la grille ; car il est prouvé par l'expérience que cette quantité de chaleur n'est pas appréciable. Dans un bon fourneau, le feu agit tout entier et directement au-dessus du foyer. Le même ef-

fet se produit dans les carneaux où circule la fumée. En premier lieu, ils sont tous, ainsi que leurs cheminées, trop étroits pour la quantité de houille que l'on y doit brûler; en second lieu, entourés constamment d'eau, la fumée comme nous l'avons déjà dit, s'y refroidit rapidement, ce qui affaiblit le tirage, et elle y dépose de la suie, qui rend le métal mauvais conducteur, et diminue la quantité de vapeur produite. Les cendres s'amassent en même temps dans le bas du conduit, de manière qu'en définitive, quoique le foyer et les carneaux soient enveloppés d'eau de toutes parts, il n'y a réellement que la moitié supérieure de ces conduits qui puisse être comptée comme surface de chauffe.

Une partie de ces chaudières présente aussi un autre défaut plus dangereux, c'est que, par suite du placement du foyer et de la circulation des carneaux au centre de la chaudière, il n'existe qu'une très-faible couche d'eau au-dessus de la partie chauffée. Or le moindre abaissement dans le niveau de l'eau, qui serait le résultat d'un accident arrivé dans les pompes alimentaires, permettrait au métal de rougir, et pourrait occasionner une explosion. La disposition de foyers adoptée par MM. Aitken et Steel dans la construction du bateau à vapeur *le Souffleur* destiné à la marine militaire, nous paraît reposer sur un meilleur principe, puisqu'ils sont placés sous la chaudière, et qu'ils ne sont plus enveloppés d'eau que des deux côtés; la surface de chauffe est déjà beaucoup plus grande : mais ils ont encore adopté des carneaux intérieurs, et la couche d'eau qui se trouve en contact

avec la surface de chauffe directe et avec les carneaux,
est beaucoup trop faible. Enfin le vide réservé pour
la vapeur, en y comprenant le réservoir à vapeur, est
à peine la moitié de ce qu'il devrait être. Sans avoir
étudié spécialement cette question importante, et celle
des chaudières de chariots à vapeur qui, sous plusieurs
rapports, est du même genre, nous pensons qu'il serait
plus avantageux d'alonger un peu les chaudières, de les
faire même un peu moins épaisses, surtout celles qui
doivent travailler à basse pression; d'envelopper directement dans la flamme du foyer et les bouilleurs que
l'on placerait sous la chaudière et la moitié inférieure
de la chaudière; enfin de supprimer toute circulation de la fumée dans les carneaux, et de l'envoyer
directement dans la cheminée. Le tirage serait beaucoup plus vif, plus régulier, la conduite du feu plus
facile, la production de vapeur plus abondante et la
marche de la machine plus franche; toute l'enveloppe
du foyer et du conduit inférieur de la fumée serait
par conséquent faite en cuivre, ou en briques poreu-
ses très-minces. En tout cas, on sentira facilement combien, avec la plupart des chaudières de bateaux à vapeur, les chauffeurs doivent avoir soin de nétoyer
constamment et le foyer et les carneaux de circulation, pour conserver au moins au feu la plus grande
activité qu'il puisse prendre (1).

(1) *Essai sur les Bateaux à vapeur*, par Tourasse et Mellet.

DES FOURNEAUX.

15. *Conditions auxquelles doit satisfaire un bon fourneau.* La construction des fourneaux, plus important encore que celle des chaudières pour l'économie du combustible, a été très-négligée jusqu'à ce jour, et elle est sujette à de grossières erreurs. On sent aisément, qu'avec un fourneau mal construit, la meilleure machine ne pourra jamais fonctionner économiquement.

Les conditions auxquelles doit satisfaire un bon fourneau, sont :

1° De brûler complètement le combustible, sans donner de fumée, excepté dans les momens où on le charge.

2° De pouvoir brûler une quantité de houille suffisante pour fournir à la machine plus de vapeur qu'elle n'en consomme.

3° D'être facile à réparer et nétoyer.

4° D'avoir des parois assez épaisses pour ne perdre que peu de chaleur.

5° D'être muni de moyens faciles pour régler le tirage et la quantité de combustible à brûler.

16. *Excès de puissance que doivent avoir les fourneaux.* Les deux premières considérations renferment presque tous les principes de la construction des fourneaux. Ainsi nous leur donnerons assez de développemens pour que l'on puisse construire des fourneaux à vapeur, sans rencontrer de difficultés. Nous insisterons particulièrement sur la nécessité de donner aux fourneaux plus de puissance que n'en exige rigoureusement le service ordinaire de la machine; autrement, on serait arrêté ou au moins ralenti par la moindre perte de vapeur, la moindre diminution de force de la machine, par l'affaiblissement du tirage du fourneau dû à l'accumulation de la suie dans la cheminée, enfin, par toutes les causes qui augmentent pour quelque temps la consommation, ou qui diminuent la production de la vapeur.

On a proposé de construire des fourneaux qui fournissent exactement la quantité de vapeur nécessaire à chaque machine, sans pouvoir aller au-delà (1), dans le but d'éviter toute augmentation extraordinaire de pression, toute chance d'explosion, sans penser que cette augmentation de pression pouvait toujours se produire toutes les fois que l'on arrête momentanément la machine, et c'est alors surtout qu'elle se produit et qu'elle peut être la plus dangereuse. Il est très-rare, en effet, que la tension de la vapeur augmente beaucoup pendant que les machines travaillent. On ne saurait révoquer en doute que, pour un fabricant qui doit disposer ses outils de manière à ne perdre aucun temps indispensable, il est de la plus haute importance de pouvoir, au besoin, pousser plus vivement son feu, et de se ménager d'avance cette ressource. Les constructeurs de machines à vapeur savent, par expérience, qu'un des défauts dont les manufacturiers se

(1) *Christian*, tom. II, pag. 319.

plaignent le plus souvent, est de voir leurs machines
se ralentir, s'affaiblir, parce que quand on ne nétoie
pas souvent la cheminée, le fourneau n'est pas capable de continuer à fournir assez de vapeur, même au
prix d'une plus grande consommation de combustible,
jusqu'au moment où l'on peut opérer le nétoyage, ou
le raccommodage de la machine, sans inconvénient
pour le travail des ateliers. Nous indiquerons plus
loin les dérangemens de la machine ou du fourneau,
dont on ne doit jamais ajourner la réparation. On doit
même ajouter à cela que beaucoup de machines ne
peuvent pas prendre toute leur vitesse, ni enlever
toute leur charge, parce que leurs fourneaux n'ont pas
assez de puissance.

17. *Ouverture de la cheminée et des carneaux.* Pour
satisfaire à ces deux premières conditions, c'est-à-
dire de brûler complètement et sans fumée une quantité suffisante de combustible, il faut donner aux
carneaux et à la cheminée une ouverture déterminée
par l'expérience. Celle qui est adoptée généralement
n'est pas assez grande pour opérer complètement la
combustion du combustible dont on charge le fourneau; il se produit alors une épaisse fumée, qui cause
une perte constante de charbon. En donnant une largeur plus grande à la cheminée et aux carneaux, on
obtient une combustion complète, c'est-à-dire, sans
fumée, et dans laquelle tout le charbon est converti en
acide carbonique sans production d'oxide de carbone ou
d'hydrogène carboné, ce qui est la condition la plus
avantageuse pour le plus grand effet utile des fourneaux.

Le Bulletin de la société de Mulhouse adopte 25 décimètres carrés pour la section de la cheminée et des carneaux qui doivent brûler 510^k de houille par heure , soit 60^k par 10 décim. carrés. M. Péclet augmente un peu cette section, et la porte à 27 décim. carrés pour la même quantité de combustible , ou 55^k pour 10 décim. carrés.

Les expériences de M. d'Arcet et l'analyse réitérée des gaz pris dans les cheminées d'un grand nombre de fourneaux lui ont prouvé que les cheminées construites d'après ces résultats sont beaucoup trop étroites. Voici les dimensions qui lui ont donné les résultats les plus avantageux , après de nombreux essais.

Pour brûler complètement et sans fumée de 30 à 36^k de houille ordinaire en une heure , avec une cheminée de 8^m à 10^m de hauteur, les carneaux et la cheminée doivent avoir 10 décim., ou un pied carré de surface. A peu près la moitié de l'air s'échappe sans être brûlé ; mais il n'y a pas d'avantage à pousser cette combustion plus loin. On a souvent cherché à compléter la combustion de la houille par l'introduction de l'air froid ou chaud, dans les conduits de fumée, immédiatement au-dessus du foyer ; en donnant à la cheminée une largeur capable de fournir toute la quantité d'air dont la houille a besoin pour son entière combustion , on obtient des fourneaux plus simples , et qui cependant ne donnent aucune trace de fumée , excepté au moment où on les ouvre pour y introduire de la houille , parce qu'alors une partie de l'air pénétrant par la porte sans traverser la grille , il n'en passe plus

une assez grande quantité à travers la houille, qui
n'est plus brûlée complètement. Pour réussir dans la
construction des fourneaux à vapeur, il suffit de donner à leurs diverses parties les proportions suivantes :

1° A la cheminée autant de fois 10 décimètres carrés de section, qu'elle devra brûler de fois 30 ou 36^k
de houille par heure ;

2° A tous les carneaux exactement la même section
qu'à la cheminée.

18. *Surface des grilles*. La grille aura trois fois plus de
surface que la cheminée. On se rappellera, en outre,
que la quantité de combustible brûlé en un temps donné dépend de la section de la cheminée, et que l'activité de la combustion dépend de la surface de la grille;
il est évident que le volume d'air qui passe, étant déterminé par la section de la cheminée, et toujours le
même à peu près, à cheminée égale, aura une vitesse
moins grande, et par conséquent donnera lieu à une
combustion moins active sur une large grille que sur
une petite. D'où il suit qu'en diminuant la grille d'un
fourneau, on augmente l'activité de la combustion,
sans changer la quantité de combustible brûlée en une
heure. Nous entrerons dans de plus grands détails à ce
sujet, en décrivant la construction d'un fourneau.

19. *Excès de pouvoir des grands foyers*. Avant d'appliquer ces principes à quelques exemples, nous ferons observer qu'ils ne sont rigoureux que pour la construction
des foyers d'une dimension moyenne. Il paraît constant, d'après des expériences réitérées, que, quand la
section des cheminées, qui ont plus de 10 ou 12^m

de hauteur, devient très-large et atteint 80 décimètres ou un mètre carré, et que les foyers y sont proportionnés, et travaillent à pleine charge, la puissance de ces cheminées augmente dans un rapport beaucoup plus grand que leur section; de sorte que la moyenne de la quantité de houille brûlée par chaque décimètre carré de section de la cheminée, dans de grandes cheminées, s'élève beaucoup au-dessus des résultats que nous donnons ici; et au lieu de 3^k à 3^k5 par chaque décimètre carré, elle peut monter à 6 et 8^k. Il en est de même dans les cheminées des fours à réverbère, sans doute à cause de la haute température de l'air qui s'échappe : toutefois, dans les dimensions les plus ordinaires des chaudières à vapeur et de tous les fourneaux d'évaporation, de calorifères, etc., etc., on peut compter que, pour brûler complètement 30 ou 36^k de houille par heure, et leur faire développer leur plus grand effet utile, il ne faut pas donner à la cheminée moins de 10 décimètres carrés, ou un pied carré.

Nous allons présenter quelques exemples de constructions de fourneaux à vapeur. Il nous sera facile de développer ainsi successivement les principes, d'entrer dans les détails de leur application aux principaux cas qui se présentent, et d'en rendre l'intelligence et l'usage faciles et sûrs.

20. *Fourneau d'une chaudière de fonte à bouilleurs.* Nous prendrons, pour premier exemple, une chaudière en fonte (*Pl. 1re, fig. 1re, 2 et 3*), avec des bouilleurs capables d'alimenter une machine à vapeur de Woolf de 8 chevaux, parce que ce sont les four-

neaux les plus compliqués, et les plus difficiles à disposer avantageusement.

Une machine de 8 chevaux, système de Woolf, consomme, quand elle travaille à pleine charge, de 3^k à
5^k 50 de houille par cheval à l'heure, suivant la qualité
des houilles, ou 24^k pour les 8 chevaux. Nous croyons
prudent de porter jusqu'à 40^k la quantité que le fourneau pourra brûler, d'autant plus qu'une portion de
cette vapeur peut être appliquée à d'autres usages,
comme chauffage d'ateliers, etc. Pour brûler 40^k de
houille à l'heure, la cheminée et les carneaux auront
13 décimètres carrés, ou 1 pied $^1/_3$ de surface; pour 60^k,
ils auront 20 décimètres ou 2 pieds carrés. Nous avons
donné à la cheminée dont nous parlons 0^m,44 sur 0^m,32
(12 pouces sur 16). Quant aux carneaux (*E*, *G*, *H*,
I, *K*, *L*), leur forme doit se conformer à celle de la
chaudière, autour de laquelle ils circulent; mais, dans
tous les cas, il faut leur donner à tous la même ouverture, c'est-à-dire 13 décimètres, ou 1 pied 1/3
carré. C'est une des conditions les plus importantes
pour obtenir de bons fourneaux. Ainsi, sous les bouilleurs où le conduit *L* a 0^m,75 (2 p. 4°) de largeur,
il n'aura que 0^m,18 (7°) de hauteur moyenne; entre
les deux bouilleurs et la chaudière *M*, où on ne peut lui
donner que 0^m,42 (15° 6 lignes) de hauteur, il aura
0,32 (1 pied) de largeur, ce qui présente toujours un
passage de 13 décimètres $^1/_2$, ou 1 pied $^1/_3$ carré. En
un mot, il faut éviter avec le plus grand soin tout ré-
récissement et tout élargissement dans les carneaux;
car il en est des conduits de fumée comme des condui-

tes d'eau, où chaque changement de diamètre diminue sans aucun avantage la vitesse du courant, et la quantité d'eau ou d'air qui passe.

21. *Inconvéniens des carneaux trop longs.* Il résulte de là que toutes les cloisons que l'on a l'habitude de placer dans les fourneaux, soi-disant pour retenir la chaleur, ou la forcer de passer dans les chaudières, ne sont que des moyens certains d'avoir un mauvais tirage, un feu lent, et une grande consommation de combustible, pour un petit effet utile. Les manufacturiers qui construisent des fourneaux, doivent être bien convaincus que le seul moyen d'obtenir un emploi avantageux du combustible, est d'avoir un fort tirage et une combustion vive; tout ce qui concourt à ce but est utile; tout ce qui lui nuit, comme les cloisons, la circulation trop longue et trop compliquée autour des chaudières, donne immédiatement une perte; et il vaudrait mieux laisser la fumée passer directement du foyer dans la cheminée, sans circuler autour de la chaudière, que de la faire séjourner trop long-temps dans des conduits étranglés; car, malgré la perte de chaleur qui en résulte, on tire encore un parti plus avantageux du combustible. L'expérience a prouvé que, pour obtenir la vivacité de feu nécessaire à la production de la vapeur, surtout à haute pression, l'air doit avoir encore 5 à 600° de chaleur en arrivant au bas de la cheminée, quand on le refroidit assez pour qu'il n'ait plus que 300°, le tirage et la combustion se ralentissent, la chaleur du feu est moins forte, et un poids déterminé de charbon fournit moins de vapeur que quand le tirage et la

combustion sont plus actifs. En effet, plus le feu est vif, plus il donne de chaleur; plus il y a de différence entre la chaleur du feu et celle de l'eau que renferme la chaudière, et plus est grande la quantité de chaleur qui passe à travers la fonte, et la production de vapeur.

Nous ajouterons, pour les personnes qui croiraient produire encore une quantité notable de vapeur, en faisant circuler la fumée une seconde fois autour de la chaudière, que l'effet des carneaux sur les parties latérales de la chaudière est très-faible en proportion de l'effet du feu direct, et que quand cette fumée a atteint 500°, il devient presque nul. En premier lieu, $\frac{1}{3}$ environ de la chaleur totale que dégage le combustible, et par conséquent $\frac{1}{3}$ de l'effet qu'il produit, est dispersé dans le foyer par le rayonnement, et il n'en parvient aucune partie dans les carneaux. En second lieu, la différence de température qui existe entre le feu et la vapeur, surtout celle produite à haute pression, est au moins six fois plus grande que la différence de température entre la fumée à 500°, et cette même vapeur; et par conséquent cette fumée, qui agit en outre sur une surface latérale, tandis que le feu direct agit sur une surface horizontale placée au-dessus de lui, ne peut produire presque aucun résultat. En un mot, la longueur des conduits latéraux est non-seulement inutile, mais nuisible, comme ralentissant le tirage. On trouvera dans l'appendice un développement de cette vérité. (*Voy.* note 1re.) Pour prouver complètement cette assertion, nous citerons l'exemple suivant.

Le propriétaire de l'une des plus belles raffineri
de sel des environs de Liége nous a montré deux fou
neaux construits sous deux chaudières d'évaporati
de 7 à 8 mètres de côté (20 à 25 pieds) : le foy
de l'un des fourneaux était placé sous une partie de
chaudière, et la fumée circulait ensuite dans de larg
conduits qui la promenaient sous toute sa surface. Da
l'autre fourneau, le foyer était au milieu de la cha
dière, et chauffait directement tout le fond, sans clo
son ni conduit; la fumée passait ainsi dans la chem
née sans aucune circulation. Eh bien! quoiqu'u
chaudière aussi large que longue soit très-peu fav
rable à l'action du feu, qui n'exerce toute son acti
que dans le sens du courant, et très-difficilement
côté, ce fourneau produisait au moins autant d'eff
que l'autre, et chaque kilogramme de houille y do
nait autant de vapeur.

22. *Dimensions de la grille.* Pour brûler dans
fourneau dont nous parlons 40^k de bonne houille
l'heure, on donnera donc, comme nous l'avons di
à la cheminée et aux carneaux que traverse la fumé
13 décimètres ½ carrés, ou 1 pied ¹/3 de surfac
sans rétrécissement ni élargissement. La surface de
grille N (*Pl.* Ire, *fig.* 1, 2, 3.) sera égale à trois fo
celle de la cheminée. Cette proportion donne un tira
très-vif. C'est la plus convenable pour la production
la vapeur dans les chaudières de fonte, de tôle ou
cuivre. Soient 40 décimètres carrés ou 5 décimètres
largeur, sur 8 de longueur. Nous sommes persuadés qu
les dimensions données aux grilles par le comité de

4

société de Mulhouse, par MM. Tredgold et Péclet, sont trop fortes pour avoir un tirage aussi vif que le réclame la production de la vapeur. On se trompe en même temps gravement en pensant que la quantité de houille brûlée puisse être dans un rapport quelconque avec la surface de la grille; car, dans un fourneau bien construit, on peut réduire de ¼ ou de ½ la surface de cette grille, sans réduire la consommation de houille. Les dimensions de la grille n'influent que sur le tirage, et il est facile de s'assurer que la consommation de la houille ne leur est point proportionnelle, puisque les fours à réverbère employés au travail des métaux, ont des grilles plus petites que beaucoup de fourneaux d'évaporation, et brûlent cependant cinq à six fois plus de houille dans le même temps. Si l'on voulait avoir un tirage plus doux, il faudrait rendre la grille plus large, et sous une chaudière de plomb, lui donner jusqu'à six et huit fois la surface de la cheminée. Pour augmenter au contraire l'activité de la combustion, on diminue les grilles : aussi, dans les fourneaux où l'on veut brûler du coke ou de l'anthracite, on doit les établir très-petites. C'est ce que l'on a soin de faire pour tous les fourneaux à vent destinés à fondre des métaux dans des creusets; pour les fours à émaux, etc., elles y sont souvent beaucoup plus petites que la cheminée.

Un seul avantage est attaché aux grandes grilles ; celui de pouvoir être couvertes à la fois d'une quantité de combustible plus grande, et de ne pas exiger une ouverture de porte aussi fréquente. Mais cet avantage n'est pas sans compensation : quand on charge rare-

ment le feu, on y introduit à la fois une grande quar
tité de houille qui le refroidit, rallentit la combustion
et donne de la fumée. Il faut alors laisser la porte ou
verte plus long-temps à chaque charge, et en somme
avec un chauffeur adroit et actif, nous croyons que l'o
ne perd pas plus de chaleur en ouvrant la porte plu
souvent et moins long-temps, et qu'au contraire l
température du feu est beaucoup plus égale et la con
bustion plus régulière, et surtout plus active, parc
que la grille est plus petite. Ainsi, nous avons reconn
que pour la grille la proportion de trois fois la surfac
de la cheminée donne un tirage vif et parfaitemer
convenable à la production de la vapeur.

23. *Des barreaux de grille.* Quant à l'espace libr
à laisser entre les barreaux, il dépend principale
ment de la qualité de la houille : si celle que l'on em
ploie est grasse et très-collante, il n'y a pas d'inconvé
nient à laisser cet espace assez large, soit de ¼ à ?
de la surface de la grille, sans crainte de voir tombe
la houille dans le cendrier ; si au contraire la houille e
maigre, et qu'elle se réduise facilement en poussière
il faut diminuer les intervalles et les réduire de 1/3 à 1?
de la surface totale. Cela n'influe que très-peu sur l
tirage. On conçoit cependant que plus l'espace libr
est petit, plus il est nécessaire de tenir la grille propre
pour ne pas y laisser accumuler les crasses qui l'ob
strueraient rapidement.

Il est toujours utile de passer à la claie les crasse
des fourneaux, afin d'en retirer la menue houille qui
pu échapper à la combustion.

4.

Si les barreaux sont en fonte, on les coulera en coin par-dessous (*Fig.* 2, *N*) : l'arrivée de l'air et le dégagement des cendres et crasses en est plus facile. Il faut bien se garder de donner aux barreaux une forme contraire, c'est-à-dire de les faire en coin par le haut, ou quand on emploie des barreaux carrés, de les poser sur l'angle, car ils s'engorgeraient très-rapidement par l'accumulation des cendres et des crasses, dans le fond de ces entonnoirs. Si les barreaux sont en fer, il est complétement inutile de leur donner à la forge une forme conique, il faut les employer carrés, tels qu'on les achète (*Pl.* 2, *fig.* 1 *et* 5), et s'ils ont plus de 0^m,50 de portée (18°), on les soutient au milieu sur un barreau (*a*) placé en travers (*Fig.* 5). On leur laisse toujours plus de longueur que n'en a la grille, et ils reposent d'un côté sur une petite marche (*b*) (*Fig.* 2 *et* 3) réservée dans la maçonnerie, et de l'autre sur la voûte (*c*) du cendrier posés à côté les uns des autres, et entièrement libres. Il est alors très-facile de nétoyer la grille, ou au besoin, de jeter à bas le feu du fourneau, sans ouvrir la porte, en retirant les barreaux par le dehors. Cette manière de faire tomber le feu sans ouvrir la porte des fourneaux, est souvent très-utile avec les chaudières à bouilleurs de fonte, lorsqu'il arrive un accident imprévu à la machine; car, en ôtant brusquement le feu par la porte, il est difficile que l'air froid qui frappe tout-à-coup les tubes fortement chauffés, ne les fasse pas casser : tandis qu'avec des barreaux de fer mobiles et saillans, comme nous les traçons ici, on peut fermer le cendrier et y

laisser tomber le feu sans inconvénient. Dans tou
les cas, les extrémités des barreaux doivent êtr
libres, afin qu'ils puissent s'allonger par la chaleu
sans se courber, ce qui arrive infailliblement à ceu
qui sont retenus des deux bouts.

24. *Du Cendrier.* Le cendrier *O* doit être large e
profond : son ouverture entièrement libre, afin que l'ai
y circule avec facilité. On n'y doit jamais laisser accu
muler les cendres ; car elles rougissent bientôt, échau
fent l'air, qui, étant dilaté, rend la combustion moin
vive, et de plus rougit et brûle les barreaux. C'est l
défaut d'un très-grand nombre de fourneaux, où le
barreaux se brûlent et se déforment en peu de jours
parce que les cendriers sont trop petits. Quand o
construit un fourneau dont la grille est étroite et n'a
par exemple, que $0^m.20$ de largeur, il est, par l
même raison, utile de donner au cendrier, plus d
largeur qu'à la grille. Lorsque l'on a soin de construir
un cendrier profond, de le tenir toujours vide
et de nétoyer souvent la grille, on peut, sans incon
vénient, employer à volonté des barreaux de fonte o
de fer, et se dispenser de conduire un courant d'ea
dans le cendrier, comme la société de Mulhouse l'
proposé avec raison pour ceux qui sont trop petits
Avec les précautions que nous indiquons, cette mé
thode ne nous paraît pas nécessaire.

Il n'est pas inutile en construisant le fournea
d'une chaudière à bouilleurs de fonte, d'établir, de
vant le cendrier une porte en tôle ou en fonte ; mai
son ouverture doit être égale à celle du cendrier pou
ne géner en rien le tirage, et on la laisse ouverte entiè

ement pendant le travail du fourneau. Derrière la grille, la maçonnerie forme une marche (*d*) que 'on nomme l'*autel*; elle sert à retenir la houille et les cendres sur la grille, et les empêche de passer dans le conduit de la fumée et de l'obstruer.

25. *Élévation de la chaudière au-dessus de la grille.* La chaudière doit être placée à une petite distance de a grille; l'action du feu en est plus vive; le seul espace nécessaire est celui que réclame le service de la houille, afin de pouvoir charger le fourneau facilement sans toucher aux tubes ou à la chaudière. Dans les machines de 16 chevaux et au-dessous, la grille doit se trouver à 0^m,300 ou 0^m,325 (11° à 1 pied) de la chaudière. Dans les chaudières plus fortes, où la quantité de houille à brûler est beaucoup plus grande, comme dans les machines de 30 à 40 chevaux, etc., l ne faut jamais laisser plus de 40 à 45 centimètres (15 à 17°) d'intervalle : c'est une condition importante pour obtenir un grand effet du combustible, et toutes es fois qu'on éloignera une chaudière du feu, on diminuera considérablement sa puissance.

26. *Foyer à alimentation continue.* La nécessité l'ouvrir la porte du fourneau, pour renouveler la houille, entraîne des pertes de chaleur importante, et présente le grave inconvénient de n'avoir amais une grille également chargée. Cette observation a conduit quelques mécaniciens à employer des grilles circulaires tournantes, portées sur un axe vertical en fonte et auxquelles la machine elle-même communique le mouvement au moyen d'engrenages. Au-dessus de ces grilles se trouve un appareil com

posé d'une trémie et de deux cilindres cannelés destinés à écraser la houille et à la verser constamment et
régulièrement sur la grille. Au lieu de grilles tournantes
qui ont présenté de grands défauts, on a employé
des grilles fixes sur lesquelles un moulinet à quatre
ailettes, projette et disperse la houille, fournie par une
noix en fonte placée au fond d'une trémie que l'on entretient toujours pleine. On a obtenu, par ce moyen,
une grande régularité de combustion et une économie
de combustible de 22 à 25 pour °/₀. Mais cet appareil
exige une force assez grande, de fréquentes réparations,
et ne permet pas de conduire facilement le feu suivant
la marche souvent variable des machines. Il faut, en
effet, régler la quantité de houille fournie par les cilindres cannelés en les rapprochant ou les écartant
l'un de l'autre; de sorte que dans ces changemens
il arrive souvent que la grille s'engorge et le foyer
se remplit totalement de houille, lorsque le fourneau
en brûle moins qu'on ne lui en fournit, et qu'au
contraire la grille se dégarnit entièrement, quand le
fourneau brûle plus que l'appareil ne donne. En un
mot, c'est un appareil très-difficile à régler et à conduire, et qui présente à notre avis plus d'inconvéniens
que d'avantages. Une grande partie des fabricans qui
l'avaient adopté y ont renoncé.

27. Il en est de même de beaucoup de procédés trouvés par les plus habiles mécaniciens, ingénieusement
combinés, exécutés avec plein succès, mais d'un emploi difficile. Or, ce défaut des procédés nouveaux qui
affecte gravement les manufacturiers, ne peut frapper
aussi vivement le mécanicien qui les établit, parce qu'a-

près les avoir montés, il les essaie lui-même avec tous les soins possibles et une surveillance particulière ; enfin il en assure le succès ; mais dès qu'ils sont confiés à des ouvriers moins habiles, moins soigneux, ou au moins distraits par d'autres travaux, alors ils présentent des difficultés si grandes, si continuelles, demandent de si fréquentes réparations, que l'on y renonce complètement. En un mot, la première condition du succès de tout procédé et de tout outil destiné aux arts, et par conséquent mis dans les mains des ouvriers, c'est une grande simplicité et un emploi facile et régulier ; et quand il donnerait de très-grands résultats dans des mains habiles, s'il est délicat à conduire, ce n'est pas un procédé manufacturier. Il en est de même des registres de cheminées mus par le régulateur de la machine ; ils sont peu utiles parce qu'on atteint sans peine un résultat semblable en exigeant un peu de soin de la part du chauffeur dont la présence auprès de la machine est toujours nécessaire, et dont la surveillance continuelle doit être sans cesse excitée et réveillée. Nous reviendrons sur ce sujet, en parlant des moyens de régler l'alimentation des chaudières et la production de la vapeur.

28. Lorsque le fourneau est établi sur de bonnes proportions et que le tirage y est vif, il n'est pas nécessaire de construire le foyer en briques réfractaires ; des briques d'une qualité ordinaire résisteront fort bien et ne seront que lentement attaquées. Les fourneaux qui se détruisent le plus promptement sont ceux où le feu dort et où la chaleur peut se porter en grande par-

tic sur les parois latérales par l'absence du tirage

29. *De la Cheminée.* La cheminée dont nous avons déjà donné les dimensions, doit avoir exactement la même section dans toute sa hauteur. Les élargissemen sont inutiles, et les rétrécissemens nuisent au tirage Nous avons eu occasion d'observer que dans les che minées coniques qui se rétrécissent par le haut, l quantité de houille brûlée correspond à peu près celle que brûlerait le fourneau si la cheminée avait dan toute sa hauteur une ouverture égale à celle qu'ell porte à son sommet. C'est donc une dépense sans objet

Une cheminée suffisamment large n'a pas besoi d'être portée à une grande hauteur. L'expérience nou a prouvé que l'on pouvait facilement obtenir le tirag le plus fort avec une cheminée de 4 à 5 mètres (12 15 pieds), si la combustion est aussi vive qu'ell peut l'être. En Angleterre, où les cheminées de 3 à 40 mètres ont été adoptées, et d'où elles se son répandues en France, elles ont pour objet spécial d porter la fumée des fourneaux au-dessus de l'atmo sphère de brouillards qui couvre souvent les villes. L hauteur de la cheminée doit donc être déterminé uniquement par les dispositions locales; l'économi indispensable dans les constructions manufacturières quand elle ne nuit en rien à la qualité du travail exige qu'on leur donne le moins de hauteur possible; et dans presque tous les établissemens où l'on a con struit des cheminées qui coûtent 3, 4 et 6000 fr., une cheminée de 100 à 300 fr. aurait aussi bien atteint le but que l'on se proposait.

30. Admettons encore , comme nous sommes en effet portés à le croire , qu'une cheminée très-haute brûle, à ouverture égale, un peu plus de houille qu'une petite cheminée; il est toujours beaucoup moins coûteux d'augmenter d'une faible quantité l'ouverture de la cheminée que sa hauteur et le tirage augmentent dans un bien plus grand rapport. (*Voyez* note 2 de l'appendice.) Nous le répétons , avec une cheminée de 4 à 5 mètres de hauteur au-dessus du foyer et de 10 décimètres carrés ou 1 pied de surface , on peut produire un très-fort tirage et brûler complètement 30 à 36^k de houille par heure; et ces cheminées auxquelles il suffit de donner 2 décimètres d'épaisseur ou 8° en bas et 1 décimètre ou 4° en haut n'exigent qu'une très-faible dépense.

31. *Des Cheminées communes à plusieurs fourneaux.* Si l'on veut placer plusieurs fourneaux sur la même cheminée , il faut lui donner une ouverture égale ensemble à toutes les ouvertures des conduits de fumée des divers fourneaux. Si , par exemple , on y établit quatre fourneaux dont l'un soit destiné à brûler 15^k à l'heure, l'autre 25^k, le troisième 10, et le quatrième 40, la cheminée doit fournir de l'air à la combustion de 90^k de houille par heure, qui , à raison de 10 décimètres carrés par 30', font 30 décimètres ou 3 pieds carrés. Les carneaux du premier fourneau auront 5 décimètres carrés; ceux du second 8 ½; ceux du troisième 3 ½ et ceux du quatrième 13, en tout 30 décimètres carrés. Il faut aussi avoir soin de ne pas faire entrer les conduits horizontalement dans la che-

minée. Ils doivent se relever avant d'y pénétrer, afin
que la fumée de l'un ne vienne pas interrompre le courant des autres.

32. *Forme des cheminées.* Quant à la forme des cheminées, nous n'avons trouvé aucune différence de tirage, entre les cheminées carrées ou rondes, pourvu
que les premières aient une section égale dans toute
leur hauteur. Elles offrent l'avantage important d'être
beaucoup *plus* faciles à construire et à placer dans la
disposition des ateliers, enfin de coûter moins cher
que les cheminées rondes. On ne doit jamais oublier
de couronner aussi le haut des cheminées (*Pl.* 2, *fig.* 5)
d'un chapeau de tôle *f,* qui laisse à la fumée un passage de 30 à 40 centimètres de hauteur (12 à 15°),
et qui est destiné à la préserver du refroidissement
et du rallentissement de tirage occasioné par la
pluie.

33. *Registre de la cheminée.* Il faut enfin, pour compléter le système des fourneaux, établir au bas de la
cheminée un registre de tôle ou de fonte, ajusté avec
soin, qui sert à régler la marche du feu, et à fermer
la cheminée quand on arrête la machine : lorsque l'on
cesse entièrement le travail, même après l'extinction
totale du feu, il est nécessaire de laisser le registre
fermé, pour qu'il ne s'établisse pas dans le fourneau
des courans d'air qui le refroidiraient inutilement et
seraient dangereux pour les bouilleurs de fonte.

34. *Description du fourneau de la chaudière en fonte.*
Nous avons dit, art. 20, que pour brûler les 40 de
houille nécessaires à la chaudière de fonte d'une ma-

chine de 8 chevaux, il faut donner à la cheminée et aux carneaux une section de 13 décimètres ½ carrés, ou 1 pied ⅓. Elle a, dans les *fig.* 1 et 2, *pl.* 1re, 0,m32 sur 0m, 44 (1 pied sur 16°).

La fumée, au sortir du foyer, passe sous les bouilleurs dans un conduit *L* qui a 0,75, (*fig.* 1, 2 et 7), sur une hauteur moyenne de 0m,18. Lorsque les localités exigent que la cheminée soit placée sur le devant du fourneau, la fumée remonte sur les bouilleurs, dans le carneau *M* formé par une cloison horizontale de briques *m*, qui ferme l'intervalle entre les bouilleurs et deux murs *n n* élevés sur les bouilleurs mêmes. Ce carneau a 0m,32 sur 0m,45 (12° sur 17° ½); la fumée s'engage ensuite par l'ouverture *G*, *fig.* 1re, dans le carneau de gauche *J*, passe dans le carneau de droite *K*, en circulant autour de la chaudière, revient sur le devant *H*, et se rend dans la cheminée *D*. Les dimensions de ces carneaux latéraux sont 0m,20 sur une hauteur moyenne de 0m,67, c'est-à-dire toujours 13 ½ décimètres carrés, ou 1 pied ⅓ carrés. Quand on peut placer la cheminée sur le derrière du fourneau, il vaut mieux ne former que deux carneaux autour de la chaudière et supprimer celui du milieu; la construction du fourneau est plus simple, et le tirage plus vif. On voit dans la *fig.* 8, la disposition que l'on doit alors donner aux carneaux. La fumée passe sous les bouilleurs dans le carneau *L*, revient sur celui de gauche *J*, et retourne dans la cheminée par celui de droite *K*. La grille *N* se trouve placée à 0m 30 (11°) des bouilleurs; et le cendrier à 0m,50

(18°) de largeur, sur 0^m,90 (2 pieds 9°) de profondeur.
La chaudière est, comme on le voit, portée sur huit
supports de fonte *S S, fig.* 2. Ces supports doivent reposer sur des dez de pierre de taille *p* solidement fixés
dans la maçonnerie de briques, et que l'on laisse
prendre du tassement avant d'ajuster les bouilleurs à
la chaudière. La plaque de fonte *e* sur laquelle est
soutenue la tête des bouilleurs ne doit pas être engagée sous les pieds droits de la voûte, car alors on ne
pourrait l'enlever sans démolir cette voûte.

35. Si la chaudière porte trois bouilleurs en tôle
ou en cuivre (*Pl.* 1re, *fig.* 6), il faut laisser toute
leur surface inférieure exposée au feu direct ; pour
cela, on ferme avec des briques *m m* l'intervalle
qui les sépare ; on élève un mur *n* sur le bouilleur
du milieu. La fumée est obligée, après avoir circulé sous les bouilleurs en *L*, de passer successivement dans les deux carneaux latéraux *f* et *k*. Quoique
la forme de ces carneaux soit assez irrégulière, à
cause de l'irrégularité des contours des bouilleurs et
de la chaudière, il faut encore leur donner une section égale, leur faire suivre ces contours, et prendre à
peu près leur forme, comme l'indique la ligne ponctuée
a a, fig. 6, pour conserver toujours le même passage
libre. Nous conseillons même, si une chaudière en
cuivre ou en tôle avec bouilleurs est d'un petit diamètre, et qu'elle ait 3 mètres (9 pieds) de longueur,
d'envelopper entièrement les bouilleurs et le dessous
de la chaudière dans le feu direct, et de laisser passer
la fumée dans la cheminée, sans la conduire dans des

carneaux. Une chaudière ainsi disposée donnera plus de vapeur qu'avec des carneaux et avec autant d'économie. La chaudière à trois bouilleurs (*fig. 6*, *Pl. 1*), est supposée avoir 3 mètres de longueur. Les bouilleurs $0^m,52$ diamètres ou 1 mètre de circonférence ou 9 mètres de surface ensemble. La surface exposée au feu direct est égale aux $2/3$ de la surface totale des bouilleurs, soit 6 mètres carrés, capables de produire 300 à 350^k de vapeur à l'heure pour une consommation de 60 à 70^k de houille. Elle pourrait suffire à une machine de 20 chevaux à moyenne pression. La section de la cheminée devrait être de 25, et la grille de 75 décimètres carrés (7 pieds $1/2$).

36. *Fourneau de chaudière à fond plat.* Pour construire le fourneau d'une chaudière à basse pression de forme carrée et légèrement concave en dessous; (*Pl. 2*, *fig. 3, 4 et 5*), il faut se rappeler que chaque mètre carré de tôle ou de cuivre, exposé au feu direct, donne 72^k de vapeur environ par heure pour une consommation de 12^k de houille. La chaudière présente au feu une surface de 3 mètres carrés; c'est une consommation de 36^k de houille à l'heure, ou 40^k par précaution soit 13 $1/2$ décimètres carrés (1 pied $1/3$); la grille *G* aura, comme nous l'avons dit, trois fois cette surface (4 pieds carrés) ou 40 décimètres carrés.

La forme que nous avons donnée à la porte du fourneau *P* est avantageuse, en ce qu'elle évite la construction d'une porte en fonte, qui se fend presque toujours par l'effet de la chaleur; celle-ci est

ormée, (*fig.* 4,) d'une double voûte *G* en briques,
ont l'une est entaillée sur l'autre comme l'entrée
'un four. On ferme ces fourneaux avec une plaque
e vieille tôle, armée d'une poignée, et, si l'on craint
[u'elle ne laisse entrer une trop grande quantité
l'air dans le fourneau, on peut tènir cette porte fer-
née au moyen d'un arc—boutant en fer, semblable à
:eux qui ferment les portes des cilindres à eau forte.
Les barreaux de fer carré *G G* sont employés sans
préparation, et très—faciles à enlever. La fumée ne
:ircule qu'une fois autour de la chaudière avant de
e rendre dans la cheminée. On observera seulement
[ue le carneau *J J* est obligé de se relever en *K* en
>assant aû-dessus de la porte *P* du fourneau, et que,
:omme il ne faut jamais chauffer la chaudière au-des-
;us du niveau *h* de l'eau qu'elle contient pour ne la
>as brûler, il est nécessaire d'augmenter la largeur
le ce carneau, pour ne pas le faire monter plus haut ;
iinsi, en *K*, au lieu d'avoir 0^m,55 sur 0^m,25, il aura
)^m,35 sur 0^m,40. On voit *fig.* 3 et 4, les regards *O O*
réservés en face des carneaux pour leur nétoyage et
en *f* le chapeau *f* de tôle placé au-dessus de la cheminée, et scellé solidement dans une pierre de taille,
afin que le vent ne puisse pas l'enlever.

37. *Des Fourneaux destinés à brûler du bois.*
Quant aux fourneaux destinés à brûler du bois employé quelquefois au chauffage des chaudières de machines à vapeur (*fig.* 1re) il faut leur donner une grille
moitié plus petite que pour brûler de la houille, et
un foyer très-vaste et très-profond pour pouvoir y

accumuler une grande épaisseur de bois, sinon, l'air le traverserait sans être suffisamment brûlé. La cheminée et les conduits doivent être aussi deux fois plus larges que pour la houille à surface de chaudière égale, parce qu'il faut plus de deux fois autant de bois sec que de houille pour produire une même quantité de vapeur. Ainsi, la chaudière cilindrique C, *fig.* 1re et 2, (*Pl.* 2, 1re *fig.*) et 2, qui présente 3 mètres carrés de surface au feu, et qui peut, par conséquent, produire de 125 à 150 de vapeur à l'heure, et consommer 25 à 30 de houille, demanderait pour brûler de la houille une cheminée de 12 décimètres au plus. Pour brûler du bois, on lui en donnera 24 ou 25. Le foyer doit avoir 0^m,70 de profondeur, et une capacité de 800 à 900 décimètres cubes (25 à 27 pieds cubes). La grille se trouvera par conséquent beaucoup plus éloignée de la chaudière, que pour brûler de la houille ; et en effet le bois chauffe mal les chaudières, quand il n'a pas assez de place pour développer librement sa flamme. Le feu enveloppant directement la moitié de la surface de la chaudière, il est inutile de l'entourer d'un carneau ; on s'exposerait, comme nous l'avons dit, à brûler la chaudière, dès que le niveau de l'eau viendrait à baisser.

58. Il nous reste seulement à ajouter, pour compléter les notions générales nécessaires à la construction des fourneaux destinés au service des machines à vapeur, que l'on doit avoir soin de les placer à 0^m,60 (22 pouces), au moins au-dessous du niveau inférieur des cilindres, parce que l'eau condensée

dans la chemise retourne facilement dans la chaudière, et la vapeur produite par les bouillonnemens subits a moins de facilité à entraîner de l'eau chargée de dépôts, jusque dans les cilindres. Il est bon aussi d'enterrer ces fourneaux; ils occupent moins de place, conservent mieux leur chaleur, et, s'il arrivait un accident, les résultats en seraient certainement moins graves. En même temps, on évite ainsi l'obligation de leur donner des parois très-épaisses, et de les charger de ferrures, puisqu'ils sont maintenus par la terre qui les enveloppe; car les fourneaux construits autour des chaudières de fonte ou de tôle se fendent toujours par suite de l'action de la chaleur et de la dilatation du métal, s'ils ne sont reliés avec des clés en fer, ou pris entre deux murs.

39. Nous ne saurions recommander trop positivement aux manufacturiers qui font construire des fourneaux, de surveiller les ouvriers chargés de ce travail; en premier lieu, parce que ordinairement ils n'attachent aucune importance aux dimensions des carneaux, et que l'on s'exposerait souvent, après la construction du fourneau, à le voir manqué et privé d'un tirage vif, sans en connaître la raison; en second lieu, parce que si les cloisons que l'on y construit ne sont pas solidement établies, elles peuvent tomber, changer ainsi le cours de la flamme et de la fumée, la porter quelquefois directement sur le corps de la chaudière de fonte, et la briser : c'est presque la seule cause de rupture des chaudières de fonte à bouilleurs. On s'aperçoit alors d'un changement considé-

rable dans le tirage du fourneau : car si la cloison dé-
molie a obstrué un des carneaux, le tirage est gêné;
et si la chaudière est déjà fendue, une grande partie de
la chaleur du feu est employée à vaporiser l'eau qui
s'écoule, et il devient impossible de faire monter la
vapeur à sa tension nécessaire. Ce dernier signe est
tellement important, que dès qu'on voit la vapeur
monter difficilement, il faut arrêter la machine, parce
que inévitablement la chaudière et le bouilleur sont
brisés, ou ils sont si engorgés de dépôts, qu'ils exigent
un nétoyage immédiat.

Lorsque la chaudière et le fourneau sont ainsi montés, on mastique les plateaux des bouilleurs, et l'on
s'assure qu'ils ne laissent pas échapper d'eau. Le chauffeur s'exposerait, en effet, à un grand danger, s'il voulait serrer les écrous de ces plateaux sur le mastic sec,
pendant que la machine travaille; il pourrait briser
les boulons, voir le plateau arraché par la pression
de la vapeur et périr lui-même, brûlé par l'eau bouillante et la vapeur; c'est un accident dont on a déjà
des exemples.

40. *Nétoyage des chaudières, et moyens d'empêcher
les dépôts de s'y attacher.* On remplit alors la chaudière
jusqu'aux trois cinquièmes environ de sa hauteur, et
avant de mastiquer le trou d'homme, on y jette
deux ou trois décalitres de pommes de terre (un
boisseau), en ayant soin d'en faire tomber une partie
dans chaque bouilleur. La pâte qu'elles forment dans
l'eau bouillante enveloppe les dépôts terreux que
l'eau abandonne en se réduisant en vapeur, et les

empêche de s'attacher au fond de la chaudière. Il suffit alors pour nétoyer celle-ci, d'enlever les plateaux des deux bouilleurs, de vider l'eau sale, de la laver, et de détacher, avec un ciseau ou un grattoir de fer, la petite quantité de dépôt qui s'est attaché au métal. Avec les chaudières de fonte, ce nétoyage doit être fait tous les trois mois environ, ou plus fréquemment quand les eaux que l'on emploie laissent à l'évaporation une grande quantité de dépôt. Avec des bouilleurs de tôle ou de cuivre, il faut renouveler cette opération une fois par mois ou au moins après six semaines de travail, sans quoi on les brûlerait promptement. Au reste, l'expérience servira de guide à chaque fabricant, pour éviter de laisser la chaudière s'encrasser trop fortement. Les plateaux des bouilleurs portent souvent deux vis, pour laisser écouler l'eau de la chaudière, comme par un robinet; mais cette précaution ne présente pas une grande utilité, puisqu'il faut ensuite détacher le plateau, et qu'en le desserrant lentement, on maîtrise facilement l'écoulement de l'eau bouillante.

On peut aussi nétoyer les bouilleurs sans ouvrir le trou d'homme; il suffit d'enlever les soupapes de sûreté, pour laisser entrer l'air dans la chaudière, ouvrir les deux bouilleurs, les nétoyer et laver, les refermer et remplir la chaudière d'eau au moyen d'un robinet placé sur l'ouverture de ces mêmes soupapes.

Bien des manufacturiers ont pensé que les pommes de terre ne préservaient pas les chaudières de la couche de dépôt qui peut s'y former; mais s'ils n'ont

5.

as réussi par ce procédé, c'est qu'ils en avaient employé une trop petite quantité: on doit, en effet, augmenter cette quantité, si les eaux employées donnent
un dépôt considérable, et même en jeter de temps
a temps une nouvelle quantité dans la chaudière : leur
action est ainsi beaucoup plus sûre. Alors il ne s'attache
aux parois des chaudières qu'une couche terreuse in-
niment faible; la presque totalité du dépôt reste en
suspension dans l'eau, ou s'amasse, sous forme de pâte,
dans les parties de la chaudière où l'eau ne bout pas.
On a également conseillé de frotter intérieurement
les chaudières avec de la graisse, pour les préserver
du dépôt; mais il paraît que ce procédé, s'il a réellement quelque résultat, présente l'inconvénient de
envoyer tout le dépôt dans les bouilleurs.

On ne saurait trop recommander le nétoyage fréquent des chaudières et des tubes: le dépôt qui s'y
forme est presque toujours la cause des accidens fréquens et coûteux qu'ils éprouvent; cette précaution
facile suffit ordinairement pour les prévenir. Les
matières terreuses qui s'amassent dans la chaudière
et dans les tubes, épaississent l'eau, rendent son
ébullition difficile; on est donc obligé de faire un feu
très-violent, qui rougit les bouilleurs, et ne peut
tarder à les brûler ou à les briser. Jusque-là, la machine devient lourde, parce que la chaudière ne fournit
plus assez de vapeur, et, en outre, une grande quantité
de terre salit à chaque instant les soupapes de sûreté,
et est entraînée jusque dans les cilindres, et sur les
pistons: de sorte qu'un nétoyage immédiat est aussi

important pour la machine que pour la chaudière elle-même.

Une chaudière de 10 chevaux qui produit en vingt-quatre heures 3,600ᵏ de vapeur, donnerait par jour 600 grammes ou plus d'une livre de dépôt, en la supposant alimentée par de l'eau aussi pure que l'eau de la Seine. Après deux mois de travail, le dépôt serait donc de 30ᵏ environ, et cette quantité est déjà dangereuse. Mais, la plupart du temps, l'eau que l'on emploie contient dix ou quinze fois plus de dépôt terreux que les eaux de la Seine, et quelquefois la couche de dépôt qui se forme en douze heures de travail, est parfaitement distincte des couches précédentes, comme cela a lieu, avec une partie des eaux de source de Liége.

DES COMBUSTIBLES.

44. *De la Houille.* Le plus important de tous les combustibles et le plus avantageux pour la production de la vapeur, est sans contredit la houille. Les fabricans ne sont pas toujours à portée de choisir la meilleure ; cependant voici les qualités que l'on doit préférer.

La meilleure houille est d'abord celle qui donne le moins de cendres (1) ; elle doit être grasse et collante, pour ne pas se réduire en poussière et tomber à travers

_____

(1) Il est facile de les essayer sous ce rapport, en brûlant, dans un fourneau, des quantités égales des diverses houilles à essayer, et pesant les cendres qu'elles laissent.

la grille du fourneau, sans cependant l'être assez pour
ne former qu'une seule masse ; car alors toute la chaleur se concentre sous la croûte de houille fondue, la
grille rougit, est promptement brûlée, et le feu agit
moins vivement sur la chaudière. Lorsque l'on doit
employer une houille de ce genre, il faut la mêler
avec des houilles maigres et qui se délitent facilement,
de manière à corriger les défauts de l'une par ceux
de l'autre : on emploie le même mélange pour corriger les houilles maigres. Si l'on manque de houille
très-grasse pour améliorer les charbons maigres, on
peut les mouiller légèrement ; mais cette opération ne
doit jamais être tentée sous une chaudière à bouilleurs
de fonte ; le refroidissement subit du feu, ou le contact de la houille mouillée, les exposerait à se briser.

Il est par conséquent utile de conserver le magasin
de la houille à l'abri de la pluie. Outre l'inconvénient
de compromettre les bouilleurs, cette eau que l'on
ajoute ralentit l'activité du feu, et diminue la force
de la vapeur ; mais la perte la plus considérable qu'elle
occasionne, est due à ce qu'une grande quantité de
chaleur est employée, sans profit, à sécher la houille
mouillée. Les houilles très-grasses et très-flambantes
donnent aussi un coup de feu trop vif et de peu de
durée. Ce sont des alternatives toujours dangereuses
pour les chaudières, et contraires à la marche régulière des machines : en un mot, la houille la plus favorable à la production de la vapeur, est celle qui
entretient un feu vif, flambant, mais égal et soutenu,
et qui ne laisse que peu de cendres. Nous recomman-

dons, surtout lorsque la houille que l'on emploie est cassante, de faire passer à la claie toutes les cendres qui tombent de la grille, et de rejeter dans le fourneau la houille et le coke que l'on en retire en très-grande quantité. Au reste, les manufacturiers ne doivent pas négliger d'essayer, pendant un ou deux jours, les nouvelles parties de houille qu'ils viennent d'acheter, afin de les estimer d'après la quantité nécessaire pour faire travailler leur machine pendant cet espace de temps; et il est prudent de surveiller de près les chauffeurs pendant ces essais importans, parce qu'ils jugent souvent de la qualité des houilles, d'après le plus ou moins de générosité des marchands qui les livrent. On trouvera dans l'appendice une note sur la manière de mesurer la houille.

42. *Du Coke.* On peut également se servir de coke, ou de houille calcinée et épurée, pour chauffer les chaudières; mais alors il faut réduire la grille à une très-petite surface, 1/4 ou 1/3 environ de la surface indiquée ci-dessus, sans rien changer à la section de la cheminée, et, en outre, allumer le feu avec de la houille ordinaire pour chauffer le fourneau et la chaudière, et faciliter ainsi la combustion du coke, qui ne se développerait que lentement si le foyer était complètement froid. Dans l'action du chauffage, le coke provenant de 100k de houille, et qui, calciné en vase clos, pèse 70 à 75k, représente à peu près les 100k de houille.

43. *Du Bois.* Quant au bois, il ne faut l'employer que lorsqu'on manque d'autre combustible, et choisir

toujours celui qui est le plus sec et le plus lourd ; cependant, parmi ceux-ci le chêne n'est pas avantageux,
parce qu'il ne donne que peu de flamme, ne brûle
pas franchement, et qu'au contraire, en se réduisant
en charbon, il fournit un brâsier considérable, qui rougit et brûle les grilles et les portes du fourneau, et en
interdit l'approche. Le bois blanc fournit un feu qui
se conduit plus facilement, bien qu'il soit assez dangereux pour les bouilleurs, parce qu'il est trop vif et
trop court, et que la grille est trop promptement dé-
garnie ; aussi est-on obligé, comme nous l'avons dit,
de donner au foyer beaucoup de profondeur, et de le
remplir de combustible.

Au reste, la puissance calorifique du bois sec ou
la quantité de chaleur qu'il donne est à peu près égale
à la moitié de celle de la houille, c'est-à-dire qu'il
faut en brûler 20^k environ, pour produire autant d'effet
qu'avec 10^k de houille ; et celle du bois qui n'a qu'un
an de coupe, le plus ordinairement employé, est égale
à un peu plus des deux cinquièmes de celle de la houille.
Les bois qui donnent le plus de charbon sont aussi ceux
qui donnent le plus de chaleur, en observant toutefois que cette chaleur du charbon qui ne jette pas
de flamme, exigerait, pour être avantageusement employée, une autre disposition de foyer, et que l'on
devrait alors la faire agir directement et verticalement
sur la plus grande surface possible de chaudière, et
rapprocher la grille de la chaudière plus que pour les
bois flambans.

44. *De la Tourbe.* On peut aussi chauffer avec suc-

cès les chaudières à vapeur avec la tourbe comprimée, ou le même combustible carbonisé en vase clos. Ce charbon de tourbe s'allume et brûle facilement, et donne un feu très-égal et très-soutenu, dont l'activité est augmentée par la pression que l'on fait quelquefois subir à la tourbe avant de la carboniser.

On s'est également servi de tourbe telle qu'elle vient d'être extraite, pour le chauffage des chaudières ; mais son feu exige une surveillance continuelle, il faut le retourner et le charger de nouveau combustible à chaque instant ; car si l'on attendait pour cela qu'il fût entièrement embrasé, il tomberait tout à coup en entier, et se trouverait presque tout-à-fait éteint. Ce feu marche beaucoup mieux en y mêlant environ 1/4 de bois blanc qui le soutient, et lui donne de la consistance et de la durée, tandis que la tourbe de son côté, corrige le défaut que possède le bois blanc d'être trop flambant, et adoucit la vivacité de son coup de feu. Pour brûler la tourbe avec avantage, il faut construire les foyers très-profonds, comme pour l'emploi du bois. La puissance calorifique de la bonne tourbe est à peu près égale à celle du bois nouveau.

45. *De la Tannée.* M. A. Salleron, manufacturier à Paris, a tenté avec succès d'employer au chauffage des machines à vapeur la tannée seule. Pour cela, il faut la faire sécher préalablement, et alors elle donne un feu vif, flambant, mais qui demande à être alimenté plus souvent encore que celui de la tourbe : il faut, au reste se bien garder de le retourner au ringard, parce qu'il tomberait à travers la grille ; mais en le chargeant tou

jours sans y toucher, il se soutient assez bien. Le plus grand inconvénient de ce chauffage, qui est très-économique et qui présente un débouché nouveau, un produit jusqu'à présent peu employé, et ne revient à Paris, tout séché, qu'à 10 fr. les 1000^k, est d'exiger un emplacement considérable, par la nécessité de dessécher complètement, l'été, toute la tannée nécessaire au travail de l'année : aussi serait-il difficile de l'employer exclusivement au chauffage d'une machine. La tannée seule donne moins de chaleur que le bois; 125^k d'écorce de chêne fournissent, après le travail des fosses, environ 100^c de tannée, qui équivalent, pour produire de la vapeur, à environ 65^c de bois sec, ou 27 à 30^c de houille.

46. *Du pouvoir calorifique des principaux combustibles.* Voici les quantités de vapeur que peut donner un kilog. de chacun des combustibles dont nous avons parlé, dans un fourneau bien construit, et sous une chaudière de tôle :

Houille grasse, 5, 6, et 7^c de vapeur, suivant la forme et la disposition de la chaudière, et la pression à laquelle elle travaille; on a même obtenu 8, mais rarement;

Houille très-cassante, en très-petits morceaux, 5^k à 5^k $^1/_2$;

Coke, 7 $^1/_2$ à 8;

Bois de pin sec, 5^c;

Bois de chêne, 3^k $^1/_2$;

Bois nouveau, 2^k $^1/_2$;

Charbon de bois, 6 à 7;

Tourbe compacte comprimée à 8 °/₀ de cendres 2 ¹/₂ à 5 ,

Beaucoup de tourbes ne donnent que 1 ¹/₂ à 2 de vapeur,

Tourbe en charbon , de 5 à 4 , suivant la qualité;

Tannée sèche , 2ᵏ.

ACCIDENS QUI ARRIVENT AUX CHAUDIÈRES.

47. *Du raccommodage des bouilleurs cassés.* Aprè avoir parlé des principales qualités et des effets de combustibles , nous devrions donner quelques détail sur la manière de les employer , et par conséquent su les précautions à prendre dans la conduite du feu el des chaudières. Mais cet objet important se trouvere plus naturellement placé dans la troisième partie à l'ar ticle relatif à la conduite des machines , et nous l'y rejeterons tout entier. Cependant , quelles que soien les précautions prises dans la conduite du feu et l surveillance que l'on exerce sur l'entretien et le né toyage des chaudières , on voit encore les bouilleur de fonte se fendre, et ceux de tôle se brûler. Le cou rant d'air froid , les dépôts intérieurs et les fuites d'eau sont les causes les plus fréquentes de ces accidens Quand un bouilleur de fonte vient à se briser , l'eau commence à couler par la fente ; mais cet écoulement tant qu'il est faible , n'est pas visible pendant le tra vail de la chaudière , soit que la chaleur resserre l métal et arrête presque entièrement les fuites , soi que l'eau se réduise en vapeur à mesure qu'elle s'é

coule, soit par ces deux causes réunies. Mais aussitôt que l'on cesse le feu, la fuite recommence et détermine toujours un élargissement de la fente : aussi, le tube que l'on avait laissé sain et entier à l'extinction du feu, et qui ne donnait aucune trace de fuite pendant le travail, se trouve-t-il souvent, après une nuit de repos, fendu, et a-t-il inondé le cendrier. Une fuite légère n'est pas inquiétante, et, en cas de besoin, il n'y a pas de danger à travailler quelque temps encore avec un tube fendu, jusqu'à ce que l'écoulement devienne trop fort ; le seul inconvénient est de consommer une partie de la houille pour réduire en vapeur l'eau qui s'échappe par la fente ; cette quantité de houille peut monter très-haut. Nous avons vu marcher, sous deux atmosphères de pression, des tubes dont la fente parcourait la circonférence entière à $\frac{1}{6}$ près. C'est cependant alors un travail très-dangereux, et qu'un manufacturier ne doit se permettre sous aucun prétexte, parce que s'il arrivait un accident aux chauffeurs, il en supporterait à juste titre toute la responsabilité.

On peut aussi, dans un cas urgent, quand un bouilleur est brisé, travailler avec un seul bouilleur, en fermant la tubulure du premier, par l'intérieur de la chaudière, au moyen d'une pierre que la chaleur ne puisse pas faire éclater, et de mastic de fonte. Si, au contraire, il n'y a pas d'inconvéniens graves à prendre le temps, soit de remplacer, soit de raccommoder le bouilleur cassé ou brûlé, il vaut mieux ne pas attendre que la fente se prolonge. Nous avons donné plus haut le procédé à suivre pour remplacer les bouilleurs; il ne nous reste à exposer que les moyens employés à leur raccommodage, quand la fente n'occupe que ¹/₃ ou moitié de la circonférence du tube; car, autrement, il est plus sûr de les remplacer immédiatement.

48. Le procédé le plus généralement pratiqué, et qui consiste à garnir en dehors la partie fendue avec une plaque de fonte ou de tôle mastiquée et boulonnée, est très-mauvais et n'arrête les fuites d'eau que pendant peu de temps, parce que la plaque de tôle et les boulons sont brûlés en un mois de travail. Lorsqu'on emploie un procédé de ce genre, qui s'applique avec succès et sans aucun inconvénient au raccomodage des chaudières de fonte, c'est en dedans du tube ou de la chaudière qu'il faut placer la plaque de tôle, la mastiquer et serrer les boulons : la pression de la vapeur tend toujours de plus en plus à lui faire fermer la fente et jamais à l'ouvrir comme dans le cas précédent, et elle n'est pas exposée à brûler.

Pour opérer ce raccommodage, on est quelquefois obligé de démonter le tube et de le sortir des fourneaux; aussi, conseillons-nous toujours aux fabricans d'avoir deux bouilleurs en réserve, afin de pouvoir raccommoder sans perdre de temps et sans précipitation ceux qui se briseraient. Voici comment on exécute ce procédé : on fait un trou dans la fonte à chaque extrémité de la fente, ou même un peu plus loin pour l'arrêter; puis on en fore une série aux deux côtés de cette fente, et aux bouts à 10 ou 12 centimètres (3° à 4°) de distance, pour passer les boulons qui doivent tenir la plaque de fonte ou de tôle. On prend la précaution de les fraiser en dehors, afin que quand les têtes des boulons sont brûlées, le mastic qui fait corps avec le boulon dans le trou conique, produise l'effet de la queue d'hironde, et tienne la plaque avec autant de force que si les têtes existaient encore. Dans le même but, on fait aussi les boulons un peu plus forts près de la tête que près des filets; on ajuste alors la plaque en dedans, et on lui donne la courbure du tube ou de la chaudière, de manière qu'elle couvre complètement la fente et la déborde de 5 à 6 centimètres (2° à 3°), puis on enduit d'une couche épaisse le mastic de fonte en pâte un peu molle toute la partie que la plaque doit couvrir; on remplit de même les trous des boulons, avant de les y engager; on serre les écrous également, c'est-à-dire, tous à la fois. Deux jours suffisent pour sécher le tout complètement, surtout au moyen d'un feu léger; et ce raccommodage, fait avec soin, peut avoir une durée de plusieurs années, principalement quand il a lieu sur le corps même des chaudières qui ne sont pas exposées au feu direct comme les bouilleurs.

49. Un autre procédé très-ingénieux est dû à M. Pauly, monteur de MM. Casalis et cordier de Saint-Quentin, et aujourd'hui mécanicien à Rouen. Il a été mis à l'épreuve dans plusieurs établissemens avec un succès complet, et peut servir utilement, non-seulement au raccommodage des tubes et chaudières, mais encore à celui des cilindres et autres pièces de fonte, qui ne doivent laisser passer ni l'air ni la vapeur. Son

principal objet est de fermer les fentes sans augmenter au dehors l'épaisseur du métal, et sans y laisser aucune tête de boulon qui puisse être promptement brûlée.

Le voici : on ajuste dedans la pièce que l'on veut raccommoder, une plaque de forte tôle assez grande pour couvrir entièrement la fente, sur laquelle il est même bon de mettre un peu de mastic rouge et d'étoupe; puis on fore un trou de 13 à 14 milli-mètres (5 à 6 lignes) à l'une des extrémités de la fente, ou un peu au-delà, afin de l'arrêter complète-ment (*Pl. 5, fig.* 11). Ce trou doit percer au travers de la plaque intérieure de tôle. On taraude la partie du trou qui traverse la plaque; on le fraise en de-hors, et on y fait entrer une vis en cuivre jaune qui doit remplir la partie fraisée : quand elle est fortement serrée, on en coupe et arase la tête en dehors, et on la matte fortement au marteau. On perce alors un second trou auprès du premier, et on le ferme par le même procédé; mais il faut qu'il recoupe d'une ligne environ la première vis, pour empêcher complè-tement toute fuite. On fore ainsi une suite de trous, sur toute la longueur de la fente, de manière qu'ils se recoupent tous, et on y place des vis en cuivre que l'on rive avec soin. Il résulte de là que la plaque de tôle se trouve serrée contre la chaudière ou le bouil-leur, avec une grande force, à l'endroit même de la fente; et quand il n'y aurait pas de mastic, cette pression suffirait pour empêcher l'eau de s'écouler.

Mais il faut, en outre, s'opposer à l'écartement des deux lèvres de la fente, qui aurait nécessairement

ieu sous l'action de la chaleur. Pour cela, on place
sur la plaque deux ou plusieurs entretoises, en fer
méplat, de manière à maintenir la fonte sur la longueur
de la fente. On fore, comme nous l'avons déjà dit, à
chacune de leurs extrémités, un trou qui traverse aussi
la chaudière; on taraude la partie de ces trous qui
passe dans la plaque et l'entretoise; on y visse des
vis en cuivre un peu plus fortes que les premières,
et on les matte solidement. Si l'on craignait qu'une
seule vis ne fût pas suffisante pour empêcher l'é-
cartement, on pourrait en mettre deux à chaque
extrémité. Quand toute la fente est ainsi bouchée,
on peut travailler immédiatement, quelquefois pendant très-long-temps, sans nouvel accident. Un ouvrier adroit peut souvent opérer ce raccommodage
en place, sans démonter les tubes. La fente se trouve
donc fermée; sans augmenter en dehors l'épaisseur
du métal. On emploie des vis de cuivre au lieu de vis
de fer, parce que le cuivre est plus doux, et, quand
il est matté, pénètre mieux dans le métal taraudé, et
ferme plus exactement la fente.

50. *Des explosions.* Nous ne pouvons pas passer
sous silence les accidens graves qui arrivent quelquefois aux chaudières, malgré les meilleures précautions et la surveillance la plus exacte. Les circonstances en sont difficiles à apprécier après l'événement:
il sera donc utile de connaître d'avance les causes
les plus probables des explosions.

On sait que lorsque l'on chauffe l'eau dans un vase
fermé, elle développe de la vapeur qui, ne trouvant

pas d'issue pour s'échapper, prend une tension considérable, et finit enfin par briser son enveloppe, quelle que soit sa résistance, et produire une explosion. C'est donc à cette cause que l'on peut naturellement attribuer l'explosion des chaudières à vapeur. On observera cependant que cet accident est arrivé plusieurs fois dans des chaudières où la tension, quelques instan avant, n'était pas considérable, et qui en avaient supporté souvent de plus grandes. Nous ferons, au reste remarquer ici que, quand un métal est exposé à un effort plus considérable qu'il n'est capable de le soutenir sans s'altérer, quoiqu'il ne soit pas encore rompu sa force est cependant tellement diminuée, qu'il suffi ensuite d'un faible effort pour le rompre. Il n'y a donc pas lieu de s'étonner que des chaudières fassent explosion sous une pression à laquelle elles ont déjà résisté D'un autre côté, on a aussi observé plus d'une fois qu'au moment où des accidens sont arrivés, les soupapes de sûreté étaient libres, et que cependant elle ne laissaient pas échapper de vapeur, ce qui aurait d avoir lieu, si l'excessive tension de la vapeur était l cause unique des explosions. Il faut donc en cherche une autre.

Dans la plus grande partie des explosions connues cette cause paraît être la négligence des chauffeur qui laissent la chaudière se vider presque complète ment d'eau, soit par oubli, soit parce que la tige d flotteur ne glisse pas assez librement dans sa boîte étoupes, soit parce que la pompe alimentaire ne fonc tionne plus. La chaudière se trouvant à sec, rougit

6

t quand on ouvre le robinet de la pompe alimentaire, u quand on en rétablit l'action, l'injection de l'eau sur : métal rougi par le feu développe instantanément une 1asse si considérable de vapeur, que les conduits ordi— aires et les soupapes de sûreté ne suffisant pas pour évacuer, il en résulte une explosion. Cet accident est urtout à craindre avec les chaudières qui ont un foyer 1térieur; car, alors, la partie supérieure de ce foyer se :ouvant très-élevée dans la chaudière, est exposée à ester souvent à sec et à rougir. Le manufacturier ne oit, dans aucun cas, se reposer entièrement sur les oupapes de sûreté, du soin de l'avertir de l'excès de la ansion : nous montrerons tout à l'heure qu'elles peu- ent encore induire en erreur; c'est au manomètre u'il doit toujours s'adresser et à la marche de la ma- hine. Il doit connaître son activité ordinaire, sous 1 pression et avec l'ouverture de robinet à laquelle lle travaille chaque jour, quand elle est bien entre- enue, et s'apercevoir de l'excès de tension de la va- eur à la vitesse que la machine prend, et à la nécessité ù le chauffeur se trouve de fermer presque entière- aent le robinet d'introduction. Sous aucun prétexte, n ne doit laisser charger la soupape de sûreté d'un oids excessif, ni la tension s'élever au-dessus de 3 à 4 tmosphères, dans les machines à moyenne pression.

Ce sont là les deux causes les plus ordinaires des xplosions. Il en est cependant qui pourraient être ttribuées à une mauvaise construction, soit qu'une haudière de fonte de deux pièces ait été assemblée vec des boulons trop faibles, ou que le masticage n'ait pas été fait à queue d'hironde, comme nous l'avons indiqué plus haut, soit que les rivets d'une chaudière de tôle aient été trop rares, ou, au contraire, trop nombreux, défaut qui affaiblit considérablement la force du métal; dans tous les cas, les chaudières de cuivre présentent, comme nous l'avons dit, sur les chaudières de fonte ou de fer battu, cet avantage, que, sous une pression trop forte, elles se déchirent sans faire explosion. Il est toutefois probable que si l'on projetait de l'eau dans une grande chaudière de cuivre rougie par le feu, l'explosion aurait encore lieu. On voit aussi, par les causes les plus fréquentes d'explosion, que nous avons indiquées, qu'une partie d'entre elles peuvent arriver dans les chaudières à basse comme à haute pression, surtout parce que l'on prend plus de précaution dans la construction et la conduite de ces dernières. C'est ce que l'expérience paraît avoir confirmé.

Il en est au reste du danger des explosions comme de tous les dangers qui nous menacent dès que nous voulons agir; celui-ci n'est ni plus imminent, ni plus grave, qu'un grand nombre d'autres sur lesquels on marche chaque jour sans y penser. On voit, par exemple bien plus rarement des ouvriers tués par l'explosion d'une machine à vapeur, que déchirés par des engrenages ou des courroies, et à plus forte raison précipité du haut d'un toit ou noyés. C'est un devoir rigoureux pour un manufacturier de prendre pour la sûreté de ses chauffeurs les précautions les plus minutieuses, comme il doit le faire partout où il y a chance d'accident

6.

mais il faut s'aguerrir aujourd'hui contre la première
mpression de crainte et de méfiance que produit un
nouvel instrument trop long-temps entouré d'une ré-
putation redoutable, qui en a beaucoup retardé la
propagation et les grands résultats.

51. Parmi toutes les précautions que l'on a prises
pour éviter les explosions et les dangers qui en résultent,
voici les plus fréquemment employées et les plus
efficaces.

En premier lieu, il est toujours prudent, et nous
dirons même avantageux pour le service, de placer
la chaudière hors du bâtiment, ne fût-ce que sous un
hangar, et de l'enterrer en terre pour diminuer les
pertes de chaleur, et éviter l'élévation obligée de la
machine et des ateliers. La combustion est alors alimentée par l'air extérieur, plus frais que celui de l'a-
telier ; elle est par conséquent plus vive. Enfin, dans
un espace large et ouvert, le renouvellement des
bouilleurs est plus facile, et, en cas d'accident, l'explosion amortie par la terre ne serait probablement pas
aussi grave. Quant aux pertes de chaleur, en donnant
aux parois du fourneau 0^m 50 à 0^m 60 (18° à 22°), elles
sont insensibles même en plein air.

SOUPAPES DE SURETÉ.

25. En second lieu, toutes les chaudières sont
armées de deux soupapes de sûreté (*Pl. 3, fig. 1 et 2*).
destinées à évacuer l'excès de vapeur, lorsque la tension s'élève trop haut, et réglées de manière à se sou-

fever à un degré déterminé. On trouvera dans l'appen
dice une explication succincte du principe sur leque
repose la construction des soupapes, et la manièr
d'en régler la charge.

Cependant leurs fonctions ne se règlent pas en pra
tique aussi exactement que nous le disons dans cett
note. Il peut arriver quelquefois, par exemple, qu
des soupapes mal nétoyés et rouillées adhèrent à l
chaudière, de manière à ne pas se soulever à la ter
sion indiquée par le poids et le levier; mais il arriv
bien plus fréquemment que les soupapes de sûret
laissent échapper la vapeur beaucoup au-dessous d
la tension pour laquelle elles sont réglées. En effet
quoique bien rodées, le moindre grain de poussièr
empêche le contact parfait de la soupape avec la chau
dière, et livre passage à la vapeur. On est alors oblig
de charger le levier d'un nouveau poids, ou de recu
ler le poids ordinaire sur le levier pour augmenter s
pression, et nous ne saurions trop insister sur c
point, c'est ainsi que l'on s'expose à des acciden
graves dans la plupart des ateliers, uniquemen
pour avoir négligé de nétoyer les soupapes. Le
manufacturiers doivent exercer la surveillance la plu
sévère sur ce nétoyage, et les faire même rode
à l'émeri ou au moins à l'eau, toutes les fois qu
l'on arrête la machine. Avec ces précautions, le
meilleures et les plus simples que l'on puisse prendre
les soupapes joignant exactement, ne laisseront pa
échapper de vapeur, et les chauffeurs, pour évite
cette fuite, ne seront pas obligés de les charger d'u

)oids tel que la vapeur à 15 ou 20 atmosphères pour-
ait à peine le soulever.

55. *Causes de la fuite de la vapeur par la soupape.*
L'ordonnance du 29 octobre 1823, et les instruc-
ions qui la suivent, conseillent aux manufacturiers et
aux chauffeurs de soulever souvent les soupapes,
pour éviter toute adhérence; c'est une erreur qui a
le grands inconvéniens, comme nous l'avons dit : l'adhérence des soupapes est si faible, que la moindre
pression suffit pour la vaincre, à moins de rouille invé-
térée, qui ne peut se produire pendant le travail; et, d'un
autre côté, la vapeur qui s'échappe, quand on soulève
la soupape, entraîne avec elle des matières terreuses,
qui empêchent le contact, et forcent le chauffeur à surcharger les soupapes. Il doit, au contraire, éviter soigneusement d'y toucher, ou les roder légèrement avec
une clé, en serrant le levier dessus, s'il voyait la
vapeur s'échapper, sans que ce soit par suite d'une
haute tension. Mais surtout il ne doit pas oublier de
les nétoyer lorsqu'il arrête le feu et la machine.

Au reste, la disposition généralement adoptée pour
les soupapes de sûreté, sert d'un utile indicateur
pour avertir le chauffeur de l'excès de tension de la
vapeur; et malgré les observations de M. Clément, il
est certain que, hors le cas d'une production instantanée de vapeur, et à laquelle aucune ouverture ne
pourrait donner un écoulement suffisant, les soupapes
ordinairement employées réussissent complètement à
arrêter toute augmentation dangereuse de pression
qui se manifesterait dans le travail des chaudières,

quand on arrête les machines , pour quelque temps
pourvu que, dans ce cas , le chauffeur ait toujours soin,
si la vapeur a déjà une forte tension , de rapprocher
le poids qui charge les soupapes , c'est-à-dire , de
diminuer·son levier, et, par conséquent , la force avec
laquelle il comprime la vapeur. Avec cette simple
précaution , l'excès de vapeur s'écoule et la tension
devient promptement stationnaire. Quoi qu'il en soit,
il serait utile de trouver une disposition facile de soupape , qui ouvrirait à coup sûr , une large ouverture
à la vapeur , dès qu'elle atteindrait une tension déterminée. Toutes celles que l'on a jusqu'ici essayées ,
sont trop compliquées pour être entièrement satisfai-
santes , la seule qui ait donné d'assez bons résultats
est la suivante.

RONDELLES FUSIBLES.

54. Pour remédier aux défauts des soupapes de sûreté et prévenir toute chance d'accident, on a proposé
d'adapter aux chaudières à vapeur , des rondelles de
métal fusible , ajustées sur une des tubulures de la
chaudière. On a réussi à régler la fusibilité de ces rondelles , assez exactement pour qu'elles se fondent à
une température ou à une tension déterminée. Le seul
défaut qu'elles aient présenté quelque temps , était de
se ramollir et de laisser échapper la vapeur au-dessous
du dégré pour lequel elles sont réglées : cette difficulté
a été heureusement levée en les couvrant d'une toile
métallique qui maintient la rondelle amollie, jusqu'au

moment où la température est assez élevée pour la
aire couler.

L'addition de ces rondelles aux chaudières à vapeur nous paraît offrir quelque sécurité; cependant
a limite fixée pour leur fusion, par l'ordonnance
du 29 octobre 1823, est beaucoup trop rapprochée.
Cette ordonnance ne laisse que 10° entre la température à laquelle travaille ordinairement la machine et le point de fusion de la première rondelle.
Or, dans cette limite, pour les machines de Woolf,
10° ne correspondent qu'à 1 atmosphère environ, et
cette augmentation d'une atmosphère se présente souvent dans le travail, dès que le besoin de serrer une
clavette ou une vis fait arrêter la machine pendant
quelques minutes. On sent alors quelle perte le fabricant
éprouverait, si, une fois par semaine au moins, ne fût-
ce même que deux fois par mois, il lui fallait suspendre ses travaux quelques heures, pour laisser échapper
a vapeur de sa chaudière, au moment où la rondelle
se fond. On éviterait cet inconvénient en plaçant la
rondelle à l'extrémité d'un robinet, afin de pouvoir
immédiatement arrêter l'écoulement de la vapeur
et l'ébullition, et après le renouvellement de la
rondelle, rallumer le feu et remonter la vapeur à la
tension nécessaire. On serait, en outre, obligé de
jeter rapidement le feu en bas du fourneau, ce qui ne
se fait pas sans danger pour les bouilleurs; mais alors
l est probable que la rondelle trop éloignée de la chaudière, n'éprouvera plus la température même de la
vapeur, et sera en retard pour son point de fusion.

55. Pour employer ces rondelles avec sécurité, i
faut nécessairement laisser une marge beaucoup plu:
grande, 20° par exemple, entre la plus haute température à laquelle les machines travaillent, et le poin
de fusion des rondelles. Il ne faut pas cependan
croire, que ces rondelles soient une garantie assuré
contre tout accident; car elles ne peuvent aucunement prévenir les explosions qui auraient lieu pa
l'introduction instantanée de l'eau dans une chaudière vide et rougie par le feu, et c'est comme nou
l'avons dit, la cause la plus fréquente des explosions
La disposition ordinaire des rondelles fusibles, et çell
qui en rend le renouvellement le plus facile, est de le:
ajuster sur une des tubulures de la chaudière en le:
recouvrant d'une feuille de toile métallique, et maintenant le tout par une bride en fer et des écrous. Avec
les soupapes de sûreté et les rondelles fusibles, l
moyen le plus sûr et le plus facile d'éviter les acci
dens nous paraît toujours être de surveiller la con
duite du fourneau, et de s'assurer que le chauffeu
prend toutes les précautions que nous indiquerons e
détail dans l'article relatif à la conduite des machi
nes : c'est de lui défendre expressément de jamais sur
charger les soupapes de sûreté, d'exiger qu'il le
nétoie régulièrement, et qu'il observe souvent so
manomètre, le guide le plus sûr qu'il puisse avoi
et pour éviter les accidens et pour assurer à la ma
chine une marche régulière.

MANOMÈTRES.

56. *Construction des manomètres.* On trouvera dans l'appendice placé à la fin de ce manuel, l'exposition de la loi sur laquelle repose la construction du manomètre ; il nous suffira de donner ici le moyen pratique de le graduer à l'aide d'une échelle et les indications nécessaires pour le construire et l'employer.

Le manomètre sert à indiquer la tension, la force de la vapeur dans la chaudière. Dans les machines à basse pression, cette tension se mesure par la hauteur de la colonne de mercure que la vapeur peut soutenir : dans les machines à moyenne et à haute pression, elle se mesure ordinairement par la compression d'un certain volume d'air, renfermé dans un tube de verre.

Rien de plus simple que la construction des manomètres destinés aux chaudières qui travaillent à basse pression ; ils consistent le plus souvent en un tube de verre recourbé (*Pl. 3 fig.* 4), dont une des extrémités s'ajuste avec du mastic sur un des tuyaux de vapeur, ou sur la chaudière même. On le remplit à moitié de mercure ; quand la vapeur presse dans la branche du tube *a*, le mercure descend dans cette branche et remonte dans l'autre *b*, et la pression de cette vapeur est mesurée par la différence de niveau *ab* du mercure dans les deux branches. On trace sur une planchette *P*, placée derrière le tube une échelle gra-

duée en 1j2 centimètres ou en 1j2 pouces, et il faut
faire attention que chaque demi-pouce indique un
pouce de pression, parce que, quand le mercure monte
d'un demi-pouce dans une des branches, il descend
d'une égale quantité dans l'autre, de manière que la
différence de niveau est alors d'un pouce. On ne donne
à l'échelle de ces manomètres que 7 à 8° de graduation,
parce que c'est la plus haute pression à laquelle travaillent ces machines, et qu'alors la vapeur est assez
forte pour soulever de 7 à 8 pieds la colonne d'eau
qui sert à alimenter la machine.

Dans beaucoup d'ateliers, on construit ces mano
mètres en fonte; ils sont moins exposés à se briser
(*fig.* 8). Afin de pouvoir lire la marche du mercure dans la fonte, on y ajuste un tube de verre
court *v*, et on met dans le tube de fonte *ab* un petit
flotteur en bois *d*, dont le haut est muni d'un morceau de cire rouge *e*, pour indiquer facilement sa
marche. Ce flotteur monte et descend le long de l'é-
chelle graduée, et la cire rouge indique sur cette échelle
la marche du mercure.

57. Pour construire les manomètres employés sur les
chaudières à moyenne et à haute pression, on prend
un tube de verre de 8 à 9 millimètres (3 à 4 lignes)
de diamètre, et de 30 à 35 centimètres (11 à 13 pouces) de longueur (*Pl.* 3 *fig.* 5), fermé à l'une de ses
extrémités; plus ils sont longs, plus ils donnent des
indications exactes. On le plonge dans un godet de
fer *a*, rempli de mercure (vif argent); ce godet porte
dans son épaisseur un petit conduit *b*, communi-

juant, par le bas, au tuyau *c*, qui y amène la vapeur, t dont l'autre extrémité vient aboutir à la surface. Jn ferme le dessus du godet, au moyen d'un pla- eau *d* de fonte, tenu par quatre vis, et mastiqué au nastic rouge, en prenant des précautions pour ne pas bstruer le conduit intérieur. On a eu soin, avant le mettre le plateau en place, d'y fixer solidement le ube de verre *e*, au moyen d'étoupes et de mastic, our empêcher toute fuite d'air ou de vapeur. On serre es vis, on termine le masticage du tube avec le pla- eau, et on laisse sécher le tout pendant plusieurs ours avant de s'en servir.

58. *Graduation des manomètres.* Il faut alors graduer e manomètre; dans les ateliers, on appelle vapeur à l atmosphère celle qui peut soulever un poids de 1ᵏ en- iron sur 1 centim. carré, ou de 15 liv. sur un pouce :arré. Or, quand la vapeur a la force d'une atmosphère, :'est-à-dire, quand l'eau commence à bouillir, elle sou- ève le volume d'air qui repose sur elle, et entre en ébulli- ion. A ce point, la tension, comme nous l'avons dit, est gale au poids de l'atmosphère. Le mercure du mano- nètre, étant pressé en dehors par la vapeur, et en dedans ar le poids de l'air, au même degré de tension, reste mmobile et au même niveau dans le tube que dans le rase de fonte, et c'est ce qu'on nomme le zéro du mano- nètre. On marque, sur l'échelle, le niveau du mercure ar un zéro. Puis, à mesure que la vapeur augmente le force, elle presse sur le mercure et l'air, et com- rime ce dernier : lorsqu'elle a atteint une force de 2ᵏ par centimètre carré ou de 30 liv. par pouce

carré, c'est-à-dire, une force de deux atmosphères
l'air est alors réduit à moitié de son volume, et l
mercure monté à la moitié du tube; on marque don
à la moitié de la hauteur du tube 1 atmosphère o
15 liv. , c'est la pression de la vapeur en sus du poids d
l'air; on verra cependant, plus loin qu'il faudrait, pou
que ce résultat fût rigoureux, ajouter à la compres
sion de l'air intérieur, le poids de la colonne de mer
cure soulevée, que la vapeur soutient ainsi à moit
du tube; mais, en pratique, cette erreur n'est pa
grave, à moins que le manomètre ne soit très-long
on peut, au reste, l'éviter en plaçant le tube du m
nomètre horizontalement, puisqu'alors le poids de
colonne de mercure est toujours nul. On doit, dar
ce cas-là, employer un tube de verre d'un petit diï
mètre, pour que la colonne de mercure ne se divis
pas.

Quand la vapeur a acquis une force égale à
par centimètre carré, c'est-à-dire, 30 liv. par pouc
carré, en sus du poids de l'air, ou une force trois fo
plus grande, l'air du tube se trouve réduit au tiers c
son volume, et le mercure monté aux deux tiers d
tube. On marque à ce niveau 2 atmosphères ou 30 liv.
on marque de même 3 atmosphères ou 45 liv., quan
la vapeur a acquis une force de 1 atmosphère de plu:
c'est-à-dire, une force quatre fois plus grande, qui ré
duit l'air au quart de son volume, et qui fait monte
le mercure aux trois quarts du tube, etc.

Les divisions se font d'avance sur le tube, dès qu'
est plongé dans le petit vase de mercure, ou sur un

planchette *p* à laquelle ce tube est fixé. On a soin de ne régler le manomètre que quand le mercure est exactement au zéro. Alors on divise la longueur du tube en 2 pour 1 atmosphère, en 3 pour 2 atmosphères, en 4 pour 3 atmosphères; on marque la division sur la planchette à laquelle on fixe le tube, à partir du niveau du mercure, et, en ajoutant à chacun de ces chiffres 1 atmosphère pour le poids primitif de l'air, et pour la tension que la vapeur a déjà quand le manomètre marque zéro, on aura, quand l'air sera réduit à la moitié du tube, 2 atmosphères; au tiers 3; au quart 4 atmosphères de pression véritable, quoiqu'en pratique, on n'en compte alors que 1, 2, 3, etc.

Il ne faut pas oublier de mettre une légère goutte d'huile sur le mercure dans le tube, avant de le mastiquer; avec cette précaution, le verre est toujours net, et le mercure ne s'y attache jamais.

Nous donnons ici une table, et une échelle proportionnelle à l'aide de laquelle on obtient immédiatement la division de tous les manomètres. (*Pl.* 3 *fig.* 10.) Il suffit, pour cela, de placer le tube de verre, ou la planchette que l'on veut diviser sur cette échelle parallèlement à la ligne divisée *a b*, de manière que le zéro, ou le bas du tube, corresponde à la ligne de zéro *c a*, et le haut du tube, à la ligne supérieure de l'échelle *c b*, et de reporter directement sur la planchette, toutes les divisions correspondantes de l'échelle, qui peut servir ainsi à graduer les manomètres de toutes grandeurs, puisque, quelque grands qu'ils soient, on peut toujours, en prolongeant les lignes *ca* et *cb*, trouver la place et la longueur d'échelle qui leur correspond, parce que ces divisions prolongées autant que l'on voudra, sont toujours proportionnelles, c'est-à-dire, que la ligne *cd* coupe également en deux tous les manomètres *ab*, *ef*, *gh*, *ik*, comme la ligne *cm* les coupe aux deux tiers, et la ligne *cn* aux trois quarts de leur hauteur.

Il est prudent de placer un petit robinet *r* (*fig.* 5), au-dessous du manomètre. Si, par accident, on venait à briser le tube de verre d'un manomètre, privé de robinet, il deviendrait difficile de maîtriser la vapeur, qui s'échapperait par le tuyau; il faudrait peut-être arrêter la machine et laisser échapper dans l'air toute la vapeur de la chaudière, au lieu qu'au moyen d'un robinet, que l'on ferme au besoin, on peut raccommoder immédiatement le manomètre, sans aucune perte de vapeur.

Il ne faut pas laisser tomber de mercure dans le tuyau de cuivre *c*, qui établit la communication de la chaudière au manomètre, puisqu'il serait promptement percé. On doit aussi donner les plus grands soins au masticage du tube de verre avec le vase de fonte, et le laisser sécher plusieurs jours, à moins d'urgence, afin que l'air contenu dans le tuyau de cuivre ne puisse pas s'échapper; car, alors, la vapeur arriverait sur le mercure, et pourrait, par une forte pression, passer jusque dans le tube, dont elle troublerait les résultats, en augmentant le volume de l'air renfermé dans le manomètre. Quand le masticage est bien fait, l'air primitivement renfermé dans le tube

ui communique à la chaudière, ne pouvant s'échap-
er, résiste à la vapeur, et celle-ci ne peut s'intro-
uire dans le tube de cuivre qui reste constamment
roid.

60. Ce genre de manomètre est, au reste, sujet à
uelques erreurs. Si, après avoir été réglé dans de
'air froid, il se trouve placé dans la chambre d'une
nachine dont la température s'élève, en été, à 40
u 45°, l'air renfermé dans le tube, se dilate consi-
lérablement, et résiste à la pression de la vapeur; et
quand l'air est réduit à la moitié de son volume, cette
pression est en réalité plus forte qu'elle ne l'est en
apparence, puisque le volume de l'air qu'elle comprime, est dilaté par la chaleur; mais cette erreur
ne se présente que le premier jour de travail. Dès que
'on a cessé le feu, et arrêté la machine une seule
ois, et qu'il n'y a plus de vapeur dans la chaudière,
a température de la chambre restant à peu près la
nême, l'excès de l'air dilaté s'échappe par le bas du
ube à travers le mercure, avec d'autant plus de facilité qu'il se produit un vide dans la chaudière, à
mesure qu'elle se refroidit, et le manomètre se trouve
alors réglé exactement à la température de la salle,
tant que cette température ne change pas; ce qui a
lieu à peu de différence près, pendant le temps du
travail.

Quand on arrête plusieurs jours de suite la machine, en hiver, il arrive quelquefois que le froid condense l'air qui était précédemment très-dilaté, et fait
monter le mercure dans le tube; mais, ce résultat est

indifférent, et le manomètre est toujours bon, lorsqu'à la température de la salle échauffée, il marque
zéro, avant que la vapeur ne se développe, ce dont
il est prudent de s'assurer de temps à autre.

On voit aussi quelquefois la vapeur passer dans
le tube : en s'ajoutant au ressort de l'air, elle le dilate,
produit dans le manomètre le même effet que l'élévation de température de la salle, et se corrige égale
ment elle-même.

Cette augmentation de volume sert aussi à compenser une autre cause d'erreur qui se manifeste aprè
quelque temps de travail : c'est l'absorption d'une
partie de l'air fortement comprimé, par l'huile placée
sur le mercure, ou, à défaut d'huile, par le mercure
lui-même ; mais, nous le répétons, le manomètre
fournit toujours des indications suffisamment exactes
c'est-à-dire, comparatives, quand le mercure est au
zéro de l'échelle, au moment où la vapeur commence
à se développer. C'est ce qui arrive toujours dans un
travail régulier.

61. Les mémoires de la société de Mulhouse, don
nent la description d'un manomètre destiné aux chaudières à moyenne pression, qui est exempt de tou
les défauts indiqués ici, n'est sujet à aucun dérange
ment, ni accident, et peut, en même temps, servir d
soupape de sûreté, soit contre l'excès de pression d
la vapeur, soit pour empêcher le vide de se produir
dans les chaudières par leur refroidissement : ce qu
n'est pas sans danger pour celles de tôle ou de cuivr
qui travaillent à basse pression.

7

Ce manomètre est entièrement construit en fer (*Pl.* 3, *fig.* 8). Le mode d'action de la vapeur sur le mercure, est le même que dans le manomètre à basse pression, dont nous avons déjà donné la description; c'est-à-dire que la pression de la vapeur y est mesurée par la hauteur de la colonne de mercure soulevée. La disposition de l'appareil est analogue à celle des manomètres à haute pression, si ce n'est que la boîte de fonte *b* est beaucoup plus considérable, et présente une plus grande surface de mercure. Le tube de verre y est avantageusement remplacé par des tuyaux de fer *tt* vissés ou soudés ensemble, sur une hauteur suffisante : cette hauteur doit être égale à autant de fois 0^m,76 ou 28 pouces, que l'on veut obtenir d'atmosphère de pression : parce que, dans ce manomètre, ce n'est pas la compression de l'air qui indique la tension de la vapeur, mais la hauteur de la colonne de mercure que cette vapeur soulève. Le sommet des tuyaux de fer est ouvert, et communique librement avec l'air; or, on sait, que le poids de l'air, que nous avons vu être de 1^k sur 1 centimètre carré, est égal au poids d'une colonne de mercure de 0^m,76 ou 28° de hauteur : de manière que la vapeur qui soutient, dans le manomètre dont nous parlons, le mercure à 0^m,76 centimètres ou 28 pouces, est de la vapeur à 1 atmophère; celle qui le soutient à 56° ou 1^m,52, est de la vapeur à 2 atmosphères, etc., etc.

Dans les machines de Woolf, où la tension de la vapeur ne s'élève pas au maximum, au-delà de 4 atmophères, au-dessus de la pression ordinaire de l'air, les

tuyaux devront avoir 3 mèt. ou 9 pieds environ de lor
gueur ; la boîte devra contenir une quantité de mer
cure suffisante pour remplir complètement le tube, (
n'en laisser le pied à sec que quand la pression se ser
élevée au maximum pour lequel on a réglé le manomè
tre ; parce qu'alors la vapeur se fera passage à traver
le mercure et s'échappera dans l'air.

Un petit flotteur en fer *f* est attaché à une ficell
et équilibré par un poids *p* qui, en courant le lor
d'une échelle graduée, indique les variations de la te
sion de la vapeur, par les hauteurs que prend success
vement la colonne de mercure. Cette échelle sera trace
en marquant zéro au point où se trouve le contr
poids, quand il n'y a pas de vapeur dans la chaudière
et comptant ensuite 76 centimètres ou 28° de cour
par atmosphère : toutes les divisions seront égales, (
sorte que 152 centimètres ou 4 pieds 8 pouces, donn
ront 2 atmosphères ; 2^m,28 centimètres ou 7 pied
3 atmosphères, toujours, comme nous l'avons di
en sus de la pression ordinaire de l'air.

RENIFLARDS.

62. Il faut ici dire un mot des moyens employés pou
prévenir les accidens qui pourraient résulter du vic
produit dans les chaudières de tôle ou de cuivre, quan
elles se refroidissent. Le tuyau *tt* (*Pl.* 2, *fig.* 3.) ren
plit efficacement cet objet, et sert en même temps c
soupape de sûreté : car, lorsque la vapeur devient a
sez forte pour soulever une colonne d'eau égale à

7·

ongueur de ce tuyau, l'eau bouillante s'échappe par
on orifice supérieur, et comme il ne plonge que de
quelques pouces dans l'eau, la chaudière se vide jusqu'à ce niveau, et l'excès de vapeur s'échappe ensuite
avec facilité, jusqu'à ce qu'elle redevienne incapable
le soutenir la colonne d'eau renfermée dans le tuyau.
Quand, au contraire, la chaudière se refroidit, et que
e vide s'y produit, l'air entre par le tuyau dans la
chaudière, et prévient tout accident. On emploie aussi
i cet usage des soupapes qui s'ouvrent du dehors au
ledans (Voy. *Pl. 3, fig. 3*), ou toute autre dispo-
ition analogue de soupape. On les nomme alors *reniflards*.

FLOTTEUR.

·63. L'usage du flotteur est d'indiquer constamment
le niveau de l'eau dans la chaudière. Pour remplir
exactement ces fonctions (*Pl. 1re, fig. 1re*), il faut
que les mouvemens du fil métallique *z* qui soutient la
pierre *x*, soient toujours libres dans la boîte à étoupes *b* (*Pl. 3, fig. 1re*), à travers laquelle il glisse. Ce
fil est ordinairement en cuivre jaune; mais il vaut
mieux employer un fil d'acier de 3 millimètres (1 ligne 1/3) de diamètre, bien poli et sans pailles, parce
que la force de l'acier permet de donner moins de
grosseur au fil, ce qui diminue le frottement qu'il
éprouve dans la boîte à étoupes, et facilite par conséquent ses mouvemens. Il faut seulement le nétoyer
souvent pour éviter l'action puissante de la vapeur qui
le rouillerait promptement. Cette boîte ne doit être

que peu serrée, car le flotteur ne pourrait plus suivre le niveau de l'eau, et l'on serait exposé à ne pas s'apercevoir que la chaudière se remplit, ou, ce qui est bien plus dangereux, qu'elle se vide complètement.

Il faut graisser souvent la boîte à étoupes, et s'assurer de temps en temps que le flotteur suit avec facilité tous les mouvemens de l'eau. L'étoupe de cette boîte doit être entièrement renouvelée, au moins une fois par mois, parce qu'elle se remplit de matières terreuses entraînées par la vapeur et le fil d'acier, et ne peut plus alors retenir la première, sans rendre difficiles les mouvemens du flotteur.

L'étoupe graissée dont on garnit cette boîte ne doit pas être employée en longues tresses, comme celle qui remplit les boîtes du cilindre, parce qu'elles s'entortilleraient autour du fil d'acier, et en gêneraient les mouvemens. Il faut l'employer en petites boules séparées, que l'on serre les unes sur les autres, en les imprégnant de suif.

64. Quelquefois le fil métallique qui soutient la pierre du flotteur vient à se briser, accident assez fréquent lorsqu'on emploie un fil de laiton sans le recuire suffisamment avant de le tordre (1). Lors donc que le fil vient à casser, ou que la pierre se brise, le contrepoids du flotteur, n'étant plus en équilibre, entraîne et

_____

(1) Nous rappellerons ici que le fil de laiton se recuit par un procédé contraire à celui que l'on emploie pour l'acier, c'est-à-dire en le refroidissant subitement dans l'eau ; car lorsqu'on le laisse refroidir lentement, il se trempe et ne peut plus se plier sans rompre.

enverse son balancier ; il faut immédiatement laisser
omber le feu, et en même temps alimenter la chau-
lière aussi long-temps que la machine peut marcher,
n consommant le reste de la vapeur produite. Cette
limentation refroidit en même temps l'eau et la chau-
lière, et l'on n'a pas alors à craindre de laisser celle-ci
e vider.

Dès que la vapeur est entièrement épuisée, on en-
ève les poids qui chargent les soupapes, que l'on laisse
uvertes, afin d'être sûr qu'il ne reste plus de vapeur
lans la chaudière ; on dévisse enfin le bouchon du
rou d'homme, en prenant des précautions pour se
;arantir de la bouffée de vapeur qui peut sortir de
a chaudière. Si le constructeur a eu l'attention de
)lacer le flotteur près du trou d'homme, il est facile
l'attacher la pierre sans vider la chaudière, et sans
)erdre de temps. A cet effet, on prend un fil de
:uivre ou d'acier plus long que celui dont on a besoin,
;t bien recuit ; on le passe par la boîte du flotteur,
lont on a enlevé l'étoupe, et, le ramenant, à l'aide
l'un crochet, jusqu'à l'entrée du trou d'homme, on
r fixe la pierre que l'on a retirée facilement du
'ond de l'eau, en le tordant assez pour qu'il ne se dé-
.ache pas, sans cependant risquer de le rompre ; on
etire alors l'extrémité du fil, qui sort, à l'extérieur, par
a boîte à étoupes, et on le fixe au balancier à une hau-
:eur telle que, la chaudière étant remplie un peu au-
lessous des deux tiers de sa hauteur, le balancier du
llotteur soit horizontal. Dans les machines de petite
'orce, on remplit un peu moins les chaudières, parce

que les bouillonnemens porteraient trop facilement l'ea
dans les cilindres.

65. On a cru trouver quelques inconvéniens à place
le flotteur sur le devant de la chaudière, auprès d
la tubulure des bouilleurs , parce que les bouillon
nemens de l'eau , l'exposent à être fortement agité , e
même à briser son fil métallique; mais ces bouillonne
mens ne se manifestent dans les chaudières à moyenn
pression qu'au premier développement de la vapeu
Quand celle-ci s'élève au-dessus d'un atmosphère d
pression, elle se développe sans aucun bouillonnemen
à la surface de l'eau.

Lorsque le flotteur se trouve placé à l'extrémité de l
chaudière, il faut la vider en partie, y verser à plusieur
reprises de l'eau froide, et l'enlever afin d'en hâter l
refroidissement, avant de la mettre entièrement à sec, e
d'y faire descendre un ouvrier pour rattacher la pierre
On sentira facilement combien il est important de fair
cette opération avec le plus grand soin , pour éviter u
accident du même genre , et le chômage , qui en est l
suite.

66. Dans les chaudières à basse pression , on n'em
ploie pas ordinairement des flotteurs en pierre; on s
sert souvent d'un tuyau de 7 à 8 pieds *tt*, qui plonge d
12 à 15 centimètres dans l'eau de la chaudière (*Pl.* 2
fig. 3) : quand le niveau de l'eau vient à baisser jus
qu'à l'ouverture inférieure du tube , la vapeur qui s
dégage avec bruit par le haut , et qui quelquefois es
dirigée de manière à se projeter sur le chauffeu
même , suffit pour l'avertir d'alimenter la chaudière

67. Quelquefois on fixe à la chaudière deux petits ɔbinets, dont l'un se trouve placé à 16 centimètres 5°) au-dessous du niveau de l'eau, et l'autre, à 15 cen‑ mètres (6°) au dessus : on les ouvre de temps en temps un et l'autre, et selon qu'il sort de la vapeur ou de eau par les deux ou par l'un des deux, on juge aisé ɪent de l'état de la chaudière. Enfin, on adapte aussi ces deux robinets, ou à des petits tuyaux recourbés, xés aux parois de la chaudière l'un au‑dessus de l'autre Pl.3, fig. 11), un tube de verre mastiqué, dans lequel eau de la chaudière vient prendre son niveau et servir lirectement d'indicateur. C'est le procédé le plus sûr t le plus généralement employé.

DEUXIÈME PARTIE.

ACCIDENS QUI ARRIVENT A CHACUNE DES PIÈCES DES MACHINES;
LEURS SYMPTÔMES ET LEURS REMÈDES.

POMPE ALIMENTAIRE.

68. Après avoir indiqué , comme nous l'avons fai
dans la 1ʳᵉ partie , les meilleures dispositions à donne
aux chaudières et aux fourneaux qui produisent la va
peur , nous parlerons des pièces qui composent la ma
chine proprement dite, et nous commencerons pa
celles qui fournissent de l'eau aux chaudières à me
sure qu'elles se vident : et suivant la marche de la va
peur , nous nous occuperons des pièces dans lesquelle
elle développe son action.

L'alimentation des chaudières, est un des objets qu
exigent l'attention et la surveillance la plus soutenue
parce que , d'un côté, cette alimentation doit être r
gulière, soit pour éviter que la chaudière reste à sec
vienne à brûler ou à faire explosion , soit pour ne p;

liminuer tout à coup la pression de la vapeur, par l'in-
ection subite d'une trop grande quantité d'eau froide ;
et que d'un autre côté, les appareils employés à cette
alimentation sont sujets à de fréquens dérangemens.
Pour obtenir une alimentation continue, on emploie
les appareils qui entretiennent dans la chaudière un
niveau constant, en y introduisant autant d'eau que
la machine consomme de vapeur.

69. *Alimentation à basse pression.* Dans les machines
à basse pression et dans tous les chauffages à vapeur,
cet appareil consiste en une soupape ordinaire conique, placée au fond d'un petit réservoir, et attachée
par un fil de cuivre à l'extrémité d'une balance, qui
soutient, de l'autre côté, une pierre (*Pl. 2, fig. 6*), destinée à servir de flotteur à la chaudière. Cette soupape
ferme le tuyau qui conduit l'eau du réservoir au fond
de la chaudière, de manière que quand le flotteur vient
à baisser avec le niveau de l'eau, il soulève la soupape et ouvre passage à l'eau du réservoir, qui descend dans la chaudière par le tuyau d'alimentation.
On place le réservoir à une hauteur assez grande pour
que le poids de la colonne d'eau puisse vaincre la
tension à laquelle la chaudière doit ordinairement travailler. 2ᵐ 50 à 3ᵐ (7 à 9 pieds) suffisent ordinairement pour les chauffages à vapeur et les machines à
basse pression.

70. *Alimentation continue à haute pression.* Dans les
machines à moyenne et à haute pression, où la chaudière est alimentée par une pompe foulante, l'appareil
d'alimentation constante est le plus souvent un petit

piston (*Pl.* 5, *fig.* 6) attaché au balancier du flot
teur, et qui, baissant toutes les fois que le flotteu
baisse, ouvre le tuyau d'aspiration *c* de la pomp
alimentaire, permet à l'eau d'entrer dans la pompe
qui peut alors fonctionner. A mesure que la chau
dière se remplit, le flotteur remonte avec le pisto
qui ferme le tuyau d'aspiration. Ce piston règle l
marche de la pompe alimentaire au moyen d'un
suite de tuyaux qui y amènent l'eau du conder
seur, et la reconduisent ensuite sous les soupapes d
la pompe : mais ces tuyaux sont toujours si longs
et les cilindres qui glissent ainsi à frottement dans un
douille, sont si exposés à être arrêtés par la rouill
ou par des ordures, que, quoique cet appareil so
bon en lui-même, et remplisse d'une manière satisfai
sante la fonction de régulariser l'alimentation, il s
dérange assez souvent pour que nous croyons préfé
rable de le supprimer entièrement, et de régler l'al
mentation de la chaudière d'après les indications d
flotteur, en ouvrant et fermant à la main le robinet d
tuyau d'aspiration.

71. *Inconvéniens de cet appareil à niveau constan.*
En premier lieu, l'eau étant obligée de faire trois fo
le chemin de la machine à la chaudière, dans de
tuyaux d'un petit diamètre, qui puisent presque to
jours dans le condenseur une eau chargée de graisse
il en résulte que les engorgemens sont fréquens. Pou
les réparer, il faut démonter ces longs tuyaux, ce qu
ne s'opère jamais sans déchirer les soudures en que
ques endroits, et si les soudures viennent à se fendr

'air qui est alors aspiré par la pompe, arrête immé-
liatement l'alimentation. Il faudrait dans ce cas-là,
employer pour cet objet, des tuyaux de plomb, sans
soudure, qui se prêtent facilement aux démontages
et aux courbures.

En second lieu, par suite d'un défaut de construction qui place ordinairement cet appareil à la même
extrémité du balancier que le fil de cuivre *d* du flot-
eur, lorsque la pompe alimentaire se dérange et ne
fonctionne plus, le petit piston *a*, touche au fond de
son cilindre *e*, empêche le flotteur de baisser, et n'indique plus au chauffeur le dérangement de la pompe
alimentaire et le dangereux épuisement de la chaudière. Ce péril n'existe pas quand l'alimentation est
réglée par un robinet que le chauffeur fait marcher
à volonté; c'est-à-dire que l'on ne peut pas être induit
en erreur par l'immobilité du flotteur.

Il vaut mieux placer ce petit piston à l'autre extrémité du balancier *f* : alors si la chaudière se vide,
le flotteur continue à descendre, et le piston finit par
s'échapper du cilindre.

En définitive, cet appareil demande aux chauffeurs
presqu'autant de soins et de surveillance, que lorsqu'ils sont obligés de régler eux-mêmes la marche de
l'alimentation; il ne leur présente pas des moyens aussi
sûrs de se guider, et il encourage la plus dangereuse
négligence, en leur inspirant une fausse confiance dans
la régularité de l'alimentation.

72. *Régularité nécessaire dans l'alimentation.* Nous
conseillons donc de supprimer ces appareils, aussi

longs-temps qu'ils ne seront pas plus exacts et plus sûrs, et d'abandonner au chauffeur seul le soin d'ouvrir et de fermer le tuyau d'aspiration de la pompe alimentaire, en se réglant sur le niveau du flotteur.

Pour éviter, dans la chaudière, un trop grand refroidissement, qui peut diminuer tout d'un coup la pression de la vapeur et rendre irrégulière la marche de la machine, le chauffeur doit alimenter peu et souvent, sans attendre, pour ouvrir le robinet du tuyau d'aspiration, que le flotteur soit entièrement baissé. Les variations du niveau du flotteur ne doivent pas aller au-delà d'un décimètre environ (3 ou 4ᵖ); nous les avons indiquées en *gh*, par des lignes ponctuées. Les chauffeurs peuvent aussi régler, par tâtonnement, le robinet d'aspiration *a* (*fig*. 2), de manière à entretenir constamment l'eau de la chaudière au même niveau; mais cependant ils ne doivent jamais négliger d'examiner souvent le flotteur et de le faire marcher à la main, afin de s'assurer que la pompe alimentaire fonctionne bien.

73. *Dérangemens de la pompe alimentaire.* Plusieurs accidens gênent le travail des pompes alimentaires; la graisse du condenseur, des étoupes ou d'autres ordures peuvent s'arrêter dans les soupapes *e* et *a* quoique l'on mette souvent à l'entrée du tuyau d'aspiration *c* (*fig*. 2 *et* 4) une pomme d'arrosoir, et qu'on ait soin de la nétoyer pour n'en pas laisser engorger les trous; les soupapes se soulèvent quelquefois, et ne retombent pas à leur place; elles viennent s'user, ne ferment plus, et demandent à être rôdées.

d'autres fois le tuyau d'aspiration *c* est engorgé ou rompu. Quelle que soit la cause du dérangement, on s'en aperçoit facilement, lorsque le flotteur continue à baisser, quoique le robinet d'aspiration *a* soit ouvert : ou lorsque l'on n'entend plus le bruit des soupapes, et que le tuyau d'injection *f*, qui est froid, c'est-à-dire à la température de l'eau du condenseur quand la pompe fonctionne bien, devient brûlant, parce que l'eau de la chaudière, qui n'est plus refoulée, l'échauffe très-fortement; c'est même l'un des signes les plus sûrs à consulter.

74. Si l'on ne s'apercevait pas promptement de cet accident, il pourrait arriver que la pierre du flotteur ne fût plus soutenue par l'eau, mais que l'attache de son fil de cuivre reposât sur le bord de la boîte à étoupes. Dans cette position, il peut encore rester 15 à 18 centimètres d'eau (6 à 7°) dans la chaudière, ce qui suffirait pour marcher sans charge et alimenter immédiatement : ou bien la chaudière peut être entièrement vide. Or, il est très-important de savoir à quoi s'en tenir sur ce point; parce que, dans le dernier cas, il y aurait le plus grand danger à mettre la machine en mouvement, et à alimenter la chaudière que le feu peut avoir déjà fait rougir. Il en résulterait probablement une explosion, comme nous l'avons dit. Voici le procédé à suivre pour s'assurer de l'état de la chaudière : il faut, après avoir fermé le robinet d'injection *f* et enlevé ensuite le chapeau *h*, ouvrir avec précaution le même robinet d'injection *f*. Comme le tuyau d'injection descend jusqu'à environ 1 décimètre (5°) du fond

de la chaudière, l'eau, s'il en reste encore, s'élance par le robinet au moment où on l'ouvre, et elle est pleine de dépôts terreux, faciles à reconnaître. Si, au contraire, il ne restait plus d'eau, il ne sortirait, par le robinet, que de la vapeur. Cet essai est très-délicat, et par le danger d'être brûlé en ouvrant le robinet, et par le danger de se tromper en jugeant ainsi de l'état de l'eau dans la chaudière.

75. Dans tous les cas, la première chose à faire, selon nous, est d'arrêter la machine, bien que l'on pût, à la rigueur, s'en dispenser pour nétoyer les soupapes, en fermant d'abord le robinet *a* du tuyau d'aspiration, et seulement ensuite celui *f* du tuyau d'injection.

76. *Des robinets d'injection et d'aspiration.* Nous ferons particulièrement remarquer que, dans aucun cas, on ne doit fermer le robinet *f* du tuyau d'injection quand la machine marche, avant d'avoir fermé complètement celui *a* du tuyau d'aspiration, et même avant d'avoir laissé faire quatre ou cinq tours à la machine, après qu'il est fermé, pour que toute l'eau soit bien chassée : car, quand le piston descend, l'eau aspirée par la pompe, ne pouvant plus s'échapper par le tuyau d'injection s'il était fermé, briserait à l'instant la tige *g* de la pompe, à moins que le chapeau *h*, qui couvre les soupapes, ne cédât à ce grand effort, et ne livrât passage à l'eau comprimée. C'est un accident auquel on est surtout exposé, quand on permet aux chauffeurs de nétoyer les soupapes de la pompe pendant qu'elle marche, parce qu'il est difficile qu'ils

'oublient pas quelquefois d'ouvrir et de fermer à 'ropos le robinet d'injection.

Nous croyons, au reste, dangereux de laisser faire :tte opération, en marchant, à des chauffeurs qui : seraient pas adroits et prudens; il vaudrait mieux 'rêter un moment la machine.

Ainsi, le principal usage du robinet d'injection, est 'empêcher la vapeur dont la chaudière est remplie, 'arriver dans la pompe alimentaire, quand on veut . nétoyer : on en sentira facilement l'importance, uoique plus d'un auteur l'ait jugé inutile. Quant au »binet d'aspiration, le chauffeur l'ouvre et le ferme ins inconvénient, pendant le travail de la machine.

77. *Nétoyage des soupapes.* Pour régler l'alimen- ition de la chaudière, pour nétoyer les soupapes, : pour faire toute autre réparation à la pompe ali- nentaire, il doit, comme nous avons dit, arrêter la nachine, puis fermer parfaitement le robinet d'injec- on. Celui-ci doit être ajusté et rôdé avec beaucoup de »in, afin que l'eau bouillante de la chaudière, pous- ¡e par toute la force de la vapeur, ne vienne pas 'épancher avec violence dans le corps des soupapes u moment où l'on desserre la vis de pression qui n retient le chapeau : et lors même que le robinet 'injection est bien fermé, on ne doit enlever ce cha- eau qu'avec précaution, pour éviter toute brûlure. En xaminant les soupapes de la pompe alimentaire lors- u'elle ne fonctionne plus, on les trouvera presque oujours salies par des étoupes, du mastic, de la graisse, e la terre, ou d'autres ordures que la pompe a pui-

sées dans le condenseur ; un simple nettoyage suffit alors.

78. *Engorgement du tuyau d'aspiration.* Lorsque le tuyau d'aspiration est engorgé, on s'en assure facilement en portant la main dans le condenseur à l'endroit *c* (*fig. 4*), où ce tuyau vient y puiser l'eau ; on n'y sent plus la forte aspiration qui a lieu quand la pompe fonctionne bien, et l'eau que l'on versera alors dans le tuyau d'aspiration, après avoir enlevé les soupapes, ne pourra plus s'écouler. Si l'on ne parvient pas à le nettoyer en y passant un fil de fer, il faut nécessairement le démonter.

79. *De l'usure des soupapes.* On s'appercevra également à la main si la soupape d'aspiration, inégalement usée, ne ferme plus : ou si comme on le voit quelquefois elle reste levée, car on sentira alors à chaque coup de piston l'eau aspirée par la pompe, puis refoulée dans le condenseur. Cette usure se corrige facilement, en rôdant la soupape à sec jusqu'à ce qu'elle ne laisse plus échapper l'eau dont on la couvre.

Quelquefois encore l'eau de la chaudière remonte par le tuyau d'injection *f*, traverse la soupape supérieure *d*, et entre sous le piston *l* de la pompe, chaque fois que le vide s'y produit. Cette pompe s'échauffe très-fortement, et la vapeur sort de la boîte à étoupes *m*, avec une portion de l'eau de la chaudière pleine de matières terreuses. On peut être alors certain que la soupape supérieure ne ferme plus exactement le passage, et que l'eau de la chaudière, poussée par toute la force de la vapeur, est aspirée par la pompe

8

alimentaire de préférence à l'eau du condenseur, qui ne supporte que la pression de l'air.

On s'en assure en couvrant d'eau la soupape *d*. Si elle ne joint pas exactement, qu'elle soit usée, ou qu'il existe un défaut dans la boîte de cuivre, l'eau s'écoule immédiatement. On la rôde à l'émeri fin jusqu'à ce qu'elle tienne l'eau.

80. *Des chocs que donne la pompe alimentaire.* Quelquefois aussi un choc se fait entendre dans la pompe, ou dans le tuyau d'injection, à chaque coup de piston, lorsque le robinet d'aspiration *a* est fermé ; il cesse dès qu'on vient à l'ouvrir. En voici selon nous la cause la plus probable, quand le robinet ferme parfaitement, le vide se produit entièrement dans le corps de pompe, et le piston, en descendant sur l'eau sans que l'air soit interposé, donne lieu à un choc assez fort : en effet, que l'on desserre légèrement l'écrou du robinet *a*, pour y laisser entrer un peu d'air ou d'eau, la secousse cesse. Ce choc, qui n'a aucun autre inconvénient que celui d'ébranler la pompe, disparaît ordinairement au bout de quelques momens, sans doute parce que le robinet se desserre et que l'air se fraie un passage jusque dans le corps de pompe. Il faut, toutefois, prendre garde de confondre cette secousse avec celle qui peut se produire, lorsqu'en montant une machine, le piston descend trop bas, et touche au fond du corps de la pompe alimentaire.

81. *De l'air aspiré par la pompe alimentaire.* On voit aussi l'air pénétrer dans la pompe, soit par les

soudures brisées du tuyau d'aspiration *c*, soit par la boîte à étoupes *m*, et cet air est souvent assez abondant pour empêcher la pompe de fonctionner; il est facile de s'en assurer en promenant la flamme d'une lampe autour du tuyau, pendant que la pompe marche, jusqu'à ce que cette flamme soit aspirée par la fente du tuyau.

82. *Du diamètre des tuyaux.* Pour qu'une pompe alimentaire fonctionne à satisfaction, ses tuyaux ne doivent pas avoir un diamètre trop petit, surtout si elle se trouve éloignée du condenseur et de la chaudière, parce qu'alors l'eau, obligée de prendre une vitesse énorme dans de très-petits tuyaux, dépense beaucoup de force en frottemens inutiles, et n'a plus le temps de remplir le corps de pompe à chaque coup de piston : ce qui produit un choc assez fort et capable de déranger promptement la pompe. Pour une machine de 10 à 16 chevaux, lorsque les tuyaux ont une longueur de 9 à 10 mètres (28 ou 30 pieds), il faut leur donner 27 millimètres (1 pouce de diamètre) : et jamais moins de 9 lignes, pour des machines plus faibles. On doit aussi éviter dans les tuyaux les coudes nombreux qui gênent le mouvement de l'eau.

83. *De la boîte à étoupes.* Si l'eau venait à sortir par la boîte à étoupes, il faudrait en resserrer les écrous et si cela ne suffisait pas, la regarnir d'étoupes, opération pour laquelle il faut arrêter la machine.

Quelquefois aussi la rondelle de cuivre *n*, placée au fond de la boîte à étoupes, est usée, et laisse échapper l'étoupe, qui passe par l'intérieur de la pompe jusqu'

8.

ıns les soupapes et les obstrue. On y remédie faciment en plaçant une forte rondelle de cuir au fond
: cette boîte et immédiatement sur celle de cuivre.

CILINDRES.

84. La vapeur produite, comme nous l'avons dit, dans
chaudière, est conduite par un tuyau de cuivre *a*
l. 4, fig. 4), dans la double enveloppe *b* des cilines, que l'on nomme *chemise*, et s'y répand pour les
hauffer, avant de se rendre dans les boîtes qui la
stribuent alternativement dessus et dessous les pisns.

85. *Du tuyau d'introduction.* On emploie quelqueis des tuyaux de plomb pour conduire la vapeur,
ais on ne doit le faire, dans les machines, comme dans
; chauffages, que pour la vapeur à basse pression, et
s soutenir alors invariablement sur toute leur lon
ıeur; parce que la soudure à l'étain quand elle
t chauffée se casse avec la plus grande facilité.

Le tuyau d'introduction de la vapeur doit toujours
oir un grand diamètre, qui, pour une machine de
) à 12 chevaux, ne doit pas être au-dessous de
',055, (2°) : des tuyaux plus étroits n'offriraient pas
la vapeur un passage assez facile. En effet, les frotmens augmentent considérablement avec la vitesse
ıe la vapeur est obligée de prendre : pour une vitesse
ıuble, ils sont quatre fois plus grands : et lorsque les

tuyaux ont 4 ou 5 mètres de longueur, comme cela
a lieu ordinairement, s'ils sont trop étroits, la température et la tension de la vapeur restent plus basses
dans la chemise que dans la chaudière : et cette différence de tension est une perte réelle, puisqu'elle est
employée tout entière, et sans résultats, à vaincre
les frottemens que la vapeur éprouve dans de petits
tuyaux. Il faut donc conserver avec soin dans la chemise toute la force de la température et de la tension,
soit pour que la vapeur traverse plus rapidement les
boîtes, et développe plus de puissance mécanique,
soit pour échauffer plus vite la vapeur qui se détend
sur le grand piston.

86. En même temps, si un courant d'air froid
vient tout à coup à frapper la chemise, il s'y produit
souvent une condensation subite, et la vapeur de
la chaudière étant gênée dans son passage à travers
ces tuyaux étroits, ne peut pas y arriver avant l'eau
qui a moins d'espace à parcourir pour remonter par
le tuyau de décharge, destiné à ramener à la chaudière l'eau condensée dans la chemise : de sorte que
les machines dont les tuyaux d'introduction ne sont
pas assez larges, éprouvent souvent cet accident, qui
porte une boue dangereuse dans la chemise et jusque
dans les cilindres et les pistons.

87. D'un autre côté, pour conserver à la machine
toute sa force, cette résistance d'un tuyau étroit, en
diminuant la tension dans la chemise, exige par conséquent dans la chaudière, un accroissement de température, qui augmente ainsi toutes les pertes par le

masticages qu'il fatigue , et par les surfaces , et surtout accroît la dépense de combustible, en diminuant la différence de température entre le feu et l'eau de la chaudière : d'où il résulte qu'il ne peut plus passer autant de chaleur à travers la fonte, et qu'une partie de l'effet de la houille est détruit.

88. Il peut même arriver qu'avec un bon fourneau et un feu vif, ce tuyau trop étroit , ne soit plus capable de débiter toute la vapeur produite, et que l'on se trouve exposé à des accidens graves. On pourrait en citer qui paraissent dus à cette cause. Au reste , le moindre inconvénient est de rendre toujours les machines lourdes. Il n'y en a , au contraire , aucun à donner au tuyau d'introduction un diamètre plus grand , qui, au lieu de 35 millimètres , que quelques constructeurs ont adopté pour les tuyaux des machines de 16 chevaux à moyenne pression , doit avoir environ 60 millimètres , c'est-à-dire présenter à la vapeur un passage quatre fois plus grand.

Dans les machines à basse pression , comme dans tous les chauffages à vapeur , il est plus important encore de donner un grand diamètre aux tuyaux; pour une machine de 16 chevaux, il doit s'élever à 12 ou 15 centimètres au moins , parce qu'il n'existe plus alors dans la chaudière qu'une tension très-faible , qui doit cependant donner à la vapeur la vitesse considérable dont elle a besoin pour remplir assez rapidement le cilindre.

89. *Du robinet et du tuyau de décharge.* L'eau qui provient de la vapeur condensée dans la chemise,

est tantôt ramenée dans la chaudière par un large tuyau de décharge, tantôt jetée immédiatement dans le condenseur par un petit robinet *c* placé au bas de la chemise, chassé fortement dans la fonte, et dont on règle l'ouverture de manière à ne livrer passage qu'à l'eau seule, sans laisser échapper de vapeur.

Cette eau est toujours trouble, parce qu'elle entraîne les matières terreuses que la vapeur porte dans la chemise; et l'on évite ainsi les dépôts qui s'y amassent, lorsque, pour ne pas perdre le peu de chaleur contenue dans cette eau de condensation, on la renvoie à la chaudière par le tuyau de décharge; car son écoulement étant alors plus lent, elle dépose une partie de ces matières sur son chemin, et obstrue souvent la partie inférieure de la chemise.

90. Si cependant on attachait à la perte de cette eau chaude, plus d'importance que nous ne croyons convenable de le faire, on pourrait aussi adapter en même temps à la chemise, un tuyau et un robinet de décharge : on ouvrirait ce dernier de temps en temps pour laisser passer un courant rapide de vapeur, capable de détacher et de balayer tous les dépôts amassés. Il sera utile, en outre, de passer par le robinet, un fil-de-fer dans toute la chemise, pour en détacher les crasses, et les livrer plus facilement à l'action du courant de vapeur.

91. L'addition du tuyau de décharge nous paraît, en somme, inutile, parce que l'on peut également bien balayer la chemise avec de la vapeur, sans l'employer, et que l'économie de combustible, qui ré-

ulte du retour de l'eau condensée à la chaudière, ne
élève pas à 5 ou 6ᵏ· de houille, sur 24 heures de
·avail, dans une machine de 12 à 16 chevaux. Or,

est impossible d'entretenir assez bien une machine,
our que sa consommation ne varie pas chaque jour
ans des limites beaucoup plus grandes, par des causes
·ès-legères et souvent impossibles à apprécier; et, en
utre, le plus léger accident qui serait dû à l'emploi
u tuyau de décharge, enleverait à la fois toute l'éco-
omie ainsi obtenue pendant une année.

92. Le robinet de décharge est aussi très-utile pour
ider complètement la chemise, quand on est obligé
'arrêter la machine, pendant quelques jours, en hiver,
arce que si l'eau qu'on y pourrait laisser venait à se geler,
ι chemise serait infailliblement fendue. Nous avons
u plus d'un exemple de cet accident. On ne peut pas
rendre les mêmes précautions pour le tuyau à vapeur
ι le tuyau de décharge; mais il faut avoir soin de les
nvelopper de lisières de drap, ou de paille, ou d'une
ouche épaisse de charbon, et s'assurer qu'ils ne sont
as bouchés par la glace, quand on rallume le feu
rès un ou deux jours de repos.

Ces deux tuyaux doivent être munis chacun d'un
obinet, afin de pouvoir arrêter la vapeur qui conti-
ue à se condenser, sans utilité, dans la chemise, lors-
u'il faut laisser la machine quelque temps en repos,
, qui, par cette incommode chaleur, rend beaucoup
lus fatigant le travail qu'on est souvent obligé de
ire dans sa chambre.

93. *Du parallélisme des cilindres.* Une des condi-

tions les plus importantes pour la bonté d'une machine de Woolf, est sans contredit le parallélisme parfait de ses deux cilindres, sans lequel on ne parviendrait jamais à les placer tous deux verticalement. On voit souvent des cilindres fort bien ajustés dans l'atelier de construction, n'être plus parallèles après un transport de 100 lieues et plus, parce que les trois vis *ddd* (*fig.* 4 et 5), qui traversent la chemise, e les maintiennent, ont changé de position. Rien de plus facile, que de desserrer ces vis, d'enlever le mastic *e* qui réunit les cilindres à la chemise, et de les redresser avec toute la rigueur possible, lorsque les mécaniciens ont eu la précaution de laisser les têtes des vis apparentes sur la chemise.

94. Le meilleur moyen à employer pour dresser les deux cilindres, est de mettre la chemise d'aplomb aussi bien qu'on pourra le faire : puis d'y placer les deux cilindres, et de rendre chacun d'eux parfaitement perpendiculaire, en les réglant successivement avec un niveau formé d'une planche (*Pl.* 5, *fig.* 8) de 2^m à 2^m ¼ de longueur, qui entre à frottement dans chaque cilindre, et sur le milieu de laquelle est tracée une ligne parfaitement parallèle à ses côtés A la moitié de la hauteur de la planche, et sur cette ligne, une ouverture reçoit le plomb attaché à un fi très-délié, qui descend du haut de la planche sur la ligne du milieu. On dresse le cilindre jusqu'à ce que, en tournant le niveau dans tous les sens, le fil à plomb couvre toujours la ligne verticale de la planchette. Quand cette opération est faite sur les deux cilindres,

n peut compter sur leur parallélisme. Il faut alors les
nastiquer avec le plus grand soin et resserrer les vis
our qu'elles maintiennent les cilindres dans une po-
ition invariable, sans cependant les comprimer, parce
ue le cilindre, n'étant pas parfaitement rond, ne
e trouverait plus fermé complètement par le pis-
on. Or, ce dernier danger est beaucoup plus réel que
on ne serait porté à le croire; il se présente tous les
urs dans l'alésage des cilindres; et on les voit s'a-
latir d'une quantité sensible sous la pression de la
haîne de fer qui les retient. Quand les têtes de vis
ont noyées dans la fonte, il faut les découvrir, y fo-
er au travers un trou un peu plus grand, le tarauder
: y mettre de nouvelles vis, dont on laisse dessaillir
: tête.

95. *Rupture du fond du petit cilindre.* Le fond des
lindres *ff*, qui y est mastiqué à queue d'hironde, vient
uelquefois à se fendre par un choc de piston, ou se
ouve en partie démastiqué; de manière que la va-
eur passe immédiatement de la chemise dans le ci-
ndre et delà dans le condenseur, pendant une partie
e la course du piston, si la fente s'est faite dans le
and cilindre.

Si c'est au contraire le petit cilindre qui s'est
isé ou démastiqué, bien que la perte de vapeur soit
oins grande puisqu'elle va encore travailler sur le
and piston, cependant elle gêne beaucoup la mar-
ie de la machine, en résistant à son action pen-
int la descente du piston, et, si la fente était assez
rge, elle pourrait l'arrêter. On ne peut recon-

naître positivement les fentes du petit cilindre , qu'en enlevant le piston , et envoyant de la vapeur dans la chemise.

96. *Symptômes de la rupture du fond du grand cilindre.* Le premier signe auquel on peut reconnaître la communication établie entre la chemise et le grand cilindre , et le passage direct et inutile de la vapeur au condenseur , est l'échauffement extraordinaire de ce dernier , et la blancheur de son eau troublée par des matières terreuses. Pour s'en assurer , il suffit d'arrêter un instant la machine dans la position où les pistons commencent à descendre , et où , par conséquent , la partie inférieure du cilindre est en communication libre avec le condenseur. Si le cilindre est fendu ou démastiqué , la vapeur continue toujours à échauffer le condenseur , sans que la machine travaille , et à y porter de l'eau blanchie par les dépôts terreux de la chaudière.

Si le masticage seul est détruit , la réparation en est facile; il faut enlever le cilindre de la chemise , mastiquer de nouveau le fond , puis le remettre en place avec les précautions que nous venons d'indiquer pour le dresser.

97. S'il y a une fente légère , on peut encore la réparer complètement , avec un bon masticage maintenu par une plaque de tôle et une forte bande de fer serrée autour du cilindre au moyen de vis , ou mieux par une plaque taraudée et des vis de cuivre , comme nous l'avons dit en parlant du raccommodage des bouilleurs. En tout cas , il est facile de découvrir les

ites ou les défauts de fonte par lesquels la vapeur
urrait passer dans les cilindres, en enlevant les pla-
aux et les pistons, et envoyant dans la chemise de la
peur à une forte tension qui se fait promptement
ur à travers les fentes.

98. Quant au masticage supérieur qui réunit les
lindres à la chemise, sans cesse exposé aux dilata-
ons et condensations inégales de ces trois pièces, et
la forte tension de la vapeur, il se fend et laisse sou-
ent échapper une petite quantité de vapeur, qui,
rtant de la chemise, ne peut altérer en rien la marche
e la machine. Il est très-difficile d'arrêter complè-
ement ces fuites, qui d'ailleurs deviennent insen-
bles dès que la machine travaille; et l'on n'y réussit
uère et pour quelque temps seulement, qu'en renou-
elant entièrement le masticage. Il est probable que
es fuites sont souvent dues à l'alongement que les
ilindres éprouvent par le haut, sous l'action de la
haleur, quand ils sont retenus trop solidement par
eurs vis de pression. Aussi, ne doit-on pas serrer ces
is plus fortement qu'il n'est nécessaire pour mainte-
ir les cilindres dans leur position verticale. Lorsque
es cilindres sont rayés, ce qui a lieu souvent quand
es ressorts des pistons viennent à se briser, il faut les
leser de nouveau; sans quoi l'on perdrait inutilement
ne très-grande quantité de vapeur qui passerait di-
ectement au condenseur (107)

99. Le masticage des plateaux qui ferment les ci-
indres ne peut être bien fait que quand le bord des
ilindres est dressé et tourné avec soin, sur une lar-

geur de 35 à 40 ^{m}· (15 à 18 ^{1}) et parfaitement perpendiculaire au cilindre.

On trouvera dans l'article relatif aux mastics , la
composition du mastic rouge et la manière de l'employer pour le masticage des plateaux et de toutes les
autres pièces d'une machine.

Nous dirons seulement ici que , quand on descend
le plateau sur le masticage , et quand on a mis tous
les boulons en place, sans les serrer , il faut les serrer
lentement, à plusieurs reprises différentes , et les uns
après les autres, afin que le mastic soit également comprimé, le plateau bien placé d'aplomb , la tige du piston exactement au milieu du chapeau a , (fig. 6) de la
boîte à étoupes , et que ce chapeau joue librement
autour de la tige sans être bridé d'aucun côté , car il
l'userait alors rapidement. Pour le vérifier avec plus
de certitude , il faut, pendant que l'on serre les boulons des plateaux , placer le balancier dans différentes
positions, surtout au bas de la course des pistons, parce que c'est dans cette position que les tiges , étant
entièrement maintenues par le piston et le plateau ,
pourraient être le plus dangereusement forcées, dans
le cas où leur course ne serait pas parfaitement perpendiculaire.

Si le bord des plateaux est assez mal dressé pour
que l'on ne puisse pas parvenir, en serrant les écrous
à maintenir la tige au milieu de la boîte à étoupes . il
faudra augmenter la quantité de mastic du côté qui
est trop faible, ou même, au besoin , mettre une
demi-rondelle de plomb par-dessus la première , et la
mastiquer de même.

100. Les écrous qui maintiennent les plateaux
doivent être serrés avec force sur le mastic, tandis
qu'il est encore mou. S'il s'y déclarait pendant le travail de la machine, quelques fuites qui laisseraient
entrer l'air dans le grand cilindre, et rendraient la machine lourde, il ne faudrait pas essayer de serrer de
nouveau les écrous sur le mastic sec ; mais, au lieu de
lever les plateaux et de les mastiquer de nouveau, ce
qui est une dépense assez importante de temps et de
mastic, il faudrait chasser de l'étoupe enduite de mastic entre le plateau et la rondelle de plomb avec un
mattoir un peu mince. On parvient ainsi à arrêter complètement les fuites sans difficulté et sans dépense.

Nous avons aussi trouvé utile de remplir de mastic
de fonte fortement chassé, tout l'intervalle qui reste
près le masticage, entre les cilindres et les plateaux.
On n'est plus alors exposé à perdre de la vapeur,
ou à laisser pénétrer l'air dans la machine.

Lorsque l'ajustement des plateaux et des cilindres
a été bien soigné par le constructeur de la machine,
on n'a pas besoin de précautions aussi grandes : nouvelle preuve, s'il en était besoin, que la perfection,
dans la construction d'une machine, est un des moyens
les plus sûrs et les plus puissans d'économie que l'on ait
à employer.

101. Quelquefois la rondelle de cuivre *b* (*fig.* 6) qui
se trouve placée au fond de la boîte à étoupes du plateau, est trop libre : et entraînée par la tige du piston
qui monte, elle est ramenée avec un choc violent à sa
descente.

Pour corriger ce défaut, on doit élargir légèrement

cette rondelle au dehors, ce qui la fait entrer à force dans la boîte à étoupes, et y rester solidement fixée. On doit en même temps augmenter d'une petite quantité le diamètre intérieur, si le passage de la tige du piston n'est pas assez libre.

102. *De la boîte à étoupes.* Les étoupes dont on remplit les boîtes des plateaux, doivent être fines et douces, en un mot, de belle qualité. Celles de chanvre sont les meilleures. Il faut surtout les employer très-propres et sans poussière, parce que les moindres cailloux ou matières dures, qui s'y trouveraient, raieraient et useraient rapidement les tiges des pistons, et livreraient passage à l'air, à travers la boîte à étoupes. Il en serait de même si elles étaient dures. On les tord et on les frotte de suif; on les serre à plusieurs-reprises au moyen du chapeau de la boîte et de ses écrous pour les tasser, jusqu'à ce que la boîte soit complètement pleine, et l'étoupe fortement serrée. A mesure qu'elle se tasse par le travail de la machine, on resserre les écrous, ou même on en ajoute de nouvelle pour empêcher l'air d'entrer dans les cilindres, et surtout dans le grand, où il pénètre bien plus facilement parce que le vide s'y produit à chaque course de piston.

On s'aperçoit que l'air entre dans le cilindre, quand la graisse fondue dont on remplit le chapeau de la boîte à étoupes, est rapidement absorbée par le cilindre et passe au condenseur dont elle va salir l'eau.

103. Lorsque l'étoupe est dure et peu graissée, et que l'on serre trop fortement les écrous, le frottement

de la tige suffit pour l'échauffer, et la brûler en dégageant une épaisse fumée. On arrêtera sans peine cet accident, en desserrant légèrement les écrous, et remplissant de suif la boîte à étoupes, jusqu'à ce que cette combustion soit arrêtée.

Si l'étoupe est brûlée et charbonnée, on la renouvelle en tout ou en partie. .

On doit, tous les huit ou dix jours, recharger la boîte de nouvelles étoupes, à mesure qu'elles se tassent, et après 30 ou 40 jours de service, quand on s'aperçoit qu'en serrant les écrous, on n'arrête plus l'introduction de l'air, et que l'étoupe, devenue dure comme du bois, résiste à la· pression, on l'arrache avec un crochet de fer, et on la renouvelle en entier; elle est alors noire et complètement brûlée.

104. L'entretien de toutes les boîtes à étoupes d'une machine est un objet si important, que le manufacturier qui ne les surveillerait pas spécialement, dépenserait, sans aucune utilité, une grande quantité de graisse, constamment entraînée dans le condenseur, et ce qui est bien plus grave, verrait inévitablement l'air qui pénétrerait par toutes les boîtes à étoupes, enlever à sa machine une grande partie de sa force, et comme le font en définitive toutes les maladies des machines, accroître énormément sa consommation de houille.

105. *Raccommodage des cilindres brisés.* Il sera utile d'indiquer ici le moyen de raccommoder avec solidité et propreté la chemise d'un cilindre, si elle venait à se fendre par le bas, et à se détacher de son

fond, comme cela arrive quelquefois par la gelée, quand on n'a pas la précaution de la vider complètement d'eau au moment où on arrête une machine pour quelque temps.

Il faut faire couler une plaque de fonte, qui entre dans la chemise avec assez de jeu pour la mastiquer autour. On y laisse quatre ou cinq oreilles, qui s'appliquent contre les parois de la chemise. Au traver de celle-ci et de ces oreilles, on passe des vis don la tête, proprement limée, ou destinée même à êtr arrondie pour être moins apparente, reste au dehors Ces vis fixent invariablement la partie supérieure d la chemise à ce plateau de fonte. Pour relier le tout au fond de la chemise, on y perce 8 ou 10 trous que l'oi taraude à travers le plateau dont nous venons de parler, et on mastique les vis d'acier que l'on y serre forte ment. Par ce moyen, les deux parties séparées de l chemise, se trouvent solidement reliées. Il ne rest plus qu'à mastiquer en dedans, le tour du platea avec du mastic de fonte, pour empêcher toute fuite Une chemise ainsi raccommodée, ne présente plu aucune trace de fente, et n'offre pas le moindre in convénient.

PISTONS.

106. *De l'engorgement du piston.* La maladie l plus ordinaire des pistons est une crasse épaisse e dure, qui remplit entièrement tout l'espace vide oc cupé par les ressorts (*Pl.* 5, *fig.* 1*re*), et s'oppose à leu

9

action et au jeu des segmens de cuivre : de sorte que
le piston ne formant plus alors qu'une pièce, la vapeur passe sans obstacle de l'autre côté, et la machine perd ainsi une très-grande partie de sa force.
À mesure que les pistons se salissent, la puissance
de la machine diminue ; mais au moment où les crasses se sont accumulées en quantité très-considérable,
et où le jeu des ressorts et des segmens cesse tout-
à-fait, elle tombe tout à coup : ce n'est qu'avec les
plus grands efforts qu'elle enlève sa charge, et la
quantité de houille que l'on consomme, devient
considérable. Le remède est facile : il suffit de sortir les
pistons des cilindres, de les démonter et de les nétoyer ;
mais on doit faire la plus grande attention, d'abord à ne
pas changer la place des segmens, en remontant les
pistons ; ensuite à renouveler tous les ressorts brisés,
ou qui seraient devenus trop faibles ; enfin à remettre
les pistons dans la position qu'ils occupaient précédemment, parce que le frottement a pour ainsi dire
moulé le cuivre sur la fonte, et les a fait joindre parfaitement, et si on les changeait de place, il faudrait
souvent plusieurs jours de travail, pour opérer le même
ajustement, et jusque-là les pistons laisseraient échapper beaucoup de vapeur.

107. *Des ressorts.* Les ressorts doivent être trempés assez fortement, pour presser sur les segmens et
les forcer à joindre avec les cilindres, malgré la résistance occasionnée par le frottement qu'ils exercent les uns sur les autres ; mais il faut éviter avec
soin de les employer trop raides ou trop longs, car

on userait en peu de mois les segmens de cuivre , et il deviendrait nécessaire de les renouveler : en outre, en serrant les segmens avec une petite corde, pour faire entrer le piston dans le cilindre, on pourrait briser les ressorts. Il faut aussi s'assurer, quand le piston est remonté et prêt à entrer dans le cilindre, que tous ces segmens jouent librement et avec facilité, en les pressant avec la main jusqu'au fond. Si l'on sent une résistance autre que celle de l'élasticité des ressorts, on peut être certain qu'elle est due au dérangement d'une pièce, et l'on doit enlever le plateau de fonte qui couvre le piston, pour rétablir tout en ordre. On a vu souvent un des petits coins de cuivre sorti de son prisonnier, briser des ressorts et pousser, par sa fausse position, un des segmens avec assez de force pour l'user complètement, et venir souvent lui-même frotter et se limer contre le cilindre. Il est dangereux d'employer des ressorts trempés trop durs, ou trop bandés, ou de ne pas donner assez de soins à leur ajustement, parce que quand ils viennent à se briser, un morceau peut s'engager entre les segmens de cuivre et rayer profondément le cilindre. C'est la cause la plus ordinaire de cet accident des cilindres, et il n'y a pas d'autre remède à y apporter que de les aleser (98).

108. La préparation des ressorts est facile, bien qu'elle demande quelques soins. On prend du fil d'acier de 2 millimètres (3/4 de ligne) environ de diamètre, bien recuit; puis, ajustant à un vilbrequin une tige de fer rond, d'un diamètre un peu plus peti

que celui des ressorts que l'on veut obtenir, on attache le bout du fil d'acier au vilbrequin, et tournant
celui-ci pendant qu'un ouvrier tient le fil à la main et
le laisse couler lentement sur un morceau de bois ,
on le roule autour de la tige de fer rond dans toute
sa longueur ; on le sort ensuite de dessus la tige, en
desserrant légèrement le boudin de fil d'acier, puis on
écarte chacun des anneaux de l'anneau suivant, en
faisant passer le tout successivement comme une vis sur
le côté d'un burin ou d'un morceau de fer dont l'é-
paisseur détermine l'écartement de chacun des tours
du boudin. On trempe ensuite les ressorts , en ayant
soin de chauffer toute leur longueur jusqu'au rouge
cerise : on les jette alors dans l'eau froide. Ils se trouvent ainsi trop fortement trempés : pour les faire recuire,
on les essuie , on les frotte d'huile, puis on les met sur
des charbons ardens jusqu'au moment où l'huile s'enflamme ; alors on les jette de nouveau dans l'eau ,
et leur degré de trempe est convenable.

On peut aussi les recuire en les plongeant dans du
plomb fondu ; ce procédé est même plus sûr et donne
une trempe plus régulière que la trempe à l'huile. Les
ressorts d'acier employés dans les soupapes se trem-
pent par le même procédé.

109. *De la longueur à donner à la tige des pistons.*
Quelquefois les pistons descendent si près du fond du
cilindre, que pour peu que les clavettes, soit de leur
tige , soit du parallélogramme , viennent à se relâcher,
ils le touchent , et peuvent le briser. C'est un accident dont il est facile de s'apercevoir aux coups que

l'on entend : il faut, dans ce cas, arrêter de suite l. machine, puis enlever la clavette *a* (*Pl.* 5, *fig.* 1ʳᵉ) qui attache la tige *b* du piston au parallélogramme ce qui se fait en soutenant pendant ce temps le pistoi au moyen de deux mâchoires en bois, qui embrassen sa tige. On passe au travers de ces mâchoires deu: boulons, (ceux de la boîte à étoupes, par exemple) que l'on serre fortement, pour que le piston appuy ainsi sur la boîte à étoupes ne puisse plus descendre Quand la clavette est enlevée, on fait monter le ba lancier, qui emporte avec lui la tête de la tige des pis tons, et on peut buriner et limer l'extrémité de cett tige, pour en diminuer la longueur et empêcher, pa conséquent, le piston de descendre aussi bas. Il fau en même temps descendre d'une quantité égale l mortaise de la clavette, pour que celle-ci puisse con server du serrage. On redescend alors le balancier, o fait entrer la tête du piston sur tige, on remet la cl: vette, et on n'oublie pas surtout de l'ouvrir.

110. Si cette clavette venait, en effet, à s'échappe de sa mortaise, le piston qui ne serait plus lié au pa rallélogramme, serait lancé par la vapeur, avec un force et une vitesse effrayante, tantôt contre le pla teau, tantôt contre le fond du cilindre, et ne pourrai manquer de les briser et de rompre le balancier par l choc de sa tige ; on pourrait en citer des exemples. O doit dans ce cas, ainsi que dans tous les accidens qi arrivent à l'improviste, se hâter de fermer le robinc d'introduction de la vapeur, et d'ouvrir ceux qui sor placés sur les cilindres pour arrêter la machine.

111. **Quelquefois** aussi la tige des pistons ou le cilindre lui-même sont trop courts, et le piston montant au-dessus du trou qui amène la vapeur dans le haut du cilindre, le ferme en partie, ou au moins entrave beaucoup la marche de la machine, en s'opposant d'un côté à la sortie de la vapeur qui a déjà travaillé, et de l'autre à l'entrée de celle qui va travailler sous le piston. Le seul remède est de changer la tige du piston ou les cilindres, suivant l'occurrence. Il ne faut donc pas oublier quand la machine est montée, avant de mastiquer les cilindres, de s'assurer que la course des pistons est bien réglée.

112. *Du jeu que prennent les pistons sur leurs tiges.* On voit parfois la clavette *d* qui serre le gros piston, ou l'écrou *a* fig. 5, qui serre le petit piston sur leur tige, quoique l'une soit ouverte et l'autre rivé, prendre du jeu. On entend alors les pistons poussés par la vapeur au moment où elle vient agir par-dessous, être lancés avec un choc contre la clavette *d*, ou contre l'embase *b*, sur lesquelles ils devraient être pressés invariablement. L'oreille suffira pour indiquer avec évidence que ce bruit a lieu dans l'intérieur des cilindres, et on concevra facilement qu'il n'ait lieu qu'en bas et non pas en haut de la course des pistons, puisqu'en haut leur poids seul, équilibré pendant leur course par la vapeur, les fait redescendre de toute la quantité dont ils sont libres, à mesure que la vapeur se détend : tandis qu'en bas de la course leur poids les maintenant au bas de l'espace laissé libre par la clavette et l'écrou, la vapeur qui arrive avec force en-dessous le leur fait

franchir avec rapidité et violence. Il faut, dans ce cas
enlever les pistons des cilindres , élargir la clavette :
elle est refoulée , ou river avec soin l'écrou après l'a
voir fortement serré.

113. La clavette de la tête de la tige des piston
doit être assez serrée pour que cette tête ne tourn
pas, et ne joue pas sur l'arbre *c* qui la traverse , ma
que l'arbre lui-même tourne dans les grains de cuivi
qui portent ses tourillons. Quand l'arbre tourne dai
la tête du piston , comme il tourne à sec, on enten
un frottement très-dur, et le cri aigu du fer qui s'us
contre la fonte ; et il y a bientôt assez de jeu pou
donner un choc. Un coup de maillet ou de martea
sur la clavette , et la précaution de l'ouvrir plus
fond , suffisent pour arrêter ce bruit.

114. On trouve dans quelques machines à haute pres
sion, d'une assez grande force , des pistons, dont la gar
niture de cuivre est divisée en trois segmens , au lie
de l'être en six ou même huit ; et où les segmens n
sont pressés contre le cilindre que par les trois ressor
qui agissent sur les coins de cuivre placés entre le
segmens.

On est alors obligé d'employer des ressorts très
forts et très-durs, et comme ils n'ont que peu de jeu
l'on se trouve ainsi exposé à les laisser ou trop raides, e
par conséquent à user rapidement les segmens , o
trop courts, et à voir alors la vapeur passer en abon
dance au condenseur , sans travailler , parce que le
segmens de cuivre ne jouent pas , et ne pressent plu
contre le cilindre.

On ferait de grandes pertes en combustible , si l'on ne changeait pas ces pistons , pour y adapter une garniture divisée en six ou huit segmens , et un grand nombre de ressorts plus minces et plus doux.

Nous ferons observer ici que quand on a nétoyé et remis des pistons en place, la machine est lourde pendant deux ou trois jours; elle ne reprend toute sa force que lentement; quelque précaution que l'on emploie pour remettre le piston dans la même position, il faut un frottement assez long pour faire joindre parfaitement les surfaces du cuivre et de la fonte.

Tels sont les soins que réclament les pistons métalliques de quelque construction qu'ils soient.

115. *Pistons des machines à basse pression.* Quant aux pistons des machines à basse pression , ils ne se salissent pas comme ceux des machines à haute pression et ne demandent à être démontés que quand les tresses de chanvre qui les entourent commencent à s'user et à laisser passer la vapeur. Il faut avoir soin de serrer fortement les tresses graissées que l'on y remet , et de faire entrer le piston à force dans le cilindre, parce que le frottement lui donne promptement assez de jeu.

ENTABLEMENT ET BALANCIER.

116. On trouvera dans l'article relatif à la pose des machines , les précautions à prendre pour que l'axe de rotation du balancier soit parfaitement horizontal, condition indispensable au réglement du parallélogramme et à la conservation des grains de la bielle et de la manivelle.

117. *Du mouvement que prend l'entablement.* On voit souvent l'entablement d'une machine à vapeur prendre du mouvement dans les murs qui le supportent, parce que les tourillons du balancier agissent, à chaque course des pistons, sur l'entablement, au bout d'un bras de levier fort long, et tendent à le faire tordre. Ce défaut est presque inévitable quand l'entablement est fixé par des boulons à des pièces de bois placées dans les murs, parce que le bois ne faisant jamais corps avec la maçonnerie, s'en détache et s'ébranle immédiatement : le mouvement de l'entablement qui en résulte, communique une secousse fâcheuse à toute la machine.

118. Les mécaniciens doivent éviter, autant qu'ils le peuvent, d'attacher les pièces de fonte à des pièces de bois, toutes les fois qu'ils peuvent les fixer à de la pierre de taille, surtout quand ces pièces de bois ne sont reliées qu'à de la maçonnerie. Ce n'est en effet que sur la pierre de taille que des machines peuvent être solidement et invariablement établies. Il faut donc attacher l'entablement à des pierres de taille, dans lesquelles on scelle des boulons avec du plâtre et de la limaille de fonte, et placer d'autres pierres par-dessus les premières.

119. Pour éviter cet inconvénient dans les fortes machines, on donne aux entablemens deux croix dont les extrémités sont portées sur quatre colonnes qui s'opposent à tout mouvement latéral, comme on les voit ponctuées *Pl.* 4, *fig.* 7, *a* et *b.* Nous avons atteint le même but dans les petites machines en coulant les deux extrémités de l'entablement en croix *c* : cette croix se trouve posée, et même, si l'on veut, boulonnée dans les deux murs de la chambre de la machine, sur une pierre de taille *d*, et recouverte par une autre pierre très-forte *e*; de sorte que tout mouvement devient impossible, si ce n'est qu'il s'opère dans l'entablement un léger mouvement de torsion, mais qui ne se communique pas jusque dans le mur.

120. *Du jeu que prennent les boules du balancier.* Quelquefois les boules *a*, pl. 4, *fig.* 3, des têtes du balancier prennent du jeu et occasionnent dans la machine une secousse assez forte et dont la cause est difficile à reconnaître. On y parvient cependant avec quelque expérience, en posant la main sur les boules pendant que la machine marche, après avoir cherché inutilement la cause de ce choc dans la tête de la bielle, dans la manivelle, et dans le parallélogramme; et on corrige ce défaut en démontant à moitié la boule *a*, faisant entrer dessous une feuille de cuivre mince, qui ôte tout le jeu, et forçant, à grands coups de maillet, la boule à rentrer à sa place par-dessus la feuille de cuivre.

PARALLÉLOGRAMME.

121. Quelque importante que soit la connaissance complète du parallélogramme, nous ne donnerons pas ici les procédés employés pour le tracer et le construire. L'ouvrier chargé du soin d'une machine à vapeur, reçoit des mécaniciens le parallélogramme construit et monté; et il lui suffit de savoir le monter et le

régler au besoin et de pouvoir en reconnaître les défauts. Nous prendrons pour exemple le cas le plus difficile. Celui , où le parallélogramme d'une machine
à deux cilindres est tellement dérangé , où les grains
de cuivre sont tellement fatigués , qu'il devient nécessaire de le démonter en entier.

122. *Du nétoyage du parallélogramme.* La première
précaution à prendre est de séparer avec soin toutes
les pièces , de manière à les remettre exactement en
place , c'est-à-dire , à ne pas changer de côté les pièces semblables , comme , par exemple , les bras qui
soutiennent les arbres auxquels sont attachées les tiges de pistons ; attendu qu'elles sont ajustées pour une
place et des tourillons spéciaux , et que , changées de
situation , elles occasionnent des frottemens nouveaux
et rendent souvent la machine très-lourde.

On doit donc , en démontant le parallélogramme ,
en repérer toutes les pièces avec le plus grand soin, si
elles ne le sont pas d'avance. On les nétoye toutes
l'une après l'autre , pour ne pas mêler les clavettes ,
les grains de cuivre , ou les vis qui appartiennent à
chacune d'elles , et pour éviter toute erreur, on remonte chaque pièce après qu'elle est nétoyée.

Si l'on est obligé d'employer l'émeri fin , lavé à
l'eau , pour enlever les taches de rouille , il faut prendre beaucoup de précautions pour n'en pas laisser dans
les grains de cuivre qui seraient bientôt usés.

123. *De l'usure de ses grains.* L'accident auquel les
parallélogrammes sont le plus fréquemment exposés, est
l'usure des grains de cuivre , occasionnée par la négli-

nce des chauffeurs, qui serrent trop fortement-les avettes ou les laissent trop lâches; dans le premier s, ce frottement extraordinaire échauffe les grains et lime; dans le second, les chocs continuels les écrant et les usent. On trouvera dans la 3° partie un article r les procédés à suivre pour entretenir et réparer grains usés ou échauffés.

Quand les coups suivis que donne une machine nt dus à une clavette desserrée, il suffit de la sserrer légèrement avec un maillet en bois, ou un arteau de cuivre, parce qu'un marteau de fer aurait entôt écrasé et déformé toutes les pièces du parallézramme. Lorsque les grains de cuivre, par suite une trop grande usure, se touchent, et que la clatte ne peut plus, par conséquent, les serrer, il faut, les recharger d'une feuille de cuivre, comme nous dirons plus loin, ou en limer les côtés pour leur onner du serrage.

124. *Montage des pièces.* Quand toutes les pièces parallélogramme sont ainsi nétoyées et remises à uf, on les remonte, en prenant soin, nous le répéns, de ne pas changer de côté les pièces semblables de les placer, en outre, dans leur véritable sens. Le oyen le plus facile pour se guider sûrement est de ire attention aux lumières que l'on a réservées dans aque pièce pour graisser les grains de cuivre. Ces luères doivent nécessairement se trouver à la partie surieure des pièces comme dans le bras de rappel, ou en hors, comme dans les bras des pistons afin de rendre graissage plus facile. En satisfaisant à ces deux condi-

tions et en ayant soin de mettre la tête des clavettes du
côté de la colonne, il est impossible de se tromper.
Lorsque tout est en place et que les tiges des pistons sont
entrées dans leur tête, et fixées par les clavettes que l'on
a ouvertes au burin, les bras de la colonne boulonnés
à l'entablement et les bras de rappel à leur place, il ne
reste plus qu'à régler le parallélogramme, de manière
qu'aucune pièce ne fatigue et que les tiges des pistons
soient parfaitement parallèles, et restent perpendiculaires pendant toute leur course. Observons que toutes
les conditions indiquées ici doivent être rigoureusement
observées, pour que le parallélogramme soit bien réglé,
et la machine en état de soutenir un long et fort travail, sans une trop grande fatigue.

125. *Son réglement.* La première opération est de
s'assurer que l'axe *a*, pl. 4, *fig.* 6 de la traverse de la
colonne et la ligne horizontale *ab* qui passe par cet
axe, partagent exactement en deux parties égales : 1° la
course de la tête *e* du grand piston; 2° l'arc de cercle
cbd du bras de rappel. C'est ce que l'on vérifie en mettant la manivelle au plus haut et ensuite au plus bas de
sa course, et mesurant dans chacune de ces positions
extrêmes la distance perpendiculaire des points les plus
élevés et les plus bas, à la ligne horizontale *ab*, passant par la tête *a* de la colonne : d'abord pour l'arc de
cercle décrit par le bras de rappel, ensuite pour l'axe
e de l'arbre du grand piston : et si l'arc de cercle n'est
pas partagé exactement en deux parties égales, on ra-
courcit la colonne ou on l'alonge au moyen de rondelles de fer, jusqu'à ce qu'elle partage cet arc de cer-

cle en deux parties égales. Si alors la course de la tête *e*
du piston n'est plus partagée en deux , par une ligne
horizontale passant par l'axe *a* de la traverse de la
colonne, et le milieu de l'arc de cercle *cd* du bras de
rappel , on baisse le point où s'attache le piston, ou
on le relève en rechargeant les grains de cuivre dessus
ou en dessous. La plus grande exactitude est nécessaire
pour cette vérification , de laquelle dépend tout le réglement du parallélogramme.

126. Lorsqu'une machine est bien construite et bien
montée , au moment où le balancier est horizontal , il
doit se trouver exactement au milieu de sa course , de
sorte que dans cette position les axes *e* de la tête du
piston et le bras de rappel , c'est-à-dire , les axes *abf*
de la colonne et des ellipses du condenseur et du petit
piston doivent être parfaitement de niveau , comme
nous venons de le dire. Il arrive cependant assez souvent que le balancier ne se trouve pas horizontal quand
il est au milieu de sa course ; c'est un défaut de montage qui n'a pas d'autre inconvénient que de forcer à
changer les proportions de la colonne, pour que son
axe partage en deux parties égales l'arc de cercle du
bras de rappel et la course du piston. On doit cependant l'éviter quand on monte une machine , parce que
les parallélogrammes sont construits pour que le balancier monte et descende d'une quantité égale au-
dessus et au-dessous du niveau de son axe de rotation.

127. Il faut ensuite s'occuper de rendre les tiges des
pistons parfaitement parallèles, jusque dans les posi-
ions extrêmes. Pour cela , les pistons étant au sommet

de leur course, on prend rigoureusement, au moyen d'une règle, la distance qui se trouve entre les deux tiges *em* et *hi*, auprès des boîtes à étoupes, puis remontant jusqu'en haut la règle que l'on a coupée à la longueur exacte, on voit avec la plus grande facilité si l'intervalle des deux tiges est partout égal ; s'il ne l'est pas, on approche, ou on éloigne la tige du petit piston, de celle du grand, au moyen des quatre écrous du chariot qui conduisent l'ellipse et les bras du petit piston.

Ce mouvement s'opère en desserrant les deux écrous du côté où l'on veut pousser la tige, et serrant d'une quantité égale les deux écrous opposés, de manière cependant à ne pas maintenir les bras trop serrés, mais à y laisser constamment un peu de jeu, principalement du côté du grand piston ; car alors, surtout si la tige de ce piston fléchit, les tringles du chariot pourraient se briser par l'effort qu'elles supportent ; il faut en même temps vérifier cet écartement des tiges des pistons en le comparant à la distance des axes des deux cilindres que l'on doit connaître d'avance et qui doit leur être égale.

128. Mais ce n'est pas assez de rendre les deux tiges de piston parfaitement parallèles, il faut encore qu'en faisant avancer d'un côté ou de l'autre l'arbre qui porte la tige du petit piston, on le fasse marcher carrément, c'est-à-dire que le côté droit, par exemple, ne marche pas plus que le côté gauche. Pour s'en assurer, il faut, avec un grand compas, mesurer la distance de l'axe *e* de l'arbre du grand piston, à l'axe *f*

l'ellipse du petit piston; cette distance doit être
ale des deux côtés du balancier. Si elle ne l'est pas,
l'égalise au moyen des quatre écrous de l'ellipse qui
rvent, comme on le voit, à mettre les deux tiges pa-
llèles et les arbres qui les portent, d'équerre sur l'axe
, *fig.* 5, du balancier.

129. De plus, la distance de l'axe *e* de l'arbre du
and piston à celui *f* de l'ellipse du petit, et la dis-
nce de l'axe *f* de l'ellipse du petit piston à l'axe *b* de
llipse du condenseur, doivent être égales aux distan-
s *no* et *op* des tourillons qui portent les bras du grand
du petit piston, et du condenseur : sans quoi les quatre
tés du parallélogramme qui doivent être parfaite-
ent égaux deux à deux, ne seraient pas parallèles, et
course des pistons ne pourrait jamais être perpendi-
laire, ce qui serait un défaut grave de construction;
vérifie ces distances au compas.

130. On s'assure aussi qu'il y a une distance égale
s deux côtés du balancier, entre l'axe *f* de l'ellipse du
tit piston et celui *b* de l'ellipse du condenseur. Ce que
n régularise au moyen des écrous placés au bout du
ariot.

131. Lorsque les tiges des pistons sont ainsi parfai-
ment parallèles et le parallélogramme d'équerre sur
xe du balancier; lorsque les distances des différens
as entre eux, ont été parfaitement réglées et vérifiées;
faut s'assurer que la traverse de la colonne *ce*, *fig.* 5,
t bien perpendiculaire à l'axe du balancier.
Pour cela, on prend avec un compas la distance
tre le centre *f* de la tête du grand piston, marqué

par la pointe du tour, et chacune des extrémités de la traverse *ec*. On trouve toujours sur la partie supérieure du bras de rappel des coups de pointeau ou des trous pour graisser les grains. C'est sur ces lumières que l'on peut se régler avec le plus de certitude ; il faut que ces deux distances *ef* et *cf* soient égales entre elles, c'est-à-dire que les deux côtés du triangle que forment les deux bouts de la colonne avec le centre de la tête du grand piston soient égaux : autrement la traverse de la colonne serait évidemment gauche, et par le moyen du bras de rappel, elle forcerait, à chaque coup de piston, le parallélogramme à se jeter de côté. En même temps les bras de la colonne *cg* et *eh* seraient alternativement tendus ou courbés, et si la différence était trop grande, une des pièces devrait nécessairement se briser. On doit cependant observer en mesurant cette distance, que la tête du piston n'est pas toujours exactement sur le grand axe du balancier c'est-à-dire au milieu de la largeur du parallélo gramme, et que, quand ce défaut existe, il faut prendre les mesures de manière à mettre la traverse de colonne et par conséquent le parallélogramme d'équerre, non plus sur la tête des pistons, mais sur le grand axe du balancier, à l'aplomb de son point de centre. C'est à l'aide des deux bras de la colonne *cg* et *eh* qui vont se fixer dans l'entablement au moyen de quatre écrou que l'on règle la colonne, en raccourcissant ou ralon geant à volonté l'un ou l'autre de ces bras.

132. Quand toutes les pièces du parallélogramm sont ainsi parfaitement réglées et les deux tiges de

10

pistons parallèles, il faut examiner avec un fil à plomb,
si elles sont perpendiculaires ; supposons qu'il n'en soit
pas ainsi, et qu'elles penchent, par exemple, du côté
de la colonne : il faut les faire rentrer en ramenant la
colonne et tout le parallélogramme, au moyen des bras
cg et *eh* de la colonne, desserrant par conséquent les
écrous qui sont du côté des cilindres, et serrant derrière l'entablement ceux qui sont placés du côté de la
roue de volée.

153. Après avoir ainsi réglé la marche de la tête du
grand piston, celle de la tête du petit piston se détermine facilement. Il suffit de savoir pour cela que
l'axe *h*, *fig.* 6 de ce dernier, ou mieux de son arbre,
comme aussi celui *q* du condenseur, doivent être placés exactement sur une ligne droite, qui va de l'axe *e*
de l'arbre du grand piston, à l'axe de rotation *g* du balancier. Il faut alors remonter ou descendre l'arbre du
petit piston, s'il n'est pas rigoureusement sur cette
ligne, en chargeant ou limant les grains de cuivre de
ses bras.

154. Il en est de même de l'arbre *q* du condenseur,
qui se trouve sur la même ligne et se règle par le même
procédé. Cependant il y a moins de danger à laisser
une légère erreur dans le réglement de cet arbre,
parce que sa tringle a une grande longueur et des ar-
ticulations qui lui donnent assez de jeu, pour qu'il n'y
puisse jamais arriver d'accident.

155. Quand les tiges des pistons sont ainsi parfaitement perpendiculaires et parallèles ; quand la course
des bras de rappel et celle de la tête du grand piston

sont coupées exactement en deux parties égales par la ligne horizontale *ab*, qui passe par l'axe de la traverse de la colonne ; quand la traverse de la colonne et les divers bras du balancier sont placés d'équerre sur l'axe de la machine ; quand les arbres des deux pistons et du condenseur ont leurs axes sur une ligne qui va de celui du grand piston, à l'axe de rotation du balancier ; et si, outre ces premières conditions, les deux cilindres sont bien d'aplomb et parallèles entre eux, on peut être sûr que le parallélogramme est bien réglé et que les tiges de piston descendront verticalement.

136. En tout cas, les manufacturiers ou les chauffeurs qui hésiteraient, dans quelques-unes de ces vérifications, agiront toujours prudemment, en réglant le parallélogramme au bas de sa course, au moins pour ce qui concerne l'écartement des tiges de piston ; parce que celles-ci ont par elles-mêmes assez de flexibilité pour se plier sans un grave inconvénient, dans le cas où elles seraient légèrement forcées au haut de leur course, tandis que, si elles sont gênées au bas de leur course, maintenues de force par les boîtes à étoupes, il faut nécessairement que les bras du chariot cassent.

137. Lorsque cet accident arrive, on voit quelquefois une des parties de ces bras devenue libre par une de ses extrémités, venir frapper perpendiculairement le plateau du cilindre, assez violemment pour occasioner la fracture du balancier. Il est donc prudent d'attacher ces bras au balancier au moyen de petites chaînes, pour retenir, au besoin, leurs extrémités qui viendraient à se briser.

10.

BIELLE ET MANIVELLE.

138. *Des grains de la bielle*. L'effort considérable et continu que supportent les grains de la bielle, dans le changement de direction de tout le mouvement de la machine, les expose à être fréquemment usés, si l'on oublie de les graisser régulièrement et de déboucher avec soin les lumières, qui se remplissent promptement de cambouis. On s'aperçoit facilement du jeu que prennent les tourillons de la boule du balancier dans les grains de cuivre de la tête de la bielle, lorsque la machine donne un choc au passage supérieur de la manivelle; quoique ce choc puisse encore avoir pour cause un jeu dans les boules du balancier, ou dans les bras du parallélogramme. Si les grains de la tête de la bielle ne sont ni usés ni attaqués, il suffit de resserrer les clavettes *b* (*Pl.* 4 , *fig.* 1); mais s'ils le sont, ce que l'on reconnaît à la poussière de cuivre limé qui en tombe, et encore mieux à la forte chaleur qui se dégage, il faut arrêter la machine de suite, enlever les grains de cuivre, les refroidir, ainsi que la bielle, avec de l'eau fraîche, les nétoyer et les graisser comme les tourillons; et si le cuivre est assez usé pour que la clavette ne puisse plus serrer, mettre sous le grain une épaisseur en cuivre ou le récharger.

139. On voit aussi les grains supérieurs de la tête de la bielle se déranger de leur place, parce qu'ils sont ordinairement ronds, et que, rien ne les retenant, ils glissent de côté; de sorte que, la lumière des grains

ne correspondant plus à celle de la frette, l'huile n'y pénètre pas, et le grain se lime et s'échauffe. Il suffit alors, pour prévenir tout nouvel accident de ce genre, de fixer le grain de cuivre, en y ajustant une petite clef qui l'empêche de tourner dans sa frette.

140. *Des grains de la manivelle.* Le grain a, (fig. 2), de la manivelle, dans lequel s'opère la transformation du mouvement de va-et-vient èn mouvement circulaire, et qui fatigue par conséquent beaucoup, est encore plus exposé à se limer, et à s'échauffer que ceux de la bielle. Aussi, doit-on avoir le plus grand soin de le graisser, toutes les douze heures, à fond, avec de bon suif, et mieux avec de la graisse animale, mêlée de plombagine, où de talc passé au tamis de soie. Le remède à apporter, lorsqu'il s'échauffe, est le même que celui indiqué ci-dessus : nétoyer le grain et le prisonnier b, les arroser d'eau froide et les graisser. Mais, comme le cuivre frotte ici contre du fer, il s'y attache en s'échauffant, et le pénètre de telle sorte qu'on ne peut l'enlever qu'avec la lime, ou mieux en remettant le prisonnier b sur le tour. Cette opération est absolument nécessaire; car, lorsque le fer du prisonnier est ainsi combiné avec le cuivre, par le frottement et la chaleur, il s'échauffe constamment avec la plus grande facilité, et renouvelle à chaque instant le même accident, ce que l'on ne peut éviter qu'en enlevant tout le cuivre et en mettant le fer à nu.

141. Lorsque les grains de cuivre de la manivelle viennent à s'user, et que la clavette ne suffit plus pour les serrer exactement sur le prisonnier, celui-ci, en

jouant dans les grains, donne un choc à chaque passage inférieur de la manivelle : il en est de même
quand la clavette *c*, n'étant pas assez ouverte, vient
à se desserrer. Dans ce dernier cas, un coup de maillet donné en marchant suffit pour arrêter le choc.
Mais si les grains sont usés et ne peuvent plus se serrer, soit parce qu'ils se touchent entre eux, soit parce
qu'ils sont trop minces, et que la clavette tout-à-fait
à fond ne les presse plus, il faut buriner et limer le haut
des grains pour leur permettre de se rapprocher, et
mettre une épaisseur en cuivre ou en fer entre le grain
et la clavette, ou mieux encore recharger, comme
nous le dirons plus loin, le grain ou la contre-clavette *d*, parce que les épaisseurs peuvent se déranger.

RÉGULATEURS.

142. *Des boîtes à vapeur et soupapes à moyenne
pression.* Avant d'exposer la manière de régler les soupapes des machines à moyenne pression à deux cilindres, et en premier lieu, celles de la construction de
Hall, il sera nécessaire d'indiquer les précautions à
prendre pour poser les boîtes à vapeur, parce que
l'on est souvent forcé, par divers accidens, à démonter
ces boîtes, et qu'il faut les replacer avec la plus grande
exactitude. Les *fig.* 5, 7, 8, 9, *Pl.* 6 et *fig.* 6, *Pl.* 4,
en donnent le tracé.

143. *Pose des boîtes à vapeur : de leur perpendicularité.* On les met d'abord à leur place, en les fixant
par leurs boulons, mais en laissant du jeu, de ma-

ière à les pouvoir faire varier de position : puis on
n place une bien perpendiculairement, ce qui s'ob-
ent en faisant tomber un fil à plomb, à travers l'ou-
erture des soupapes, et s'assurant, avec compas,
ue ce fil passe exactement au centre de la boîte, en
aut et en bas, suivant la ligne *ab* et *cd* (*fig.* 5 et 9);
n fait marcher les écrous des boulons, jusqu'à ce
ue l'on ait atteint rigoureusement cette perpendicu-
arité.

144. *De l'écartement des boîtes.* Quand la première
oîte est ainsi arrêtée d'une manière fixe, on règle la po-
tion de la seconde, en faisant attention que l'écarte-
ıent de ces boîtes entre les deux petits paliers *e* et *f*
ans lesquels passent les tringles *gg* de l'excentrique *h*,
oit être égal à la longueur de la traverse *i* du chariot de
excentrique qui porte le pied de ces tringles, et à la
ongueur des deux bras ou manivelles, *l* et *m*, des
oupapes qui en réunissent les sommets.

145. *Des tuyaux de communication.* En plaçant les
oîtes, on a soin d'y ajuster préalablement les deux
uyaux *nn*, qui servent de communication entre elles, et
ui ne pourraient plus ensuite entrer dans leurs boîtes
étoupes, où ils ont cependant assez de jeu pour pou-
oir varier au besoin l'écartement des boîtes. Ces tuyaux
tant mis en place, et l'écartement et la perpendicularité
les deux boîtes étant parfaitement vérifiés, afin que
es soupapes montent et descendent perpendiculaire
ıent, sans quoi elles s'useraient plus d'un côté que
le l'autre, on serre définitivement les boulons des boî-
es, pour joindre les lèvres *oo* (*fig.* 7 et 8), réservées

autour des trous à vapeur pq, etc., qui établissent
la communication des boîtes avec la chemise et les
cilindres. Ces lèvres doivent être burinées et dressées
avec soin.

146. On ne doit pas oublier, en posant la boîte du
petit cilindre, d'ajuster un bout de tuyau en cuivre r,
dans le conduit d'apport de la vapeur s, et dans l'ouverture correspondante de la boîte. Ce dez permet de
serrer très-fortement le mastic autour de cette ouverture, pour empêcher toute communication de la vapeur d'une ouverture à l'autre, sans avoir à craindre
de boucher le trou même. L'espace tt qui reste
entre la boîte et le rebord de fonte des cilindres,
quand les boulons sont serrés, ne doit pas avoir
plus de 5 ou 6 lignes de largeur; parce qu'autrement le mastic de fonte ne s'y comprime pas également
lement sous le mattoir, ou il faut employer plus de
précautions encore, et des mattoirs très-épais ; car il
cède des deux côtés et ne durcit pas.

147. Le masticage se fait au mastic de fonte. Pour
l'opérer, on commence par fermer deux côtés de l'espace à remplir avec deux petites planchettes; puis on
le remplit de mastic de fonte employé par petites parties et successivement, frappé fortement et long-temps
avec un mattoir de fer , jusqu'à ce qu'il refuse de se
serrer davantage, et résiste aux coups de marteau
comme de la fonte. Toutes les parties qui enveloppent les conduits de la vapeur, et surtout les espaces qui les séparent, doivent être mastiqués les premiers et avec un soin et une patience extrêmes, parce

que les fentes y sont plus-à craindre que partout ail-
eurs.

148. *Du passage de la vapeur à travers le masticage
le la boîte du petit cilindre.* Quelquefois, en effet,
ne communication directe s'établit entre le conduit
l'apport *s*, et l'un des conduits *pq* du petit cilindre, de
orte que cette vapeur passe directement de la chemise
dans le cilindre, sans traverser la boîte, et que, par
conséquent, elle agit toujours du même côté du piston, alternativement en l'aidant et en s'opposant à sa
course. On peut découvrir ce défaut en fermant le robinet régulateur, ouvrant celui du plateau du petit ci-
indre et mettant le piston en haut, puis en bas de sa
course. Il est facile de voir si, dans une de ces deux
positions, il y a dégagement de vapeur dans le cilindre, quoique le robinet régulateur soit fermé; si cependant ce robinet régulateur était déjà mangé par la
vapeur et ne fermait pas bien le conduit d'apport, il
laisserait aussi passer de la vapeur dans les cilindres,
ce qui pourrait induire en erreur. Au reste, on reconnaîtra beaucoup plus sûrement cette communica-
ion en démontant le petit piston. Le robinet régu-
ateur étant bien rodé, si le masticage est bon, il ne
doit pas passer de vapeur dans le petit cilindre; si,
au contraire, il a été mangé par la vapeur, elle sort
par l'un des conduits, et quelquefois par les deux.

149. *Du passage de la vapeur à travers le masticage
le la boîte du grand cilindre.* Il n'y a pas de moyen
direct de reconnaître ce défaut dans la boîte du grand
cilindre : cependant il serait bien plus dangereux

pour la machine que dans l'autre; car la·vapeur passerait directement au condenseur sans travailler, tandis que celle qui se perdrait dans le petit cilindre,
viendrait encore travailler dans le grand. Le seul signe
caractéristique de cette maladie est une plus grande
consommation de vapeur et un échauffement proportionnel du condenseur, sans qu'on en découvre la
cause, soit dans le mauvais état de la machine, soit
dans le réglement défectueux des soupapes, soit dans
le mauvais état des pistons. Ainsi, quand, après avoir
vérifié suffisamment toutes les pièces d'une machine,
on la voit encore consommer une quantité extraordinaire de combustible, il ne faut pas hésiter à recommencer avec beaucoup de soin le masticage de
la boîte du grand cilindre; il sera même presque toujours possible de découvrir les traces que la vapeur
a laissées sur son passage en enlevant l'ancien mastic.
Si, dans cette incertitude, on négligeait de tenter ce
raccommodage, qui, quand il serait inutile, n'est ni
long ni difficile, on s'exposerait à perdre indéfiniment
la plus grande partie de la force de la machine. Plusieurs exemples l'ont prouvé. On corrige de même les
fentes de la boîte du petit cilindre, en faisant le masticage à neuf.

150. Dans tous les cas, où un accident, arrivé dans
la machine, entraîne une plus grande consommation
de vapeur, le manufacturier qui en surveille de près
la marche, et qui sait à quelle pression elle doit enlever sa charge, quand elle est en bon état, et le chauffeur intelligent qui la conduit, doivent s'en apercevoir

médiatement à l'excès de la consommation de la
uille, à la fatigue que la machine éprouve dans sa
arche, à la tension supérieure à laquelle on est obligé
travailler avec une ouverture donnée de robinet,
à l'élévation de température du condenseur : il ne
ut qu'un regard d'un œil exercé, pour voir si une
achine marche légèrement et sans efforts, même
pleine charge, à moins que cette charge ne soit
cessive.

151. *De l'entretien du robinet régulateur.* L'action
la vapeur sur le robinet régulateur (*fig.* 3), est
ez vive, et quoique fabriqué ordinairement en acier
du, elle l'attaque et le ronge. Il faut de temps en
mps le limer à la lime douce et en long, ce qui vaut
ieux que l'user à l'émeri, puis le roder à sec pour
ir les endroits où il porte; le limer, l'essuyer et le
der de nouveau; jusqu'à ce qu'il porte partout : on
rode alors définitivement à l'eau, et si l'opéra-
n a été bien faite, on peut être assuré qu'il ne
rdra plus.

152. Le levier de ce robinet *a*, est quelquefois fixé
un petit tourillon par une goupille qui, quoiqu'en
er, est promptement coupée: et comme le levier ne
t plus alors marcher le robinet, on est exposé à ne
uvoir plus le fermer, lorsque l'on veut arrêter tout
coup la machine, ce qui peut être dangereux. Un
auffeur qui est surpris par cet accident, doit ouvrir
médiatement le robinet des plateaux pour laisser
ir entrer dans les cilindres et le condenseur : la maine s'arrête immédiatement. Le levier du robinet

doit être ajusté sur un carré *b* et fixé par un écrou
que l'on dévisse et que l'on graisse de temps en temp
pour éviter qu'il ne se rouille, et ne devienne tr
difficile à enlever.

153. On doit aussi démonter tous les 15 jours, l'
crou qui serre le robinet, et le graisser avec soin, a
trement on serait exposé à ne pouvoir plus le détache
parce que la vapeur qui s'échappe toujours en peti
quantité par le robinet, rouille rapidement le fer d
vis et de l'écrou. Si, après être resté long-temps
place, il était impossible de détacher l'écrou avec d
clefs, il faudrait le frotter quelques jours d'avan
avec de l'huile bouillante, pour l'en pénétrer,
le chauffer fortement avec des pinces de fer ro
gies au feu, sans chauffer l'extrémité du robine
l'écrou se dilatant le premier, se détache de son p
de vis, et on l'enlève avec la plus grande facilité.
l'on employait du feu au lieu de pinces rougies,
échaufferait en même temps le robinet et l'écrou,
l'on ne réussirait peut-être pas à détacher le dernie
Il est bon de donner à la tête *d* des robinets régul
teurs, une forme carrée, au lieu de la tourner en poir
afin de pouvoir la tenir par cette extrémité, quand
veut desserrer les écrous.

154. Une partie des observations que nous faiso
ici n'est pas applicable directement à toutes les m
chines, parce que outre que leur construction var
suivant leur système, chaque mécanicien opère aus
divers changemens de détail dans la construction d
machines d'un même système, de sorte qu'il y a d

achines qui ne présentent pas tous les défauts ici
liqués. Mais, comme dans un traité d'hygiène ou de
irurgie, nous réunissons ensemble, autant que notre
périence ou notre mémoire nous le permet, toutes
circonstances les plus défavorables et les accidens
plus fâcheux, pour que chacun y puisse trouver
faits qui le regardent, et s'en servir au besoin.

155. Le masticage des tuyaux *nn* des boîtes est
sez difficile à cause de leur position. Les vis doivent
re bien graissées et serrées avec précaution. On em-
oiera les mêmes soins en les dévissant, parce que
elles sont rouillées dans la fonte, elles cassent sou-
nt, et il en reste la moitié engagée dans le tarau-
ige. Il faut alors forer un trou un peu plus large, le
rauder et y mettre une nouvelle vis plus forte que
première; nous conseillerons aux constructeurs de
ire ces vis en acier non-trempé. C'est souvent par le
asticage de ces tuyaux que l'air pénètre dans les boî-
s; aussi ne saurait-on serrer trop fortement l'étoupe
énétrée de mastic rouge, dont on remplit leurs boîtes
d'en mastiquer trop soigneusement les plateaux.

156. En général, lorsque l'on voit le condenseur
onner de l'air, on découvre facilement l'endroit par
quel il entre, en promenant la flamme d'une lampe
tous les masticages et boîtes à étoupes, sous lesquels
iste le vide, ou une faible tension, et particulière-
ent les tuyaux *nn* dont nous parlons, et celui *u* qui
onduit la vapeur du grand cilindre au condenseur.

157. Ce tuyau de fonte *u*, ajusté et mastiqué avec
e la limaille dans un socle en fonte (*pl.* 5, *fig.* 9,)

donne presque toujours de l'air, parce que les fortes dilatations et condensations successives auxquelles il est exposé, ébranlent à chaque fois le masticage, et le brisent. Le seul moyen d'éviter sûrement ces fentes, est de matter très-fortement du plomb dans la jonction du tuyau et du socle, jusqu'à refus, et de le mastiquer par-dessus au mastic de fonte; il faut aussi, pour cela, que l'extrémité du tuyau soit à queue d'hironde, et que l'espace vide, laissé par le tuyau dans le socle pour le masticage, ait 8 ou 10 millimètres (3 ou 4 lignes), parce que quand il est trop étroit, le mastic n'est pas assez fort pour résister aux dilatations, et il se brise.

158. *De l'entretien de l'excentrique.* Les soins à donner à l'excentrique et à son engrenage rentrent dans les soins journaliers que réclame la machine; un graissage régulier et un bon nétoyage. Celui-ci est surtout nécessaire à l'excentrique, que l'on place trop souvent sous le plancher, dans un trou beaucoup trop étroit, et où la graisse et la poussière s'amassent rapidement; sans ces précautions, l'excentrique est exposé à s'user promptement, ce qui diminue la course des soupapes, et dérange la marche de la machine; lorsque, soit par négligence, soit par un long travail, l'excentrique est ainsi diminué d'une ligne à 1 ligne ½ seulement, il faut le remplacer et avoir soin d'employer, à cet objet, de l'acier fondu de la meilleure qualité, et de le tremper très-dur.

Les plaques d'acier qui sont fixées sur le chariot de l'excentrique doivent aussi être renouvelées avec les

êmes soins , quand elles commencent à s'user.
159. *Du masticage des boîtes.* Lorsque la machine
t montée , que l'excentrique *h*, les soupapes et l'ar-
e *v*, qui les commandent , ont été mis en place , et
ırs distances et leurs positions vérifiées avec la plus
ande attention, on doit s'assurer que les tringles *gg*
: l'excentrique sont parfaitement verticales; que
s tiges *x* et *y*, des soupapes des deux boîtes , passent
cactement au milieu des anneaux des manivelles *t* et
, qui les commandent , de manière à monter libre-
ent et sans aucun faux tirage. Lorsque l'on a vu que
s ressorts d'acier *z* des soupapes du grand cilindre
nt bien trempés , et ne se briseront cependant pas
ı marchant , et qu'enfin toutes les soupapes ont été
ises en place, et toutes les pièces nétoyées avec soin,
ı mastique les plateaux des boîtes. Nous observerons
i que l'on doit commencer par mastiquer le plateau
ıpérieur de la boîte du petit cilindre , attendu qu'il
ıiste dans cette boîte une douille en cuivre *aa (fig.* 6),
ıns laquelle passe la soupape ; que cette douille est
ımplement ajustée à frottement dans la fonte, sans y
re fixée , de manière que l'on puisse l'enlever et la
ınouveler lorsqu'elle vient à s'user, et que les soupapes
tiroir cilindrique *g* jouent trop librement. Car , si
on serrait le plateau inférieur le premier, la douille qui
st entrée par le haut de la boîte , pourrait sortir d'une
etite quantité, tandis qu'en serrant le plateau su-
éricur le premier, elle ne peut pas échapper de sa
osition; avant de mastiquer le plateau inférieur , on
ıit entrer dans la boîte le tiroir d'acier *x*, dont la tige

sort par la boîte à étoupes du plateau supérieur. Quant aux soupapes coniques a' b' du grand cilindre, on les fait entrer dans la boîte, l'une par le haut et l'autre par le bas, et l'on mastique les plateaux ; puis on visse sur la soupape supérieure la traverse en cuivre, et l'on place les ressorts.

160. Il est de la plus haute importance de serrer très-fortement l'écrou c' qui retient la douille de fer d' de la soupape supérieure a' dans la traverse de cuivre e'. Pour plus de sûreté, on doit placer sur cet écrou un contre-écrou qui le maintient plus solidement, et il faut, malgré cette précaution, examiner, de temps en temps, si l'on ne voit pas le pas de vis se découvrir au-dessous de la douille de cuivre e', ce qui prouverait que la vis et le contre-écrou e' sont desserrés.

161. La même attention doit être donnée aux écrous qui retiennent les soupapes coniques a' b' sur leur tige. Il faut refouler l'extrémité de la vis par quelques coups de marteau, pour la river et arrêter invariablement ces écrous. Si, en effet, une des soupapes venait à s'échapper, il pourrait en résulter les plus grands accidens ; la soupape inférieure b' y est plus exposée que l'autre. Lorsque cela arrive, n'étant plus enlevée par les ressorts zz, qui poussent sa tige en haut, quelques instans avant que les pistons ne remontent, puisque nous supposons l'écrou tombé, la vapeur qui arrive dessous la soupape b', pour agir sous ce piston, passe en partie par le trou que la soupape laisse encore ouvert, et rencontre la vapeur

ui, après avoir travaillé sur le piston, se rend au
ondenseur : là il se produit un choc violent qui ébranle
ute là machine, et peut en briser quelques pièces ;
ns parler de la perte de la vapeur, qui passe direc-
ment au condenseur. Quelques instans après ce choc,
vapeur du petit cilindre, qui arrive en quantité con-
dérable, suffit pour soulever cette soupape inférieure,
t la fermer : alors le cours ordinaire de la machine se
établit. Le piston, que l'effet opposé de la vapeur, et
lus encore le passage au condenseur de la majeure
artie de celle qui arrivait, avait ralenti fortement,
u commencement de sa course ascendante, reprend
a vitesse : le même choc, le même ralentissement,
même accélération se reproduisent à chaque course
u piston.

Ainsi, lorsque l'on verra une machine donner, au
ommencement de sa course ascendante, un choc vio-
nt, se relever avec effort et lenteur, puis reprendre
peu près sa vitesse à chaque coup de piston, on peut
re certain que la soupape inférieure de la boîte du
and cilindre est détachée. C'est le seul accident qui
roduise ces phénomènes.

165. Quand la soupape supérieure se détache, la
ipeur qui vient agir sur le piston, ne peut pas passer
rectement au condenseur, puisque la soupape se
rme par son poids seul ; mais celle qui doit se ren-
e au condenseur, trouvant le passage fermé, ré-
ste à l'action de la vapeur opposée, et se comprime
ec un choc, jusqu'à ce qu'après une ou deux courses

11

elle ait acquis une tension telle, qu'en raison de l
surface du grand piston, elle arrête la machine.

166. *Du réglement des soupapes.* Lorsque toutes le
pièces qui composent les soupapes sont ainsi mises e
place et solidement assurées, quand on a posé l'excer
trique *h* et ses deux tringles *gg*, on doit s'occuper d
régler les soupapes ; opération facile, mais qui exig
la plus minutieuse exactitude, et qui exerce la plu
grande influence sur la marche de la machine. Voici l
méthode pratique la plus simple pour régler les soupape
des machines de Woolf, dont nous avons déjà parlé

167. La première opération à faire est de donne
à l'excentrique *h* une position telle, qu'il commenc
à soulever la soupape quelques instans avant que l
piston ne commence sa course. On sait, en effet, qu
si les soupapes ne marchaient qu'au moment mêm
où la course est terminée, il y aurait un moment d'hé
sitation dans la machine, parce que, quelque vitess
qu'ait la vapeur, il faut toujours un instant apprécia
ble, pour que les soupapes se soulèvent et lui livrent pas
sage. Il est en même temps évident que si, au contraire
les soupapes ne se soulevaient que quelques instan
après que la course est terminée, si, en un mot, elle
étaient en retard, il y aurait un retard dans la ma
chine, et même un choc, parce que la vitesse acquis
du volant ferait, par exemple, redescendre le pisto
pendant que la vapeur agirait encore dessous. Il es
donc utile de mettre les soupapes en avance d'un
petite quantité.

168. Lorsque la machine tourne en dedans, c'est

-dire lorsque la manivelle *g'*, *fig.* 5, remonte du
ôté des cilindres, dans le sens indiqué par la flèche,
arche la plus généralement adoptée, quoique nous
ayons trouvé aucun inconvénient au mouvement
ontraire, quand la nécessité l'exige, et que la ma-
ivelle nous ait paru passer aussi facilement dans un
ens que dans l'autre ; lorsque, disons-nous, la ma-
ivelle remonte en dedans, on la place horizontale-
ient en *g'*, c'est-à-dire à moitié environ de sa course
n remontant ; puis, dégageant l'arbre *v* de l'excen-
ique *h*, de l'engrenage *h'*, qui est fixé sur l'arbre *l'*
u volant (*fig.* 1ʳᵉ *et* 5), on ajuste l'excentrique de
ianière qu'il soit exactement au bas de sa course
fig. 2, 4, 5); et que son centre de rotation *m' n'*
t sa pointe par conséquent soient en haut. Dans
ette position, il est prêt à faire marcher les soupapes,
ι moment même où les pistons commencent à changer
e mouvement. Il ne doit commencer à faire marcher
ın chariot *o'* qu'au moment où les pistons change-
ınt de mouvement, c'est-à-dire recommenceront
 monter. Nous avons dit que l'excentrique doit
.re en avance, afin que les soupapes puissent s'ou-
.ir un instant avant le changement de course des pis-
ıns : cette avance, en admettant que les engrenages
' *p'*, qui le commandent, aient 50 ou 52 dents, doit
tre de deux dents environ.

 169. La position de la manivelle et de l'excentrique
tant ainsi déterminée, on marque avec de la craie,
ır les deux engrenages, deux dents *q' r'*, qui se cor-
ıspondent : puis on enlève l'arbre *v* de l'excentrique,

et on le fait de nouveau engrener, en le faisant marcher seul en avant dans le sens de son mouvement
de manière que la dent r', marquée sur l'engrenage p
de l'excentrique, se trouve engrener avec la deuxième
ou la troisième dent s' t, à partir de la dent correspondante q', qui est marquée sur l'engrenage h' de
l'arbre t' du volant.

170. Il est d'autant plus important de poser ainsi
l'excentrique en avance de quelques dents sur la manivelle, que l'on rend celle-ci horizontale pour régler
l'excentrique au milieu de la course des pistons, e
que cependant, la manivelle, dans cette position, n'est
pas réellement au milieu de sa course. On voit, en
effet (*fig.* 1ʳᵉ *Pl.* 4), que, à cause de l'obliquité de
la bielle, quand le balancier est au milieu de sa course
la position de la manivelle $a b$ qui y correspond, se
trouve être au-dessus de la ligne horizontale ac; de
sorte que les espaces parcourus par la manivelle, pendant chacune des deux moitiés de la course du balancier et du piston, ne sont pas égaux. La manivelle
donc moins de vitesse pendant sa course supérieure
que pendant sa course inférieure, si la durée de ce
deux courses est parfaitement égale ; mais cette différence est sensiblement corrigée par le volant.

L'excentrique doit donc nécessairement se trouve
en avance de deux ou trois dents sur la manivelle
c'est-à-dire que, quand la manivelle est à moitié de s
course, l'excentrique aura déjà dépassé cette moiti
de 2 dents sur 50 ou 52, c'est-à-dire d'un quinzième
ou un seizième environ.

171. L'arbre de l'excentrique étant alors fixé sur ses coussinets, la manivelle étant toujours horizontale du côté où elle monte, et l'excentrique, comme nous l'avons dit, au bas de sa course et un peu en avance, on met le tiroir, ou soupape cilindrique a, entièrement à fond dans la boîte du petit cilindre, comme il est tracé (*fig.* 5 *et* 9), où la manivelle est horizontale en montant, l'excentrique et le tiroir au bas de leur course; on y met aussi la soupape conique supérieure (*mêmes figures*) de la boîte du grand cilindre; on abaisse la traverse de cuivre u' pour comprimer les ressorts z, et l'on serre fortement la vis de pression, de manière que la traverse u' ne glisse pas sur la tige y de la soupape inférieure b', et qu'elle l'entraîne, au contraire, dans son mouvement. On doit abaisser cette traverse de cuivre, jusqu'à ce que les ressorts d'acier aient assez de bande pour fermer vivement la soupape inférieure, ce dont on s'assure en pressant sur la traverse pour ouvrir la soupape, et l'abandonnant tout à coup à elle-même.

172. Cela fait, et toutes les soupapes étant ainsi fermées, on abaisse la grande manivelle l des soupapes au-dessous de la traverse de cuivre e', qui repose sur la bague v' de cette manivelle; et cet abaissement doit être rigoureusement égal à la moitié de la course de l'excentrique. Si cette course est de 22 lignes, comme dans les machines de dix chevaux, on laisse onze lignes de jeu entre la manivelle l et la traverse e'; on fixe alors cette manivelle aux tiges de l'excentrique, par ses deux vis de pression pour l'empêcher de glisser.

173. Abaissant ensuite la petite manivelle *m* de 11 lignes, c'est-à-dire d'une demi-course de l'excentrique, on force les ressorts *z* à se comprimer, et, par conséquent, la soupape inférieure *b'* à s'ouvrir d'une quantité égale. On mesurera facilement cet abaissement sur les tiges de fer ou porte-boudins autour desquels s'enroulent les ressorts *z*, au moyen d'un point de repère, tracé sur cette tige avant de faire marcher la soupape. On fixe alors la petite manivelle *m* sur les tringles *gg* de l'excentrique, au moyen de ses vis de pression, au moment où, en forçant sur les ressorts, la soupape inférieure s'est, comme nous venons de le dire, ouverte de 11 lignes. Ainsi, la soupape inférieure *b'* se trouve ouverte pour laisser passer au condenseur la vapeur qui était sous le grand piston pendant qu'il descend, et la soupape supérieure *a'* se trouve fermée, pour fermer le passage du condenseur à la vapeur, qui, de dessous le petit piston, passe au-dessus du grand. Alors, comme le tiroir *x* est à fond, et qu'il doit monter immédiatement avec le chariot de l'excentrique, dès qu'il recommencera son mouvement, on fixe, sur la grande manivelle *l* des soupapes, par sa vis de pression, l'anneau supérieur *k'* qui doit soulever le tiroir, sans y laisser de jeu, parce que cet anneau ainsi fixé ne pourra jamais empêcher le tiroir de descendre à fond, puisqu'on l'y a préalablement mis.

174. On fait alors faire un demi-tour à la machine, et on place la manivelle *g* dans une position horizontale, opposée à celle qu'elle occupait précédemment,

c'est-à-dire au milieu de sa course descendante
comme elle est indiquée en lignes ponctuées (fig. 5
l'excentrique se trouve alors au haut de sa course,
pointe en bas : sa position est ponctuée (fig. 2 et 4). I
soupape supérieure a' est maintenant ouverte po
laisser passer au condenseur la vapeur qui a travail
sur le grand piston; la soupape inférieure b' est fermé
Le tiroir x, que nous avons d'abord placé au bas, d
se trouver au haut de sa course (fig. 7). On s'en assu
à la main; alors on fixe par sa vis de pression
bague inférieure i' sans aucun jeu, sous la gran
manivelle, de manière que si les courses de l'exce
trique et du tiroir ne sont pas parfaitement égale
le jeu nécessaire se trouve ainsi déterminé entre l
deux bagues, sans que la manivelle puisse forcer s
le tiroir. Pour éviter le bruit que font les anneaux
jouant sur la grande manivelle des soupapes,
peut placer entre eux et la bague de la manive
deux petites rondelles de cuir.

175. Il faut avoir grand soin de serrer avec for
toutes ces vis de pression, car on serait exposé à v
la grande manivelle glisser promptement sur ses tri
gles, les soupapes se dérégler, et la marche de la m
chine s'altérer complétement. En effet, la grande m
nivelle, entraînée par la résistance des soupapes qu'e
soulève à ses deux extrémités, glisse fréquemme
sur les tringles de l'excentrique de manière que
course de la soupape supérieure a' diminue, et q
le tiroir x, gêné en montant, ne peut plus se ferm
exactement, ce qui laisse passer la vapeur dessous

piston, pendant qu'il descend et s'oppose à son mouvement. Il faut alors recommencer le réglement des soupapes par la même méthode, en ne retouchant qu'aux parties dérangées, ou au moins si l'on ne veut pas arrêter immédiatement la machine pour cet objet, donner un peu plus de jeu au tiroir cilindrique, en abaissant un peu la bague inférieure, de manière qu'il puisse se fermer librement.

176. Nous ne saurions recommander trop instamment de donner les plus grands soins au réglement des soupapes. Une avance ou un retard trop grands dans l'excentrique suffisent pour causer une erreur dans le réglement des soupapes, qui quelquefois, se fermant trop ou trop peu, entraîneraient inévitablement les plus grands dérangemens dans la marche de la machine, y causeraient de grandes pertes de vapeur, et presque toujours des chocs violens, ou au moins des secousses, qui, bien que légères, en se renouvelant à chaque course des pistons, la fatiguent promptement et la détériorent. Aussi, quand le manufacturier et le chauffeur attentifs entendent leur machine donner des secousses dont ils ne trouvent pas immédiatement la cause, soit dans des clavettes desserrées, soit dans le parallélogramme, soit à la tête de la bielle, soit au prisonnier de la manivelle, ils doivent en cherchei presque toujours la cause dans le réglement des soupapes et en vérifier de suite l'exactitude.

Quelquefois le bocal dans lequel glisse le tiroir cilindrique laisse échapper la vapeur, et augmente la consommation du combustible : il faut le changer.

où bien l'une des soupapes de la grande boîte ne ferï
pas le passage du condenseur et enlève à la machi
une partie de sa force et sa vitesse habituelle on
rode alors.

RÉGULATEURS DES MACHINES D'EDWARDS.

177. *Régulateur des machines à deux cilindres, d'l
wards.* Ce régulateur, tel qu'on le construit aujo
d'hui pour les machines à vapeur, jusqu'à la force
vingt chevaux, est très-simple et peu susceptible
dérangemens. Il consiste, pour chacune des boîtes
deux cilindres, en un tiroir à coquille, en cuivre, *a*, *pl.
fig.* 1, 2, 3, 4, 5, 6 et 7, qui glisse sur une surf
de fonte bien dressée, *b b* et ouvre ou ferme les trou
vapeur *c. d. e. f. g. h.* Un excentrique *a fig.* 7, fixé
l'arbre de la manivelle *b*, et marchant dans un c.
riot *c*, conduit ce tiroir, au moyen d'un mouvem
d'équerre *a b fig.* 2, et des deux tringles des soupaⱼ

178. *De son réglement.* Rien de plus facile que
méthode à suivre pour régler ces soupapes; l'exc
trique sort des ateliers fixé et ajusté sur l'arbre d
manivelle, de manière que, quand la machine est
son centre, la manivelle étant en bas, l'excentri
se trouve au milieu de sa course, et son axe de rⱼ
tion en bas (*fig.* 7). Il est ici ajusté pour une macl
qui tourne en dedans, comme cela a lieu le plus ꞏ
quemment, c'est-à-dire que la manivelle monte
côté où les boîtes à vapeur sont placées par rappo
elle. Dans cette position, on règle les tringles ⱼ
mouvement d'équerre, de manière que le bras *k* dⱼ

mouvement soit horizontal , et par conséquent au milieu de sa course.

En enlevant de dessus les tiroirs les deux coquilles extérieures *i i* , on amène, au moyen des écrous *k l* , les tiroirs *a a* , des deux boîtes à couvrir exactement les six trous à vapeur *c. d. e. f. g. h.* de ces boîtes. On voit dans les figures 5 et 6 les tiroirs de la grande et de la petite boîte réglés dans la position indiquée ci-dessus ; on observera que ces tiroirs seront dans la même position , quand la machine sera revenue sur son autre centre, la manivelle en haut : mais alors l'excentrique se trouvera le centre de rotation en haut et toujours au milieu de sa course. Il serait donc aussi facile de les régler dans cette position que dans celle dont nous venons de parler. On n'oubliera pas ici qu'il vaut mieux , dans ce réglement comme dans celui des soupapes de Hall, donner aux tiroirs une légère avance , que de les laisser en retard. On mastique ensuite les coquilles par-dessus les tiroirs ,. et la machine se trouve réglée.

179. Ce système de soupapes présente une grande simplicité, et nous le croyons excellent dans les machines de petite force, parce que , les trous à vapeur étant de faible dimension, la surface frottante des tiroirs est peu étendue , et la pression que la vapeur y exerce ne consomme pas une grande force en frottemens. Ces tiroirs qui ne présentent aucune chance de dérangement ont alors une véritable supériorité sur les soupapes des machines de Hall Mais , dans les machines plus puissantes , ce frotte

ment peut devenir considérable. Le tiroir cili
drique, qui offre, au reste, le défaut de ne pas fe
mer aussi exactement quand il vient à s'user,
les soupapes coniques, ne présentent pas cet inco
vénient. Ils coûtent sans doute plus cher en fr&
d'entretien et de renouvellement, mais, nous somm
disposés à croire qu'ils sont plus favorables au dév
loppement du travail de la vapeur.

180. En même temps ces tiroirs à coquilles n'&
vrent pas les trous à vapeur aussi rapidement que l
soupapes coniques : et dans toutes les grandes m
chines où l'on est obligé de donner à ces trous ass
de hauteur, il y a, sans aucun doute, une perte
force due à la lenteur de cette ouverture successiv
Pour obvier en partie à cet inconvénient, on a so
de donner aux trous à vapeur beaucoup de largeu
afin de réduire leur hauteur, et de diminuer, auta
qu'il est possible de le faire, la course des tiroir
aussi ne les emploie-t-on pas dans les machines a
dessus de la force de vingt chevaux.

181. *Des robinets distributeurs.* — Il n'est pas ir
tile de dire un mot des robinets distributeurs e
ployés dans les machines d'Edwards à deux cilindr&
avant l'adoption des tiroirs dont nous venons de p&
ler, parce qu'il existe un assez grand nombre de m
chines dans lesquelles ils travaillent encore.

Le réglement des soupapes coniques de la gran
boite, employées communément avec le robinet d
tributeur, *pl.* 7 *fig.* 9, 10, 11, 12, 13, s'op&
comme nous l'avons déjà dit pour celles de Hall :

manivelle étant horizontale en montant en dedans,
l'excentrique légèrement en avance sur la manivelle
et de plus, au bas de sa course, *fig.* 14 et prêt à remonter, on ferme les deux soupapes *a* et *b*, *fig.* 12
puis on fait descendre la douille *c*, du grand bras *a*
des soupapes *fig.* 11 au-dessous de la traverse *e e* de
la soupape supérieure d'une quantité égale à la moitié
de la course de l'excentrique : on ouvre ensuite la
soupape inférieure de la même quantité, en comprimant les ressorts d'acier, au moyen du petit bras *f*,
et l'on fixe solidement les deux bras sur les tringles
des soupapes, par leurs vis de pression. Quant au robinet distributeur *g*, *fig.* 9, 10, 11, 12, 13, lorsque les soupapes sont ainsi réglées, c'est-à-dire que
la soupape supérieure est fermée, et la soupape inférieure ouverte, et la manivelle horizontale en remontant en dedans, il doit être placé de telle sorte, qu'il
établisse la communication entre le robinet d'introduction *h* de la vapeur et le dessus du petit piston, par
son trou *i* et le conduit *k*, et entre le dessous du petit
piston et le dessus du grand, par son trou et les conduits *m* et *n*, parce que les pistons sont occupés alors
à descendre. La crémaillère *o* qui commande le robinet *g* doit se trouver au plus haut de sa course comme
l'excentrique, et prête à redescendre et faire tourner le
robinet en sens contraire, dès que la manivelle et l'excentrique recommenceront à descendre.

182. *Régulateur des machines à basse pression dites
de Watt et Boulton.* Quant aux tiroirs des machines à
basse pression, leur réglement ne présente aucune

difficulté. Il suffit de savoir de quel côté doit tou
la manivelle; et ce côté est déterminé par la positi
l'excentrique, sur l'arbre de la manivelle ; on vo
effet, *pl*. 8 *fig*. 3, d'après la position de la manivell
du double tiroir *b c*, que les pistons descendent
manivelle monte. Cette machine est donc reglée
tourner en dehors , c'est-à-dire pour que la man
remonte du côté opposé aux boîtes à vapeur.
qu'elle tournât en dedans, c'est-à-dire que la m
velle, dans la position où elle est tracée fût au m
de sa course descendante, il faudrait que l'excent
d , au lieu d'être placé sur l'arbre , en opposition
la manivelle , se trouvât du même côté qu'elle
alors la manivelle restant toujours à la même *pl
le chariot *e* de l'excentrique se trouverait au bout
course, et les soupapes au bas de la leur; d'où il r
terait que les pistons monteraient, et la manivelle
cendrait; ce qui est le contraire du réglemer
tracé. Quand on s'est bien rendu compte de
disposition, ce réglement est très-simple. L'excent
d et les longueurs du mouvément d'équerre *g h*, e
conséquent la course des soupapes , sont déterm
d'une manière fixe , en montant la machine dans l
lier. La longueur seule du tirant *f* peut varier c
petite quantité, au moyen des écrous *i k* , si cela
nécessaire dans le montage. Il suffit donc, quan
mouvemens sont posés , de mettre la manivelle :
zontale en remontant , et même un peu en arriè
sa position horizontale, afin que l'excentrique e
soupapes aient une légère avance : alors on met *b*

haut de la course, de manière à ouvrir d'un côté la communication entre le tuyau d'apport de la vapeur *l* , et
le dessus du piston, par le conduit *m* , et de l'autre, entre le dessous du piston, et le tuyau du condenseur *n* ,
par le conduit *o* : et la machine se trouve ainsi parfaitement reglée.

CONDENSEUR.

185. *Des cas dans lesquels le condenseur peut puiser
directement l'eau du puits.* Il est deux manières de disposer les condenseurs des machines à vapeur : tantôt
ils tirent directement l'eau du puits , au moyen d'un
tuyau de cuivre ou de plomb, que nous avons ponc-
tué, *pl. 5 fig. 4*, en *a*. Tantôt ils la puisent dans une
bâche *e* au milieu de laquelle ils sont plongés, et où
une pompe de puits verse constamment un courant
d'eau froide. Il ne faut employer la première méthode que pour puiser l'eau à une petite profondeur :
sans quoi le condenseur serait exposé à de fréquens
accidens, et l'on doit, en tout cas, le placer dans une
bâche remplie d'eau, pour éviter qu'il n'aspire de l'air
par les masticages de ses tuyaux. Aussitôt que la profondeur à laquelle il faut aller prendre l'eau , dépasse
six à sept mètres , depuis le robinet *c* du condenseur
jusqu'au niveau où le puits reste constamment quand
la machine travaille, le condenseur est exposé à s'é-
chauffer très-fréquemment : parce que quand la température de l'eau s'y élève de quelques dégrés de plus
qu'à l'ordinaire, la vapeur y conserve une tension

assez forte, et le vide ne s'y produit plus assez com
plétement, pour aspirer une colonne d'eau aussi lor
gue.

Au delà de 6 mètres, on devra donc placer con
stamment une pompe dans le puits, pour alimenter l
bâche. Au-dessous de 6 mètres il vaut mieux puise
l'eau directement, au moyen d'un tuyau large et so
gneusement mastiqué au condenseur.

184. Dans les deux cas, la partie des tuyaux q
plonge dans le puits doit être garnie, à son extrémi
inférieure, d'une buse percée de trous, pour empêch
les cailloux et autres ordures d'être entraînés dans
condenseur. Il faut faire attention que ces trous soie
assez larges et en assez grande quantité pour laiss
passer l'eau nécessaire. En supprimant la pompe c
puits, l'on évite les réparations auxquelles elle e
sujette et l'on diminue le frottement de la machin
cependant, dans l'un et l'autre cas, la même quanti
d'eau doit toujours être élevée, de sorte que la diff
rence de charge n'est pas considérable.

185. *De l'échauffement du condenseur plongé da
une bâche.* Lorsque le condenseur plonge dans u
bâche, il ne peut pas s'échauffer, à moins que le rol
net du condenseur ne soit obstrué ou fermé par nég
gence; que la pompe ne fournisse plus assez d'eau;
que, par un des accidens que nous avons indiqu
en parlant des pistons, des cilindres et des soup
pes, la vapeur passe directement de la chaudière
condenseur, ou enfin que la machine soit en ass
mauvais état pour consommer une si grande quant

de vapeur, que toute l'eau fournie par la pompe du puits ne puisse plus suffire à la condenser. Dans ces derniers cas, il faut réparer la machine. Quant au premier, pour éviter que le condenseur qui puise l'eau directement dans une bâche n'attire les ordures ou tout autre objet tombé dans cette bâche et n'obstrue son robinet, il est nécessaire de poser devant le robinet *c* une buse percée de larges trous, et semblable à celle qui est placée dans le puits au bout du tuyau d'aspiration *a*. Nous avons déjà vu plusieurs fois des condenseurs s'échauffer, parce que des chiffons tombés dans la bâche s'étaient engagés fortement dans le robinet, et il est alors très-difficile de les arracher.

186. *Échauffement du condenseur qui aspire l'eau du puits.* Lorsqu'au contraire le condenseur tire directement l'eau du puits, un léger dérangement dans la machine, une légère augmentation dans la consommation de la vapeur, ou l'inadvertence du chauffeur qui ne laisserait au robinet qu'une ouverture un peu peu trop faible, suffisent pour l'échauffer ; et cet accident est d'autant plus fréquent, que la machine tire l'eau d'une plus grande profondeur. Il faut alors arrêter immédiatement la machine, puis verser de l'eau froide dans le condenseur, en ayant soin d'en soulever le clapet, pour que l'eau pénètre dans l'intérieur. Il faut éviter de verser cette eau froide sur la chemise du condenseur, quand elle est très-chaude ; car on s'exposerait à le briser. Il est prudent, quand le condenseur est ainsi rempli, d'en faire sortir toute l'eau chaude, en tournant la machine à la main ; d'enlever

enfin celle qui resterait dans le haut du condenseur, et de le remplir une seconde fois d'eau froide. Si le condenseur est plongé dans une bâche, il faut aussi la vider et en renouveler l'eau. En un mot, on ne saurait refroidir trop complétement le condenseur, avant de remettre la machine en mouvement, afin de ne pas être obligé de recommencer cette opération désagréable; car ici, comme partout, le mieux, est toujours le plus court et le plus économique.

187. *De l'engorgement du tuyau d'aspiration.* Le condenseur ainsi refroidi, est en état de tirer l'eau du puits, à moins que le tuyau d'aspiration *a* ne soit engorgé, ce dont il est facile de s'assurer : car lorsque l'aspiration s'opère régulièrement, on entend l'eau monter dans le tuyau avec une grande vitesse; et quand le tuyau est engorgé, ce bruit cesse complétement. On peut pendant toutes ces opérations, laisser le robinet *t* du condenseur ouvert; le tuyau d'aspiration qui s'est échauffé en même temps que le condenseur, se refroidit plus facilement.

188. *Réglement du robinet d'aspiration.* Voici donc en peu de mots quelles sont les principales causes auxquelles on doit attribuer l'échauffement des condenseurs : c'est 1° lorsqu'on oublie d'ouvrir le robinet *t* du condenseur en mettant la machine en activité, ou lorsqu'on ne l'ouvre pas assez quand elle marche, ou enfin lorsque ce robinet est engorgé. En essayant avec la main, la température de l'eau qui ne doit jamais monter au-dessus de 40° centigrades, il est facile de régler l'ouverture de ce robinet; et de l'ouvrir entière-

ment pendant quelques instans ; si elle devenait trop élevée : il aspire alors une grande quantité d'eau, qui le refroidit complétement.

189. *Influence de la température de l'eau du con denseur sur l'aspiration, quand le puits est profond* 2° Le condenseur s'échauffe aussi lorsque l'on tire l'eau d'une assez grande profondeur, et que l'on con dense trop chaud, parce que, comme nous l'avons dit, quand la température du condenseur commence à s'élever au-dessus du degré qu'elle doit conserver, le vide ne s'y produit plus aussi bien, et l'eau ne peut plus être aspirée d'une aussi grande hauteur, de sorte que la température s'élevant encore plus, l'eau con tenue dans le condenseur devient bouillante, et la condensation de la vapeur ne peut plus s'opérer.

190. *Usure de la garniture du piston et de la boîte à étoupes.* 5° Le condenseur peut encore s'échauffer lorsque son piston *e*, n'est plus assez garni de cordes, ce que l'on reconnait facilement quand la machine fait 6 ou 8 tours sans que l'eau soit aspirée : parce que l'air passant autour du piston avec facilité, le vide ne peut plus se produire dessous, et l'eau ne monte plus.

Le même accident se manifeste, lorsque la boîte à étoupes *f* du condenseur est mal garnie ; au moment où l'on met la machine en mouvement, si cette boîte n'est pas couverte d'eau, elle laisse rentrer avec un grand sifflement l'air qui s'oppose à l'aspiration de l'eau. Dans ces deux cas, et même toutes les fois que l'on met la machine en mouvement après un long arrêt, il est utile de jeter quelques sceaux d'eau froide dans le con-

denseur, pour couvrir la boîte à étoupes, et rendre l'
piration plus facile et plus prompte.

191. Nous ajouterons ici une observation qui p
être utile : c'est qu'il faut, lorsque l'on met en place
piston du condenseur, après l'avoir démonté, évi
avec soin de le laisser échapper et tomber à fond;
il y resterait presque inévitablement accroché au b
inférieur *g* du cilindre, par l'épaisseur des cor
dont il est garni : et il serait à peu près impossible
l'en retirer par en haut. Le seul remède serait, d
ce cas, de démastiquer le fond *h* du condenseur, et
retirer par là le piston. Il faudrait ensuite mastiquer
nouveau ce fond avec du mastic de fonte, et très
gneusement pour que l'air ne puisse pas y pé
trer. Si ce fond n'était pas mastiqué, et que to
la pièce fût coulée d'un morceau, comme n
l'avons tracé *planche* 5, il faudrait alors dema
quer le corps de pompe, qui est ajusté à queue
ronde en *l l* dans son enveloppe *m* : et l'y reme
avec les mêmes précautions. Il est donc utile de p
cer, comme le pratiquent quelques constructeurs,
fond des condenseurs, un petit trépied en fer *n*, ca
ble de soutenir le piston dans son corps de pompe
venait à échapper.

192. Le piston du condenseur peut travailler d
ou trois ans sans être regarni, lorsque celui-ci plo
dans une bâche pleine d'eau froide; mais lorsqu'il
pire l'eau du puits, surtout à une assez grande haut
il faut le regarnir tous les trois ou quatre mois envir
ce qui devient évidemment nécessaire, lorsqu'au l

de 7 à 8 tours de la machine, l'eau ne monte pas ; au reste, cela varie avec la profondeur à laquelle on puise l'eau : plus elle est grande, plus le condenseur doit être tenu en bon état.

193. *De l'air que donne le condenseur et des moyens de reconnaître les ouvertures par lesquelles il pénètre dans la machine.* 4°. Il peut encore y avoir échauffement, lorsque le tuyau d'aspiration *a*, qui va puiser l'eau dans le puits, prend air : ou lorsque le puits ne fournissant pas assez d'eau, le tuyau aspire de l'air par sa base inférieure : on s'en apperçoit facilement, si toutes les boîtes à étoupes et les masticages de la machine étant en bon état, le condenseur donne beaucoup d'air. L'eau est alors projetée fortement à chaque coup de piston, par le bouillonnement de cet air, effet qui n'a pas lieu d'une manière aussi marquée lorsque l'air vient de la machine, que lorsqu'il vient du condenseur : sans doute parce que dans ce dernier cas, l'air arrive encore froid dans le condenseur, et s'y dilate subitement d'une quantité considérable : en outre lorsque l'air est aspiré par les cilindres, ou par les boîtes, la machine devient très-lourde, ce qui n'a pas lieu à un aussi haut degré comme on le conçoit sans peine, lorsqu'il vient du tuyau d'aspiration : puisqu'alors il n'agit pas aussi directement sur les pistons. Il en est de même lorsque l'air est aspiré par le tuyau qui conduit la vapeur des boîtes au condenseur.

En tout cas, on trouvera toujours l'endroit où l'air pénètre, en promenant la flamme d'une lampe, le long des masticages et des tuyaux où l'on soupçonne

une fuite, jusqu'à ce qu'elle soit fortement aspirée
le courant d'air qui se produit dans cette ouverture
ce moyen ne suffisait pas, on pourrait mettre la
nivelle en haut ou en bas, embarrer fortement le
lant, pour qu'il ne puisse pas tourner, et introd
de la vapeur dans les cilindres; la vapeur ren
bientôt tous les espaces vides de la machine, et
par les ouvertures qui donnent passage à l'air. C
opération doit être faite avec précaution, parce
si le levier qui maintient le volant, et supporte
l'effort de la machine, venait à se briser ou à se
ranger, il pourrait en résulter des accidens très-gra

194. Les tuyaux les plus exposés à des fuites,
ceux qui établissent la communication entre les d
boîtes, et celui *o*, qui conduit la vapeur au condense
parce qu'il est difficile de les bien mastiquer. Les l
tes à étoupes des cilindres et des soupapes, fournis
également beaucoup d'air: on doit les resserrer et
regarnir fréquemment. Tous les masticages doi
aussi être souvent examinés sous le même rappor

Que les manufacturiers soient bien convaincus
l'air est un véritable poison pour les machines à
peur; et qu'ils doivent donner la plus grande atten
à la marche du condenseur. Cet objet est tellement
portant, que nous avons vu plus d'une fois des fa
cans diminuer de moitié la consommation de la hou
nécessaire à leur machine, en arrêtant l'entrée de l
qui avait lieu par les tuyaux et les masticages. La qu
tité d'air qui est fournie par l'eau des puits, à mes
qu'elle s'échauffe, ce que l'on ne peut éviter, ne

lève pas à $\frac{1}{10^{me}}$ de litre par chaque coup de piston, et cet air est à peine appréciable quand la pompe du condenseur n'en aspire pas d'autre.

195. Il arrive quelque fois à une machine de s'arrêter tout à coup, parce que le clapet p, du condenseur, ne tombe pas après s'être levé, et qu'il est retenu en l'air par la graisse amassée dans son collet q, autour du plateau : alors l'eau et même l'air rentrent dans le condenseur à chaque coup de piston, et la machine s'arrête. Il faut faire retomber le clapet chaque fois qu'il se soulève, à l'aide d'un bâton ; et en suivre quelques instans la marche, jusqu'à ce que la graisse soit complétement enlevée par le frottement du clapet : ce que l'on facilite en ouvrant le plus possible le robinet du condenseur, pour fournir beaucoup d'eau et condenser à froid : ou en arrêtant un moment la machine, et en essuyant la graisse déposée autour du collet. Cet accident, si l'on n'y prend garde, peut arriver jusqu'à 10 ou 12 fois dans une journée, quand le clapet est une fois gras.

196. *De la quantité d'eau nécessaire à la condensation.* On demandera maintenant quelle est la quantité d'eau nécessaire à une machine d'une force donnée.

La pratique exige dans une machine en bon état dix kilogrammes ou dix litres d'eau, en une minute, par cheval, lorsque la machine est du systême de Woolf : ou six cents litres à l'heure par cheval, ce qui répond à peu près à une consommation de houille de 3 k° par heure. Pour une machine de 10 chevaux, il faudrait donc 100 k° ou un hectolitre d'eau par minute. Cette quantité d'eau est un peu forte, mais il vaut mieux en avoir trop, que d'en manquer; on peut alors conden-ser à une plus basse température, procédé toujours plus avantageux, quoiqu'il exige l'élévation d'une plus grande quantité d'eau. Au reste on ne doit jamais condenser à une température plus élevée que 40°, à moins qu'il ne soit absolument impossible de se pro-curer de l'eau.

Dans les machines à basse pression, il faut compter sur une consommation de 17 à 18 k° d'eau par minute répondant à 5 k° de houille par heure, et par cheval.

197. *Des dépôts qui engorgent le condenseur*. Un in-convénient auquel sont assez sujettes les machines qui marchent depuis quelques années, et qui s'alimen-tent avec de l'eau qui dépose beaucoup : ou celles dans les quelles on prodigue outre mesure le suif des-tiné à graisser les pistons, est l'encombrement total du vide existant en $m\,m$, entre le corps de pompe $i\,i$, du condenseur et son enveloppe m. La vapeur et l'eau n'entrent plus qu'avec lenteur, la condensation se fait mal, et la machine perd alors toute sa force, et peut à peine se traîner à vide. On reconnait ce défaut, en descendant une chandelle au fond de la pompe à air, et en regardant par les trous des vis r, qui fixent le plateau s, à la pompe à air, après les avoir enle-vées. On peut quelquefois faire tomber ces galettes, en grande partie composées de suif altéré par la va-peur, qui se sont attachées aux parois du condenseur, en se servant d'un ciseau, soudé au bout d'une tringle de fer rond, que l'on fait passer par les trous de vis du pla-

eau , et avec lequel on détache les dépôts. On enlève
ensuite avec soin les ordures tombées au fond du con-
lenseur. Si on ne réussit pas par ce moyen à nétoyer
e condenseur , il faut alors en démastiquer le fond, ou
a chemise , et la remonter ensuite avec soin.

POMPES DE PUITS.

198. Dans l'article relatif au condenseur, (183) nous
vons indiqué quelles sont les circonstances où l'on
eut sans inconvénient , supprimer la pompe de puits
t faire puiser l'eau directement par la pompe du con-
lenseur. On a vu qu'il ne fallait pas adopter cette mé-
hode , dès que le niveau constant du puits se trouvait à
lus de 6 mètres (18 pieds) , au-dessous du conden-
our , et qu'au delà , il était indispensable de mettre
lans le puits une pompe aspirante et foulante , pour·
lever l'eau dans la bâche où plonge le conden-
eur.

199. En parlant de la pose des machines, nous en-
rerons dans quelques détails sur les précautions à
rendre dans la construction des puits , sur les sonda-
ges préliminaires , et les essais à tenter avant l'établis-
ement d'une machine à vapeur , pour s'assurer que
e puits sera capable de fournir la quantité d'eau néces-
aire , et qu'il ne tarira pas au milieu du travail. On y
rouvera aussi quelques renseignemens sur leur
onstruction et les conditions auxquelles ils doivent sa-
isfaire.

Nous parlerons spécialement ici des pompes destinées à y puiser de l'eau.

200. *De la quantité d'eau que peuvent fournir le*
pompes. Ces pompes sont toujours construites en fonte
voici les données nécessaires pour vérifier si elles peuvent suffire au service de la machine, ou pour le
établir au besoin. Ces notes ne seront pas inutiles au
manufacturiers, qui plus d'une fois out été obligé
d'ajouter des pompes de puits à des machines qui leu
avaient été livrées sans pompe, parce que le condenseur s'échauffait trop souvent, ou de changer des pompes trop faibles.

Nous avons dit qu'une machine de Woolf, demande
environ 10 k° d'eau par cheval en une minute, et
une machine de Watt 17 à 18 k., La pompe de puits
doit être en état de fournir constamment plus que
la machine ne consomme, et alors on établit sur le
bord de la bâche, un trop-plein qui rejette dans le
puits l'excédant de l'eau, ou le déverse en dehors
pour le service des ateliers.

201. Admettons donc que pour une machine de 10
chevaux, on demande à la pompe de donner 110 k. ou
110 litres par minute. Il faut en outre ajouter à cette
quantité 1/15ᵉ en sus; parce que les pompes de la meilleure construction, ne donnent jamais toute la quantité
d'eau indiquée par le calcul de leurs dimensions, et que
l'on doit compter au moins sur 1/15ᵉ de réduction. Au
lieu de 110 litres, il faudra donc établir son calcul sur
120 litres à peu-près par minute, et comme la machine donne 27 coups de piston en une minute, la

pompe devra fournir 4 litres ½ par coup de piston.

La course du piston de la pompe est déterminé
par la course du tourillon du balancier auquel ell
s'attache. Elle est dans les machines de 10 chevaux
de 0,^{m}24 environ, En divisant 4 litres ½ en 0,^{m}004
cube, par 0,^{m}24, on trouve que le piston doit avo
0,0185 carré de surface, ou près de 2 décimètres carrés
ce qui équivaut à 0,^{m}15 de diamètre.

202. Si l'on admet que la machine de 10 chevaux
fasse 28 révolutions par minute, le piston sera un pe
moins grand, et comme nous avons compté très-large
ment la quantité d'eau nécessaire à la machine on peu
sans inconvénient, calculer sur 28 coups de piston, c
qui est le maximum de vitesse des machines de 1
chevaux. Aussi le piston de la pompe dont nous don
nons le tracé *Pl.* 8, *fig.* 6, 7, 8, 9, 10, n'a-t-il qu
0,^{m}14 de diamètre et fournit-il abondamment aux be
soins d'une machine de 10 chevaux.

203. *Construction de la pompe foulante.* On trouve
ra dans les légendes des planches, l'explication détaillé
de la pompe; elle est parfaitement semblable aux pom
pes foulantes, employées à l'alimentation des chaudière
à moyenne et haute pression.

Les principaux avantages qu'elle présente dans le
service d'une machine, sont : de ne se déranger que
très-rarement, parce qu'il n'y a presque point d'ajustement, ni dans le piston ni dans les soupapes, et d'être
très-facile à nettoyer et à réparer; le piston *a fig.* 6
ne peut jamais éprouver d'accident; les soupapes *d c, fig*
7, quand on a la précaution de les garnir de cuir en des-

sous ne s'usent jamais, et tiennent parfaitement l'eau.
Et quand il devient nécessaire d'ouvrir la chapelle *m*
de la pompe, pour le nettoyage de ces soupapes, on le fait
sans peine en enlevant le plateau *n* qui la ferme; quelquefois, on place le tuyau de refoulement *f* immédiatement
au—dessus de la boîte à soupapes : mais il faut alors
soulever ce tuyau pour ouvrir cette boîte, ce qui entraîne des pertes de temps.

204. *Usure des soupapes.* Si les soupapes ne sont pas
garnies de cuir, elles s'usent souvent plus vite d'un
côté que de l'autre, parce que quelque précaution que
l'on prenne pour les ajuster parfaitement, il est difficile que l'un des côtés ne soit pas plus lourd que l'autre,
et qu'en retombant toujours le premier, il ne s'use pas
plus rapidement, ne fasse pas éprouver le même effe
au siège sur lequel il vient frapper, et ne laisse pas
bientôt échapper l'eau, quand le piston la refoule :
et quand la soupape serait rigoureusement équilibrée,
la direction que prend l'eau qui se porte nécessairement
avec plus de vitesse du côté de l'ouverture du corps
de pompe, suffit pour soulever et user inégalement
cette soupape. Lorsque les soupapes sont ainsi usées,
la quantité d'eau fournie par la pompe diminue, et
quelquefois même la pompe refuse de marcher; mais
le plus ordinairement, on reconnait cette usure, lorsqu'en mettant la machine en mouvement, la pompe de
puits donne 8 ou 10 coups de piston, avant de fournir de
l'eau ; et quelquefois même on est obligé de l'amorcer
avec un ou deux sceaux d'eau, que l'on verse dessus le
piston, ou dans le tuyau de refoulement *f*, afin de cou-

vrir la soupape supérieure *b*. En effet si la boîte à sou
papes ne contient pas d'eau, l'air qui passe beaucou
plus facilement que l'eau à travers les soupapes usées
vient remplir le corps de pompe à chaque coup de pi
ton, et le vide ne s'y produisant plus, la pompe r
peut plus travailler. Mais une petite quantité d'ea
suffit ordinairement pour arrêter cet effet, et amorce
la pompe : quand elle est en activité, elle continu
à travailler sans dérangement. L'usure des soupap
trop long-temps négligée, un défaut qui se découvrira
dans le siège de ces soupapes, une ouverture qu
se manifesterait tout à coup dans les masticages, o
le déchirement subit d'un cuir, peuvent seuls arrêt
complétement le travail de cette pompe.

L'usure des soupapes et les défauts de la fonte, s
corrigent en les limant et les rodant à l'émeri, jusqu'
ce qu'elles tiennent l'eau : et les masticages, se répa
parent, même pendant que la machine marche, en cha
sant fortement de l'étoupe dans les joints, au moye
d'un ciseau.

205. *De l'entretien des cuirs.* Dans ce système d
pompe, les accidens qui arrivent aux cuirs sont plu
faciles à réparer que dans tout autre, si l'on a la pré
caution d'en préparer toujours une paire d'avance
afin de n'être pas pris au dépourvu. Les deux cuir
de piston, que nous avons représentés sur une plu
grande échelle (*fig.* 10 et *fig.* 6, *gg*,) placés en sen
opposé, autour du piston, l'un pour empêcher l'entré
de l'air, l'autre pour arrêter la sortie de l'eau, son
les seuls qui demandent à être renouvelés de temp

à autre : et même en les garnissant d'étoupes , lorsqu'ils commencent à être usés , on les fait durer très-
long-temps.

206. Au reste, le changement de ces cuirs peut s'o-
pérer en une demi-heure , si la pompe est placée dans
le puits , de manière à pouvoir être facilement dé-
montée; car, c'est un défaut grave, que de la serrer
contre les murs du puits , de telle sorte qu'on ne
puisse pas, sans de grandes difficultés, en démonter
les boulons.

Pour renouveler les cuirs du piston, on détache la
clavette *h*, qui lie le piston à sa tringle, on le laisse
descendre à fond dans le corps de pompe, on dévisse
le plateau de pression *i*, on enlève les vieux cuirs *gg*
et l'on remet en place les cuirs neufs , que l'on a
trempés dans l'eau pour les humecter. On serre alors
les boulons avec force, et, avant de remettre la machine en marche , on remplit d'eau la boîte du plateau de pression *i*, pour garantir le corps de pompe
de l'entrée de l'air qui a lieu assez fréquemment,
tant que les cuirs neufs ne sont pas bien imbibés.

En portant la course de cette pompe à 0ᵐ40, elle
peut fournir de l'eau à une machine de Woolf, de
15 ou 16 chevaux.

207. *De la hauteur à laquelle on doit placer la
pompe dans le puits.* La place que la pompe doit occuper dans le puits, est un objet important à déterminer : à moins d'impossibilité absolue, il faut placer
le puits sous la machine, afin de mettre la pompe dans
le puits même. On y trouve deux avantages : le pre-

mier est d'avoir des tuyaux d'aspiration moins longs
que si le puits se trouvait éloigné, et par conséquent
beaucoup moins de perte de force : le second est de
pouvoir placer la pompe un peu au-dessous de la moitié de la hauteur, à laquelle il faut élever l'eau, tant
que cette moitié n'est pas supérieure à 6 ou 7^m, parce
qu'au-dessus, l'aspiration de l'eau ne se fait plus aussi
bien et le produit de la pompe diminue.

On a, en effet reconnu par expérience que c'é-
tait le rapport le plus avantageux à établir entre les
longueurs des tuyaux d'aspiration et de refoulement(1),
et c'est dans cette position que la pompe fournit son
maximum d'eau.

208. *De la pose de la pompe.* On ne manquera
donc pas de placer ainsi la pompe, plus bas d'une
petite quantité que la moitié de la distance entre le
niveau constant du puits, et la hauteur à laquelle on
monte l'eau. Ce niveau constant, est le niveau auquel
l'eau se maintient dans le puits, quand la pompe travaille à sa vitesse ordinaire. La pompe, si le puits
se trouve sous la machine, sera boulonnée sur un madrier de chêne de 0^m 11 (4°), posé en travers du
puits, et scellé solidement dans ses parois : en ayant
soin de ne pas placer les boulons trop près du bord du
madrier, pour conserver au bois toute sa force. Il

(1) Nous devons ce rapport, auquel on n'a jusqu'à présent donné
que peu d'attention, à l'amitié de M. Moulfarine, ingénieur-mécani-
cien, qui a fait sur ce sujet une suite d'expériences dont les résultats
ont été très-importans.

sera quelquefois plus facile de boulonner la pompe
sur le madrier, hors du puits, et de les descendre ensemble pour les y sceller. La pompe doit être parfaitement verticale, et la ligne d'aplomb passant par
son centre, doit, comme nous l'avons dit, pour le
centre du grand cilindre, et pour l'axe de la manivelle, partager verticalement en deux l'arc de cercle
décrit dans sa course, par le tourillon qui soutient la
tringle de la pompe, afin de partager en deux le faux
tirage donné par cet arc de cercle, faux tirage qui
sur la grande longueur de cette tringle, et ainsi partagé,
est à peine sensible.

209. Le centre de la pompe doit en même temps se
trouver à l'aplomb du milieu des coussinets de cuivre qui serrent le tourillon : ou, autrement dit, au
milieu de la gorge du tourillon. On mettra la pompe
parfaitement d'aplomb, pour que le piston ou au
moins ses cuirs ne soient pas usés inégalement. Répétons ici qu'il faut l'écarter des murs du puits, pour
pouvoir la démontrer et la remonter sans embarras;
cette précaution, à laquelle les monteurs ne donnent
pas assez d'attention, est fort importante; parce que
de petites pertes de temps, et de petites difficultés qui
se renouvellent sans cesse, quand elles eussent été faciles à éviter, deviennent très-sérieuses, et il en résulte souvent, qu'un travail qui ne demandait qu'un
quart-d'heure, dure une ou deux heures, et que la
machine en souffre; c'est ainsi, par exemple, que faute
d'avoir écarté la pompe des murs, l'on peut être obligé

de desserrer et de resserrer au burin des écrous qu
l'on eût, dans une autre position, facilement démon
tés à la clef, sans les couper ni les user.

210. Cette observation sur laquelle nous insiston
parce qu'au premier coup d'œil elle paraît minutieus
trouve de fréquentes applications daus le montage de
machines, et c'est un grand mérite dans les constru
teurs, que de prévoir d'avance les accidens qui peu
vent arriver à chacune des pièces de leurs machine
et d'en préparer le démontage et le raccomodage f
ciles et prompts.

211. *Des causes qui diminuent le produit des pompe
à eau.* Nous avons dit que les meilleures pompes, c
celles qui réunissent les conditions les plus favora
bles, ne fournissent pas exactement la quantité d'ea
qu'elles devraient donner d'après leur diamètre e
leur vitesse : Cette différence des résultats pratique
à ceux du calcul, est souvent très-grande dans de
pompes bien construites : elle s'élève comme nous l'a
vons dit à $\frac{1}{16}^{me}$ environ, de sorte qu'une pompe cal
culée et construite pour fournir par exemple 1600 litre
d'eau par heure, n'en donnerait que 1500 environ.

Plusieurs causes concourent à augmenter cette pert
dans la plupart des pompes; il est utile de les connaî
tre.

212. *De la vitesse à leur donner.* On leur donne
souvent trop de vitesse. Au-de-là de 15 ou 16 coups d
pistons par minute, avec une course de $1^m,20$ ènviron
ou en d'autres termes, au-de-là d'une vitesse de $0^m,50$ à
$0^m,40$, par seconde, il paraît que le travail des pompe

diminue, et que pour donner le même produit elle
consomment plus de force. — Et cet effet se conço
facilement, quand on pense à la grande augmentatio
qui a lieu dans les frottemens de l'eau, dès que celle-
prend une vitesse plus grande.

213. *Du diamètre des tuyaux d'aspiration et de re
foulement.* Une autre cause concourt ordinairemen
à accroître ce fâcheux effet; c'est le diamètre tro
petit que l'on donne aux tuyaux d'aspiration et de re
foulement, et les étranglemens qu'éprouve l'eau e
traversant le piston, ou les étroites soupapes de l
plupart des pompes : il n'y a aucun inconvénient à
rendre large le tuyau d'aspiration; il est même indispensable de lui donner le même diamètre qu'aux soupapes, pour que la vitesse et la direction de l'eau ne
soient pas changées par cet étranglement. Celui de la
pompe dont nous parlons a 0^m,08 (3°) de diamètre,
et cette largeur est la plus convenable à adopter pour
la quantité d'eau qu'elle doit fournir. Mais il est plus
important peut-être encore, ce que l'on néglige toujours, de donner au tuyau de refoulement un diamètre égal à celui des soupapes et du tuyau d'aspiration.
Dans de petits tuyaux l'eau est refoulée difficilement,
et le piston est obligé de vaincre un effort beaucoup
plus grand.

214. Le tuyau de refoulement se termine avantageusement à sa partie supérieure par un tuyau vertical,
fermé seulement par une pomme d'arrosoir mobile *k*,
fig. 8. Ce tuyau supplémentaire s'élève à 1^m,50 (3 à 4
pieds) au dessus du tuyau où l'eau vient se dégorger:

13

il sert à recevoir un instant l'eau qui n'aurait pas temps de s'écouler pendant le refoulement du piston, en outre à l'élever, au besoin, à une hauteur plus grand si l'on voulait la faire couler ailleurs, en tout ou ¢ partie, pour quelque service. On y réussirait en effet ¢ adaptant un second tuyau de décharge, au dessus ¢ tuyau d'écoulement, que l'on bouche alors d'u1 quantité déterminée, au moyen d'un tampon de boi

215. Il ne faut pas oublier en tout cas de placer u1 pomme d'arrosoir au bas du tuyau d'aspiration, a£ qu'aucune ordure, aucun caillou ne puisse être aspi1 par la pompe.

216. *Nétoyage du puits.* Il nous reste à recomma1 der aux manufacturiers de couvrir le puits avec u plancher solide, surtout s'il est placé immédiatemer sous la machine à vapeur, afin d'arrêter toutes le pièces, boulons, rondelles, clefs, grains etc., qu pourraient y tomber, et sans cette précaution cela a1 riverait fréquemment. Les puits doivent en outre êtr nettoyés de temps en temps, surtout quand on voit di minuer la quantité d'eau qu'ils fournissent : un simple curage fait dans les sécheresses d'été, et pendant que la pompe travaille fortement, pour tenir le niveau de l'eau très-bas, suffit souvent pour augmenter considé rablement le produit du puits. Au reste, il est beaucoup de puits qui s'améliorent par l'usage, et après une ou deux années de travail, fournissent une eau plus abon dante et de meilleure qualité que celle qu'ils donnaient en premier lieu : de manière que des établissemens qui avaient été gênés par le manque d'eau, à leur for—

mation, ont fini par en être abondamment pourvus. Il ne faut pourtant pas compter sur cette amélioration douteuse, quand on veut monter une machine sur un puits trop faible.

DU MODÉRATEUR.

217. *Méthode pratique pour le régler.* Notre objet n'est pas d'entrer ici dans le détail de la construction des divers modérateurs à force centrifuge employés à régler les machines à vapeur. Il n'est pas de chauffeur qui ne sache que lorsque la machine prend une vitesse plus grande que sa vitesse de règle, les boulets du modérateur, s'écartent l'un de l'autre, et font marcher une douille qui glisse sur son axe de rotation. Cette douille, au moyen de leviers combinés, ferme le robinet d'introduction, et par conséquent ralentit la machine : quand celle-ci se ralentit au contraire, les boulets se rapprochent, la douille marche en sens contraire, et ouvrant le robinet d'introduction, laisse entrer dans le cilindre une plus grande quantité de vapeur, et augmente par conséquent la vitesse de la machine.

Pour qu'un modérateur agisse utilement, il doit donc évidemment avoir une marche telle, que quand la machine travaille à sa vitesse de règle, les boulets du modérateur soient à moitié ouverts; car alors si la machine se ralentit, les boulets peuvent se rapprocher et ouvrir le robinet : si au contraire la machine prend une vitesse trop grande, les boulets peuvent

13.

s'éloigner l'un de l'autre, et fermer le robinet d'intro
duction.

218. *De sa vitesse moyenne.* Il s'agit donc, pou
poser et régler un modérateur, de lui donner cett
vitesse moyenne qui n'ouvre ses bras qu'à moitié d
leur course. Or, quand le modérateur est command
par des engrenages, sa vitesse a été déterminée pa
le constructeur, et ne peut pas varier, à moins d
changer les engrenages : mais quand il est command
par des poulies et une courroie, il est facile, en chaı
geant le diamètre des poulies, de modifier sa vitesse
Chaque constructeur sait d'avance qu'elle est la vitess
de règle des modérateurs qu'il établit, parce qu'il e
a calculé les dimensions pour une vitesse déterminée
Elle est ordinairement de 40 tours par minute pour le
régulateurs qui sortent des ateliers de St.-Quentin
et c'est une vitesse souvent employée.

Mais quand on ne la connaît pas d'avance, le moye
le plus sûr pour bien régler un modérateur, est de l
faire tourner par un moyen quelconque, une courroi
et une manivelle, par exemple, etc., et de noter l
vitesse qu'il possède, quand on le voit à moitié ou
vert.

219. *Calcul des poulies de commande.* On calcul
alors les diamètres des poulies, pour lui donner cett
même vitesse moyenne, que l'on a trouvée par expé
rience.

Il ne sera pas inutile de donner ici un exemple d
ce calcul bien simple.

Admettons que l'arbre du volant sur lequel on pren

: mouvement, fasse 25 révolutions en une minute , omme dans une machine de 16 chevaux, et que l'on euille donner au régulateur 40 tours de vitesse. La oulie de commande, placée sur l'arbre du volant, yant 0ᵐ,38 (14), par exemple, on fait la proportion uivante, qui est une proportion inverse, parce que, lus la poulie du modérateur sera petite, plus sa vi- sse sera grande.

La grande vitesse 40 tours est à la petite vitesse 25, omme le grand diamètre 0ᵐ,38, et au petit diamètre x.

$$40 : 25 = 0^m,38 : \frac{25 \times 0,38}{40} = 0^m,24.$$

On multiplie 25 par 0ᵐ,38, et on divise le produit ar 40 ; le quotient donne le diamètre de la poulie modérateur, qui lui fera faire 40 tours : ce diamè- e sera 0ᵐ,24. On observera que les rapports de dia- ètre de toutes les poulies et des engrenages, se cal- lent de même.

220. *Des limites dans lesquelles il régularise la vi- sse des moteurs.* Le modérateur à force centrifuge t un moyen très-ingénieux de régler la vitesse des achines à vapeur, de manière à la rendre constante algré les variations de pression de la vapeur et lles qui surviennent dans la charge de la machine, mme cela à lieu à chaque instant dans les ateliers l'on emploie un grand nombre de métiers et d'ou- s différens ; filatures, aiguiseries, etc., et où une

partie de ces outils , est à chaque instant dégrenée et
engrenée : ce qui change les charges de la machine, et
en changerait la vitesse, si le modérateur ne la régu-
larisait; mais on sentira facilement que la course de
ce modérateur n'a qu'une petite étendue : de manière,
que si les changemens dans la charge , et dans la pression de la vapeur, sont trop considérables, comme
cela a lieu sur les machines employées dans les for-
ges , le modérateur prend une si grande ou une si
petite vitesse, que ses boulets s'écartent jusqu'au bout
de leur course , ou retombent tout-à-fait, et arrivés à
ces deux points, le modérateur n'agit plus. Il faut alors
que le chauffeur change lui-même l'ouverture du robinet d'introduction , pour ramener la machine à sa
vitesse de régime, et rendre par conséquent au modérateur, sa vitesse moyenne et son action.

221. Il suit de là que le modérateur n'est utile que
pour régulariser de légers changemens de vitesse ,
comme dans les filatures de coton et de laine, par exemple , où l'on ne peut pas obtenir de beaux produits, si le
mouvement n'est pas parfaitement régulier et même, par
une raison contraire à celle que nous venons de donner,
on ne l'emploie avec succès que sur des machines à vapeur, car ceux que l'on a appliqués à des vannes de roues
hydrauliques, ont presque tous été abandonnés, parce
que les vannes, ordinairement larges, ne sont pas sensibles à des variations assez légères ni assez mobiles pour
tomber dans les limites de l'action d'un modérateur : on
est alors obligé d'employer des leviers compliqués ,
que le modérateur n'a plus la force de faire marcher.

222. *Des moyens d'étendre ces limites.* On peu quelquefois, au reste, augmenter la course du modérateur en augmentant la longueur de ses bras, et accroître ainsi l'étendue de son influence, si l'on s'aperçoi qu'il n'agit que dans des limites trop resserrées.

TROISIÈME PARTIE.

—

SOINS GÉNÉRAUX A DONNER AUX MACHINES A VAPEUR.

DES MASTICS.

223. *Des précautions que l'on doit prendre dans le* *masticages.* L'opération de mastiquer les pièces d'une machine à vapeur, qui, au premier coup-d'œil, peut paraître facile et peu intéressante, réclame au contraire une attention sérieuse et des soins minutieux.

Les masticages mal faits sont une des sources de pertes les plus grandes et les plus constantes; l'air qu'ils sont destinés à arrêter, et qu'ils laissent pénétrer de toutes parts; la vapeur qu'ils laissent échapper au lieu de la maintenir, anéantissent toute la force de la machine, et augmentent dans un grand rapport la consommation journalière de la houille.

D'un autre côté, la nécessité de les refaire souvent, entraîne des pertes de temps aussi graves que difficiles à apprécier, et des dépenses très-fortes en main-d'œuvre et en mastic; car le mastic rouge coûte fort cher, et c'est particulièrement celui qui, s'il est mal fait, demande le renouvellement le plus fréquent, et se trouve perdu complétement à chaque masticage. Il revient environ à 1 franc le kilogramme; et comme il est très-lourd, le masticage des plateaux d'une machine, est une dépense, en mastic seulement, de 2 à 3 francs, et, renouvelée fréquemment, elle finit par devenir importante : on ne saurait donc donner trop de soins aux masticages. Mais le seul moyen de les faire toujours bons et durables, c'est d'avoir des pièces bien ajustées et parfaitement dressées. Il n'y a pas de bon masticage, si cette condition n'est pas remplie; elle dépend du soin et de l'habileté des constructeurs. Et c'est au manufacturier qui achète une machine, ou tout autre appareil à vapeur, à en exiger l'accomplissement : ce sera pour lui une des meilleures garanties de la puissance, de la régularité et de l'économie d'entretien de sa machine. Nous reviendrons sur ce sujet dans la quatrième partie, en parlant de l'achat et de la réception des machines à vapeur.

224. Il est plusieurs espèces de mastics employés dans les machines à vapeur, suivant l'usage des pièces à mastiquer, et la pression de la vapeur à laquelle ils doivent résister. Les principaux sont :

1° le mastic de fonte, employé dans les ajustemens, que l'on ne démonte presque jamais, et partout où les pièces sont exposées à l'action du feu.

2° Le mastic rouge, employé dans tous les mastitages à haute et moyenne pression qui ne subissent pas l'action du feu, et sont exposés à être démontés souvent.

3° Le blanc de céruse en pâte, employé dans les mêmes circonstances que le précédent, mais dans les machines et les chauffages à basse pression.

225. *De la composition du mastic de fonte.* Les proportions à employer dans la composition de ce mastic, pour qu'il soit fort et qu'il prenne rapidement, sont les suivantes :

Limaille de fonte non oxidée, 25 à 30 parties ;

Sel ammoniac, 1 partie ;

Fleur de soufre, 1 partie.

Ces proportions peuvent néanmoins varier encore sans inconvénient marqué. Quelques mécaniciens y ajoutent 1 partie de foie d'antimoine ; mais nous n'en avons pas aperçu l'utilité, le mastic nous ayant paru aussi bon, sans cette addition. Watt a conseillé d'y mêler aussi une petite quantité de la poudre qui se ramasse dans l'auge des meules à aiguiser : cette poudre contenant du fer très-divisé, détermine plus promptement l'action chimique, entre la limaille de fonte et le soufre.

226. Il y a deux manières d'employer ce mastic : en pâte molle à froid, ou sec et chaud. Dans le raccommodage des tubes et chaudières, où il faut le comprimer entre deux plaques serrées par des écrous, il faut l'employer en pâte, et lui laisser prendre de la dureté pendant quelques jours ; parce qu'en s'échauffant lentement, il remplit mieux toutes les fentes et les joint

des pièces ajustées, et que la pression des écrous suffit
pour le serrer convenablement ; mais toutes les fois
que l'on peut le comprimer à coups de marteau,
comme dans le masticage des cilindres, des bouilleurs, des boîtes à vapeur, du condenseur, etc., il faut
l'employer sec et chaud, et il prendra, à l'instant
même, toute sa dureté.

227. Pour le préparer par cette seconde méthode,
on prend 6 ou 8 parties de limaille de fonte que l'on
mêle avec le soufre et le sel ammoniac, et on humecte
légèrement le tout avec de l'eau, ou avec de l'urine,
qui paraît agir plus fortement : on le remue quelque
temps ; mais quand il commence à s'échauffer, on l'humecte de nouveau, et on y ajoute, par parties, le reste
de la limaille : il faut cependant lui conserver un léger
degré d'humidité, et y ajouter de l'eau et de l'urine
chaque fois qu'il commence à se sécher. Lorsqu'on le
maintient ainsi à peu près sec, en un quart d'heure,
ou une demi-heure au plus, il commence à s'échauffer fortement, et dégage une vive odeur de soufre
(hydrosulfure d'ammoniaque); on l'humecte de
nouveau, puis on l'emploie à l'instant même, pendant
qu'il travaille encore, et parfaitement sec. Ainsi préparé, il prend immédiatement, sous les coups de
marteau, la dureté de la fonte, A mesure que la combinaison du mélange s'achève, il se gonfle, et remplit
toutes les petites ouvertures dans lesquelles on le
chasse.

Si l'on tardait à s'en servir, après s'être vivement
échauffé, la réaction du soufre et du fer étant termi-

ée , il se refroidirait, et perdrait ainsi toute sa force
t sa qualité. Quand on veut en conserver quelques
urs une partie, on n'ajoute pas toute la limaille de
nte au premier mélange dont nous avons parlé, de
à 8 parties de limaille, avec le soufre et le sel ammo-
iac, mais on délaie ce mélange dans une quantité
eau ou d'urine suffisante pour le noyer, afin de le
arantir du contact de l'air ; il se conserve ainsi
ès-long-temps, et quand on veut l'employer, on
joute, à cette pâte liquide, le reste de la limaille
our la rendre sèche, et elle s'échauffe alors promp-
ment.

228. C'est, nous le répétons, avec ce mastic sec que
on réunit les bouilleurs aux chaudières, les boîtes à
apeur aux cilindres, les cilindres et le condenseur
leur enveloppe, enfin toutes les pièces où l'on peut
nasser fortement le mastic, et qui ne doivent être
émontées que rarement. Il résiste parfaitement à
action de l'eau et de la vapeur, et même assez bien à
elle du feu. Cependant il faut, à moins de nécessité
bsolue, le laisser prendre toute sa force pendant deux
urs environ avant de l'y exposer (7 et 8) ; avant ce
mps, on courrait le danger d'être obligé de recom-
encer le masticage, parce qu'il laisserait fuir la vapeur;
l'on sent facilement que la perte de temps serait, en
éfinitive, beaucoup plus grande. Cependant, quand
temps presse, il faut employer le mastic le plus sec
ossible, augmenter un peu la dose de soufre et de
l ammoniac, pour hâter son durcissement, le com-
rimer plus fortement encore, et le sécher ensuite avec

un feu léger. Au moyen de ces précautions, on peut, sans inconvénient grave, le mettre en contact avec l'eau, ou la vapeur, 18 ou 24 heures après qu'il a été employé.

229. Lorsque l'on ne peut pas le comprimer à coup de mattoir, on le délaie avec de l'eau pour en faire une pâte molle, que l'on chauffe quelquefois afin d'en déterminer la combinaison, surtout si l'on est en hiver; et que l'on applique à la main, en en remplissant le plus possible l'espace que l'on veut boucher : c'est ainsi que l'on ferme les jointures des plaques de tôle qui composent les chaudières, ou que l'on raccommode les chaudières et les bouilleurs fendus, sur lesquels on ajuste une plaque boulonnée. Il faut, enfin, serrer les boulons de la plaque sur le mastic en pâte, comme on le fait sur du mastic rouge, avant qu'il ait eu le temps de se durcir, et lui laisser prendre entièrement toute sa dureté.

230. *Du mastic de fonte et de soufre fondu.* Il est un autre mastic, composé aussi de limaille de fonte et de soufre, et qui est employé principalement à boucher et cacher les trous ou les défauts des pièces de fonte. Pour le préparer, on fait fondre du soufre, et on y incorpore de la limaille de fonte : on en remplit les trous de pièces de fonte ; enfin on l'arrose avec un peu d'eau contenant du sel ammoniac ; il se couvre immédiatement de rouille, et il devient difficile d'en reconnaître la trace.

231. *Du mastic rouge, de sa préparation.* Dans les petits ajustemens, dans le masticage des pièces bien

dressées, et de celles que l'on est obligé de démonter souvent, et où l'on ne peut, par conséquent, pas se servir de mastic de fonte, on emploie le mastic rouge, composé de

Céruse. . . . . 1 partie,
Minium . . . . 1 partie.

Le tout sera parfaitement mélangé, et même tamisé ensemble, puis imbibé d'une petite quantité de bonne huile de lin ou de chenevis et à défaut d'huile de lin ou de chenevis, de toute autre huile siccative, que l'on ajoute seulement par petites parties, en battant le mélange avec un marteau pendant long-temps, et jusqu'à ce que la pâte soit bien liée et assez ferme. Il est bon, pour cela, de ne pas mêler immédiatement toute la céruse et le minium avec l'huile, parce que, sous les coups de marteau, la pâte, qui paraissait trop sèche au premier instant, devient bientôt trop molle, et n'a plus assez de corps pour faire de bons masticages.

Il faut donc se réserver les moyens d'y ajouter une nouvelle quantité de matière sèche, et la battre de nouveau : le mastic doit être assez consistant pour résister un peu à la pression qu'on lui fait subir en serrant les pièces que l'on mastique. En effet, s'il était trop mou, il ne remplirait pas aussi bien les fentes que l'on doit boucher; et quand la vapeur viendrait à agir dessus, il ne se durcirait pas aussi vite, et la laisserait probablement échapper. Il faudrait, dans ce cas, recommencer entièrement le masticage : observons aussi que tant qu'il n'est pas sec il se ramollit encore à la première action de la chaleur, ce qui doit engager à l'employer très-ferme quand on mastique une pièce chaude. La pâte sera assez ferme et assez liante quand on pourra en former de petits rouleaux sans la casser.

232. *De son emploi.* Ce mastic résiste bien à l'action de la vapeur, dans les machines à basse ou à haute pression, quoiqu'à la longue il se décompose, et que le plomb se revivifie en partie par l'action combinée de l'huile et de la vapeur; mais il ne résiste pas à l'action directe du feu. Un de ses principaux avantages est de pouvoir travailler immédiatement avec les pièces dans lesquelles on l'a employé. C'est le mastic dont on se sert le plus fréquemment pour les plateaux des cilindres, et les boîtes, par exemple, et l'ajustement de tous les tuyaux.

233. Si l'on veut mastiquer ensemble deux tuyaux *ab* (*Pl.* 8, *fig.* I*re*) ajustés avec une double bride de fer *cd*, on taille une rondelle de plomb de l'épaisseur d'un millimètre environ. On la frotte avec un peu d'huile de lin, pour que le mastic s'y attache plus facilement; on étend de chaque côté de la rondelle une couche de mastic rouge, de 3 ou 4 millimètres d'épaisseur; on la recouvre de quelques filamens d'étoupe, pour maintenir et lier encore mieux le mastic, et lui donner plus de corps quand il sera sec. On place cette rondelle entre les deux tuyaux, que l'on réunit ensuite fortement au moyen des boulons.

Il faut prendre garde que le mastic comprimé ne bouche pas l'ouverture des tuyaux; une des meilleures précautions à prendre pour éviter cet inconvénient, et dans tous les masticages en général, c'est de n'employer que la quantité de mastic rigoureusement nécessaire, et de le bien disposer avec soin au bord de l'ajustement que l'on doit former. Mais il faut en outre lorsque l'on ajuste des tuyaux de cuivre, en laisser dessaillir l'extrémité g d'un centimètre environ au-delà du collet qui sert à réunir les tuyaux. Cette saillie doit entrer dans le tuyau correspondant, de manière à empêcher le mastic d'y pénétrer.

254. Ce mastic rouge sèche promptement quand il est échauffé par la vapeur; il est d'une grande utilité mais il coûte assez cher.

Nous y avons apporté une modification qui en réduit le prix de moitié et qui atteint entièrement le même but.

Nous le composons d'une partie de minium, une partie de céruse et deux de terre de pipe bien sèche, le tout préparé et battu avec de l'huile de lin, comme le mastic précédent; il est plus long à travailler, mais il est très-ferme, bien liant et résiste parfaitement à la vapeur; nous recommanderons ici de n'employer, autant que possible, que de la céruse pure et sans être mêlée à du sulfate de baryte ou à de la craie, comme cela a presque toujours lieu, parce que ces matières étrangères ne servent à rien dans le mastic, et en diminuent la force. Ce mastic, préparé avec de la terre de pipe, devient beaucoup plus liant, au bout de vingt-quatre heures, qu'il ne l'était au premier moment; aussi conseillons-nous de le préparer d'avance.

Le mastic rouge se durcit au bout de deux o₁
trois jours, mais on peut le conserver quelques temp.
sous l'eau; il est même prudent d'en avoir une petit
quantité d'avance en cas d'accident.

255. Nous allons donner un exemple de ce masticage
Pour mastiquer le plateau d'un cilindre, on le nettoi
et on le gratte avec soin, puis on frotte légèrement l
rebord avec de l'huile de lin, afin que la fonte tro₁
sèche ne boive pas immédiatement l'huile du masti(
et ne l'empêche d'adhérer complétement. On place
alors sur le rebord un petit boudin de mastic, que
l'on enveloppe quelquefois d'étoupes, tandis que d'autres mécaniciens se contentent de le couvrir de quelques filamens de chanvre pour lui donner plus de
résistance. Il faut avoir soin de ne pas l'écraser fortement avec le doigt, parce qu'il ne pénétrerait plus
dans les fentes et les défauts du plateau pour les boucher. On le couvre alors d'une rondelle de plomb,
que l'on garnit en dessus d'un nouveau boudin de mastic
et d'étoupes; on y descend le plateau, et l'on en serre
les écrous. Nous avons indiqué, en parlant des cilindres (99), les précautions à prendre pour serrer ces
boulons. Tous les autres ajustemens au mastic rouge
sont du même genre. Nous rappellerons seulement aux
chauffeurs, en insistant sur cette observation, que ce
n'est pas la grande quantité du mastic, mais sa bonne
disposition qui fait les bons assemblages.

256. M. Tredgold indique un moyen assez utile de
fermer les ajustemens des pièces qui sont parfaitement
dressées, c'est d'y placer un anneau en fil de cuivre;

14

la pression des boulons suffit pour aplatir le fil de cuivre, et fermer tout passage à la vapeur, même à haute pression.

237. Dans les machines à basse pression, on emploie un masticage plus rapide et un peu plus économique. Il consiste à placer entre les parties que l'on doit ajuster, une rondelle de carton, et à la couvrir, de chaque côté, d'une couche de céruse broyée en pâte avec de l'huile de lin. Cependant le mastic rouge, en petite quantité, résiste encore mieux à la vapeur.

COMMUNICATIONS DE MOUVEMENS.

238. L'instruction d'un chauffeur ne serait pas complète, si, en même temps qu'il est en état de conduire une machine et de corriger ses défauts, il ne savait pas en même temps quels soins et quelles réparations demandent les communications de mouvement, dont la surveillance peut lui être aussi confiée.

Nous allons passer successivement en revue les communications de mouvement le plus fréquemment employées ; les arbres, leurs paliers et leurs coussinets ou grains de cuivre, les engrenages, courroies, tendeurs, cordes et chaînes.

239. *Des arbres et des paliers.* Tout ce que nous avons dit des grains de cuivre, des machines à vapeur, à l'article de la bielle (137), s'applique aux arbres et aux paliers qui les portent. Il faut les graisser régulièrement tous les jours avec de bonne huile d'olive ou de pied de bœuf, et lorsque l'on emploie des huiles

de colza, il faut avoir soin de déboucher tous les jours
les lumières des grains, parce que ces huiles forment
un cambouis très-épais, et que le grain, s'il était
sec, serait immédiatement rongé. Il faut aussi, surtout dans les moulins à blé, où il y a toujours une
grande évaporation de farine, tenir les lumières fermées avec de petites chevilles de bois, pour empêcher
la poussière d'y pénétrer.

On ne doit pas serrer trop fortement les palier
dans lesquels tournent les arbres. Un tour d'écrou de
trop donne aux machines une charge énorme, qui
suffirait souvent pour les arrêter si l'arbre était gros.
C'est un objet qui demande une surveillance très
active, surtout dans les ateliers où il y a de longues
communications de mouvement, et où une petite
perte de force, sur chaque palier, produit une somme
considérable de frottemens.

240. *Des grains.* Les grains de cuivre jaune ou
laiton, employés presque uniquement jusqu'à ce jour
ont le grand défaut de s'échauffer promptement, e
d'être mangés en peu d'instans, quand on les laiss
frotter à sec. On emploie aujourd'hui, à cet usage, un
alliage analogue au métal des cloches et des canons
Il est composé de

  2 parties de cuivre rouge,
  1 partie d'étain.

On peut, à défaut de cuivre rouge, y employer du
laiton; mais l'alliage n'est plus aussi bon.

Cet alliage est beaucoup moins sujet à s'échauffe
que le cuivre jaune, et doit remplacer complétemen

lui-ci dans les grains des machines, et même dans
 fabrication des petits engrenages employés dans
1 grand nombre de machines. Pour ce dernier objet
on trouve dans le *Bulletin de la Société de Mulhouse*
s proportions suivantes indiquées comme les meil-
ures et les plus économiques.

Cuivre rouge, 9 parties.
Etain,   1 partie.

241. Quelques observations sur le graissage et le
ccommodage des grains de cuivre compléteront ce
1e nous avons à en dire.

Lorsque les grains sont bien entretenus, ils peu-
nt durer très-long-temps, et ne doivent même pas
user; mais, pour cela, il les faut graisser souvent,
utes les douze heures au moins, et quelquefois plus
équemment quand ils fatiguent beaucoup, ou que les
urillons qu'ils portent ont une très-grande vitesse.
eux des crapaudines qui portent des arbres verti-
1ux, ou des fusées de moulin, pouvant rester con
amment pleins d'un mélange d'huile et de graisse,
2 demandent pas autant de soin; il suffit de renou-
1er le mélange quand il vient à s'épaissir. Plusieurs
eûniers assurent qu'en mêlant du sel à la graisse
ont on remplit les crapaudines de cuivre, on les em-
sche de s'échauffer : le fait est possible; nous ne
urions l'affirmer, mais au reste nous n'y avons
ouvé aucun inconvénient.

242. Les clavettes qui pressent les grains, ne doivent
1s être trop serrées, afin qu'il reste toujours une lé-
3re couche d'huile ou de graisse entre le tourillon

et le cuivre, car dès qu'ils frottent à sec, ils s'échauf-
fent et se détruisent. Il faut en outre les garantir soigneusement de la poussière ou du sable qui les rayerait,
et augmenterait le frottement. Aussi doit-on éviter de
nétoyer les grains, et surtout ceux du parallélogramme, avec de l'émeri ; et si on était obligé de
le faire, il faudrait les frotter d'huile à plusieurs
reprises, pour n'en laisser aucune trace sur les cui-
vres. Si cependant quelque grain vient à s'user
par défaut de surveillance, il faut comme nous l'a-
vons dit, tourner et limer de nouveau le tourillon de
fer, qui, en s'échauffant, s'est couvert d'une couche
de cuivre, parce qu'il recommencerait de suite à s'é-
chauffer : et s'il était trop affaibli, on devrait ensuite
le recharger d'une virole de fer mise à chaud, puis
le tourner de nouveau. On ajoute ensuite au grain
qui est usé, une épaisseur de cuivre soudé à l'étain,
quoique la chaleur du frottement détache assez facilement ces épaisseurs, quand on n'a pas le soin de
les mettre à queue d'hironde. Pour recharger les
grains usés on les nétoie parfaitement, et on dresse
leur surface intérieure ; on y entaille à queue, la place
de l'épaisseur qui doit être faite d'une feuille de cuivre jaune, très-propre ; on l'y ajuste *pl.* 5, *fig.* 7. On
étame ensuite le grain, et l'épaisseur assez fortement,
on les applique l'un sur l'autre à chaud, et en passant un
fer à souder sur l'épaisseur, on les réunit ensemble ; enfin on soude encore à l'étain tous les bord
de la feuille, en faisant couler la soudure dans les es-

paces vides, et ceux qui n'ont pas pris : ensuite on
ime et ajuste le tout. Un grain ainsi rechargé peut
lurer long-temps encore.

243. Nous avons déjà fait observer, en parlant du parallélogramme (122), que l'entretien des grains est de
la plus haute importance, non-seulement pour que la
machine n'éprouve pas de secousses, mais encore, pour
que le parallélogramme ne se dérègle pas. Car il est
évident que les grains, en s'usant, changent les niveaux
des pièces qu'ils supportent. Ce doit être l'objet d'une
attention toute particulière.

244. *Des grains en bois dur, et des galets.* On
remplace quelquefois ces grains de cuivre par des
grains en bois dur, comme le gayac ou le sorbier.
Le frottement est plus doux alors, les grains ne
s'usent presque pas; mais le tourillon même de l'arbre est à son tour mangé, ce qui est un inconvénient
beaucoup plus grave, puisque l'on ne peut pas remplacer un tourillon comme on remplace un grain.
Quand la charge est très-légère, et la vitesse de l'arbre petite, on peut cependant employer avec succès
des grains en bois; on s'est même servi de grains en
étain dans quelques cas, mais ils sont plus chers que
ceux de bronze. Il en est des galets sur lesquels on
fait quelquefois tourner des arbres, comme des grains
en bois à peu près. Quand ils sont grands le frottement est certainement beaucoup moins considérable;
mais il suffit qu'ils se dérangent pour devenir immédiatement très-mauvais, et leur raccommodage est

toujours long et difficile. C'est un procédé qui n'est bon que pour des arbres qui ont une charge légère et une grande vitesse.

245. *Des grains en fonte et en acier.* On emploie avec succès des paliers entièrement en fonte, pour porter des arbres de fonte, chargés d'un grand poids, comme ceux des roues hydrauliques : parce que dans ce cas, les grains de cuivre s'écrasent sous la charge. Nous conseillons alors l'emploi des grains en acier trempé, sur lesquels l'arbre ne porte que par une petite surface (*Pl.* 8, *fig.* 4). Nous sommes convaincus qu'ils résisteront parfaitement, et à la charge et au frottement, et seront peu exposés à s'échauffer.

Nous avons employés aussi avec succès, l'acier fondu pour faire des grains de crapaudines, et surtout de celles qui portent les fusées dans les moulins à blé. Lorsque ces grains sont en cuivre, la charge que leur donne le poids de la meule, du pignon et de la fusée, et la grande vitesse de cette dernière, les échauffe et les fore très-vite, et cet échauffement donne un tel surcroît de charge, qu'il ralentit considérablement la vitesse du moteur.

En garnissant le fond de ces crapaudines avec de l'acier fondu, et le trempant très-dur, on obtient un frottement doux, régulier, et, on n'éprouve jamais ni échauffement, ni usure.

246. *Des engrenages.* Quant aux engrenages, ils doivent aussi être graissés régulièrement avec du suif mêlé de plombagine, et auquel il est bon d'ajouter du savon, et un peu d'huile pour le rendre plus gras. La

graisse des os remplit encore parfaitement cet objet ; on applique facilement cette graisse sur le côté travaillant des dents, à l'aide d'une brosse et pendant qu'elles marchent, en ayant soin seulement de placer la brosse du côté où les deux roues s'éloignent l'une de l'autre, afin que si, par malheur, elle échappait de la main, elle ne soit pas entraînée entre les deux roues qu'elle pourrait briser. ,

247. *Du jeu que prennent les dents de bois.* Après avoir travaillé quelque temps, les dents de bois se dessèchent ordinairement, et prennent du jeu dans leurs mortaises, ce qui occasione un bruit désagréable et les expose à se briser. Il est facile d'en arracher alors les goupilles, de sortir les dents des mortaises, et de les y faire rentrer à force, en les callant avec du gros papier ou du carton.

Lorsque les dents en bois d'une roue sont usées de manière à engrener mal, ou quand un assez grand nombre en a été brisé par quelque accident, il vaut mieux renouveler entièrement toute la denture, parce que les dents nouvelles, à moins d'être diminuées considérablement sur leur épaisseur, ne s'accorderaient pas avec les anciennes, et seraient bientôt mangées.

248. *Des bois à employer pour les dents.* Les meilleurs bois à employer, sont le bois de gayac, de sorbier, d'alisier et de charme, parfaitement secs et durs, ou le bois de fer, s'il était moins rare ; le bois de hêtre employé très-souvent, parce que les bois que nous venons de citer sont plus chers ou plus

rares, donne aussi de bonnes dents; mais il a le défaut de s'altérer et de passer promptement quand
il est exposé à l'humidité, comme le sont quelquefois
les engrenages placés sur les arbres des roues hydrauliques.

Quand ces bois sont trop nouveaux, on les fait
bouillir dans l'huile, et l'on est moins exposé à les voir se
retirer en se desséchant. Cependant ils deviennent
quelquefois cassans par ce procédé. Au reste, lorsque l'on divise la denture d'une roue, avec toute
l'exactitude nécessaire, on peut être assuré, que fût-
elle en bois bien moins dur que le hêtre, pourvu
qu'il soit sec, elle durera très-long-temps, plusieurs
années, par exemple. La conservation des dents dé-
pent presque uniquement de l'exactitude avec laquelle
elles sont divisées, et de l'invariabilité des arbres qui
les portent comme nous le montrerons plus loin.

249. *Des mortaises des dents.* Les mortaises que
l'on fait ordinairement dans les roues, sont droites,
de manière que le talon de la dent qui repose sur le
cercle extérieur de la roue est coupé d'équerre. Il est
impossible, avec ce genre de mortaises, de conserver
intacte la denture d'une roue; les talons éclatent
constamment, et alors les dents se dessèchent, et
passent au travers de la mortaise. Nous avons écarté
complétement ce danger, en faisant le haut des
mortaises en coin sur le travers de la roue (*Pl.* 8 ;
fig. 9), de manière que le talon coupé aussi en coin,
et pris par les côtés dans la fonte, ne peut jamais se
briser, ni les dents passer au travers de la mortaise.

Plusieurs mécaniciens ont été obligés de faire buriner des roues de fonte à dents de bois, pour donner cette forme conique à leurs mortaises, parce qu'aucune des dentures qu'ils y ajustaient ne résistait au travail. Nous conseillons aux manufacturiers qui se trouveraient obligés de remplacer souvent les dents de leurs roues, l'emploi de ce moyen, dont le succès est assuré, et qui, en définitive, est plus économique que le changement réitéré des dents, parce que celles-ci, fabriquées en bon bois, coûtent fort cher.

250. Les roues à dents de bois qui ont plus de 6 à 7 pouces de largeur ne doivent pas avoir une mortaise de toute leur largeur. Le cercle de fonte de la roue serait dangereusement affaibli; elle doit être divisée en deux par un anneau plein, de sorte que chaque dent de la roue est composée de deux dents de bois ajustées l'une auprès de l'autre et taillées ensemble.

251. *De la préparation et de la pose des dents.* En tout cas, ces dents doivent être débitées, un peu plus épaisses que ne l'exige le pas de la roue, parce qu'il arrive souvent que les mortaises ne sont pas parfaitement espacées, et que l'on est obligé de regagner la division exacte, sur les dents de bois (*Pl. 8 fig. 3 aaa*). Elles doivent être ajustées avec soin et chassées à force, en prenant garde toutefois de briser la fonte; car si le bois est très-dur et très-sec, on est exposé à fendre les roues, en chassant leurs dents, et même à les voir se fendre plus tard, si ces roues étant exposées à l'humidité, les dents viennent à renfler; cependant elles ne sont jamais trop solidement fixées. On

passe alors au travers de la queue des dents, une goupille de fer *g*, qui les retient, quand elles se dessèchent et prennent du jeu. Nous ne saurions trop fortement recommander de substituer partout les goupilles de fer aux clefs de bois, que l'on met souvent derrière les dents. Ces clefs se dessèchent comme les dents, tombent souvent aussi, ou les laissent au moins échapper sans peine, et peuvent, en s'engageant entre les engrenages, les faire rompre. Les goupilles donnent au contraire, beaucoup de solidité aux dents, et lorsque les trous dans lesquels on les chasse, ne sont pas trop larges, on n'a pas à craindre de les voir tomber dans les roues auxquelles, en tout cas, elles ne feraient que peu de mal.

252. On ne peut prendre trop de précautions pour empêcher les dents de tomber, ou même de sortir en partie de leurs mortaises; car, dans ce cas, la roue à dents de fonte, au lieu de s'engager dans l'intervalle des dents comme à l'ordinaire, est souvent forcée, par la dent qui s'échappe, à monter sur la plus voisine et fait ainsi le tour entier de la roue, en écrasant toutes les dents avec un bruit et des secousses effrayantes; et un effort de ce genre est plus que suffisant pour faire rompre plusieurs engrenages à la suite, et quelquefois même les machines qu'elles conduisent, ou celle qui les conduit. Il n'est pas rare de voir ainsi une garniture entière d'engrenages à dents de bois raflée en un tour de roue, faute d'avoir vérifié ou rétabli la solidité d'une ou deux dents.

253. *Du tournage des engrenages à dents de bois.*

Quand les dents sont parfaitement ajustées, on tourne
la denture entière, si l'on est en position de le faire.
Pour cela, on remplit les intervalles avec des coins
de bois (*fig. 2 a*). Il est toujours plus facile de
diviser exactement et de bien caller une roue lorsqu'elle est tournée ; et il ne faut s'en dispenser que
quand il est impossible de le faire.

254. En tournant une roue d'angle, on doit avoir
soin de donner à la face supérieure des dents *a, b,*
(*fig.* 10, *pl.* 8) l'inclinaison exacte, déterminée par le
rapport du diamètre des deux roues qui engrènent
ensemble. Voici comme l'on trouvera l'inclinaison de
ces dents, ou autrement dit, l'angle que leur face supérieure *ab* fait avec une ligne *cd* ou une règle, placée,
sur le côté de la roue, perpendiculairement à son axe.

255. On placera une règle sur le grand côté *ef* de la
roue d'angle, à dents de fonte ; puis, avec une fausse
équerre, on prendra l'angle *feg* que forme la règle,
avec le fond de l'intervalle des deux dents de fonte :
on reportera cet angle *feg* sur un plancher, comme
on le voit en (*thl, même fig.*) ; puis, au sommet de cet
angle, on élevera une ligne *hin*, perpendiculaire au
grand côté de la roue de fonte ; l'angle *thm*, formé
par cette perpendiculaire, et le fond de l'intervalle
des dents de fonte, ou, en d'autres termes, le complément de l'angle *feg*, ou son égal *ihl*, que nous venons
de prendre avec la fausse équerre, sera l'inclinaison
de la face supérieure *ab* des dents de bois sur le grand
côté *cd* de la roue à dents de bois. Le dessus de ces
dents de bois coïncide, à quelques millimètres près,

avec le fond de l'intervalle des dents de fonte , de manière qu'il n'y a pas d'erreur sensible à prendre l'inclinaison du fond des dents de fonte pour celle du dessus des dents de bois. On fait alors un patron , formé d'une règle *hm*, qui peut se poser sur le grand côté de la roue que l'on tourne , et d'une autre petite règle *hl*, clouée solidement sur la première , et formant avec elle l'angle *lhm* que nous venons de déterminer. C'est ce patron qui sert à régler l'inclinaison de la surface des dents de bois , en ayant soin que chaque fois que l'on s'en sert , sa direction passe toujours par le centre de la roue.

256. Dans le cas où on ne pourrait pas poser la règle sur le grand côté de la roue , il faudrait faire un patron avec deux règles inclinées entre elles , comme les faces supérieures *a b* et *n o* : ces deux règles seraient clouées ensemble en *g*, et formeraient entre elles l'angle *a g o*. Il sera facile alors de présenter le patron *a g o* sur la roue pendant qu'on la tournera , en le faisant toujours passer par le centre. On trace ensuite sur la denture la ligne de portée , c'est-à-dire le cercle de contact des deux roues , ou le cercle primitif des roues *bc*, *fig.* 5. Dans les roues à petites dentures employées aujourd'hui, cette ligne de portée est placée à 20 millimètres (9 lig.) du fond des dents, et à 14 ou 15 millim. (5 à 6 lign.) de leur extrémité. Si l'on ne tourne pas la roue , on la trace avec un grand compas. C'est sur cette ligne que se fait la division des dents et le callage de la roue.

Si la roue est callée sur un arbre , et que l'on ne puisse

as porter au centre la pointe du compas, on marque
sur une dent la place de la ligne de portée, et en
faisant tourner la roue bien centrée et bien dégauchie,
comme sur un tour, devant une pointe d'acier fixe,
on trace cette ligne sur toute la circonférence.

257. *De la division des dents.* Pour diviser les
dents, on prend sur la roue à dents de fonte, qui
correspond à celle à dents de bois, que l'on di-
se, *le pas des dents*, c'est à-dire la distance $d\,i$ (*fig.* 5)
du milieu d'une dent au milieu de l'autre. Ces espaces doivent être rigoureusement égaux sur toute
la circonférence des deux roues; car on sent qu'une
légère erreur, répétée autant de fois qu'il y a de
dents sur une roue, deviendrait très-grave. On sent
aussi, que les dents de bois doivent, quand on les
ajuste, être très-épaisses; car, quoique les mortaises
ne soient pas toujours parfaitement espacées, il faut
néanmoins que la division des dents, faite avec la plus
grande exactitude, tombe encore au milieu de la dent
qui se trouve placée un peu de côté, et qu'il reste
assez de bois pour donner à cette dent autant d'épaisseur qu'aux autres (*voyez*, dans la même figure, les
mortaises mal divisées, et les dents *a a a* que l'on y a
ajustées). Il faut, en un mot, corriger sur les dents
de bois l'erreur de division des mortaises. Si, en
effet, la division tombait sur la dent *a*, de telle sorte
que, depuis le centre de cette dent jusqu'à son bord,
il ne restât pas une demi-épaisseur de dent, on serait
obligé d'enlever cette dent et d'y en substituer une
autre, dont le bois fût taillé de côté, comme l'indi-

quent les dents *a*, où la partie ponctuée montre la dent ajustée en premier lieu, dans la mortaise et trop étroite pour être divisée exactement. Ainsi coupée de côté, elle se raccordera avec la division de la roue.

258. Si cette opération n'était pas faite avec la plus grande précision, les dents de bois se mangeraient rapidement : cependant il est rare que les roues donnent rigoureusement une division conforme à la dimension du pas : il se trouve souvent, sur la circonférence entière, une erreur qui peut s'élever à une ou deux lignes, surtout quand les roues sont grandes; il faut alors répartir cette légère erreur sur toutes les dents, et elle devient entièrement inappréciable.

259. Que si les mortaises étaient assez mal espacées pour que l'on ne pût pas atteindre rigoureusement une division exacte des dents, sur toute la circonférence, parce que l'erreur commise sur une dent s'ajoute à chaque dent, et inappréciable sur la première, devient bientôt considérable; il faudrait partager la roue en plusieurs parties égales, en quatre ou huit parties, par exemple; rechercher le pas qui diviserait exactement chacune de ces parties séparément. La différence de l'un de ces pas à l'autre serait alors si faible, qu'il deviendrait impossible de s'en apercevoir sur une dent seule, et d'en éprouver aucun inconvénient pratique; parce que quand deux roues engrènent et tournent ensemble, l'erreur légère d'une dent ne s'ajoute pas à l'erreur des autres.

260. *Mesure d'un pas employé dans plusieurs ateliers.* Plusieurs mécaniciens ont avec raison jugé utile

l'adopter, pour le pas de leurs roues, une mesure commune : ils y ont, en effet, trouvé cet avantage, que leurs
roues peuvent toutes engrener avec celles des autres
ateliers qui emploient le même pas. Ainsi une mesure qui donne une force suffisante aux engrenages,
et qui est usitée dans plusieurs ateliers de France et
d'Angleterre, pour le pas des dents, est celle de 2
pouces anglais, ou de 0^m,0508, ou à bien peu de chose
près, 22 lignes 1/2 de France.

261. *Tracé de l'épaisseur des dents.* Quand une roue
est ainsi divisée, et que le milieu de toutes les dents
est marqué, on trace au compas leur épaisseur, qui
doit être un peu moindre que l'intervalle laissé entre
les dents de la roue de fonte. On y laisse ainsi un jeu de
2 à 3 millimètres environ, pour que les dents ne soient
pas trop serrées dans leur marche, et ne se touchent pas
par-derrière (1). Pour tracer ces épaisseurs parallèlement à l'axe de l'engrenage, après avoir porté au
compas la moitié de l'épaisseur, de chaque côté des
centres, on le trace au crayon sur le bout des dents,
et on élève, par chacun de ces points de division, des
lignes perpendiculaires, au côté tourné des dents ;
soit par exemple (*fig.* 6), une portion d'engrenage,
à bois tournées, et *a b c d e* les points de division des
dents. Il s'agit seulement d'élever sur ces points des
perpendiculaires par le procédé géométrique ordinaire, ce qu'on nomme le *trait carré.* Or, comme la
distance du bord *a*, d'une dent au bord semblable *c*

_____

(1) Pour avoir l'épaisseur des dents de bois, on divise ordinairement le pas par 2.1.

de l'autre, est égal à la distance pareille de *c* en *e*, il suffit, si l'on veut élever, par exemple, une perpendiculaire en *c*, de prendre pour les centres des arcs de cercle qui se recoupent en *f*, les points *a* et *e*. En prenant ainsi successivement tous les points *a b c d e*, pour centre d'arcs de cercle, on élève par tous ces points des lignes perpendiculaires au côté de la roue, et par conséquent parallèles entr'elles, si ce sont les dents d'un engrenage de champ; ou concourant toutes au même centre, si ce sont les dents d'une roue d'angle. On voit que, par ce moyen, la diminution de largeur des dents des roues d'angle, de la circonférence au centre, se trouve facilement déterminée. Ce procédé est aussi rapide qu'il est sûr, parce que les divisions sont toutes faites d'avance.

262. *De leur courbure.* On refend les dents suivant ces lignes ainsi tracées, en se servant d'une lame de scie très-mince. On trace ensuite leur courbure si on le juge nécessaire : pour cela, on pose la pointe du compas sur le centre *l* (*fig.* 3) d'une dent; on prend pour rayon la distance *le* du centre de cette dent, au côté extérieur de la plus prochaine, et en traçant le cercle *e m h*, on détermine à la fois la courbure de deux dents. Cette forme de dent est assez exacte en pratique : elle est facile à déterminer et à tracer. On fait la même opération, en prenant successivement pour centre, le milieu de chacune des dents, et il ne reste plus qu'à rectifier, suivant le tracé que l'on vient de faire, la division et l'épaisseur des dents et à leur donner la courbure au ciseau, ce qui vaut mieux que de le faire

15

à la râpe, parce que celle-ci, donne souvent des dents dout les flancs sont arrondis, et ne sont en contact avec les dents de fonte que par quelques points : car il faut, nous le répétons, donner aux dents des roues de champ ou roues droites, une égale épaisseur sur toute leur largeur, et les couper perpendiculairement au plan dans lequel tourne la roue, c'est-à-dire, parallèlement au bord des mortaises, et à l'axe de rotation de la roue, afin que, quand elles travailleront, les dents portent en mêm temps sur toute leur largeur et que l'effort y soit parfaitement égal.

263. *De l'emploi des calibres.* Au lieu de tracer ainsi successivement toutes les dents, on peut aussi en tracer une seule, etfaire un calibre en tôle ou en cuivre (*fig.* 8), qui ait la forme de la dent, et que l'on fixe au centre *a*, de la roue, par une tige de fer, comme à l'extrémité d'un grand compas. Ce calibre sert à tracer successivement l'épaisseur de toutes es dents, et à en vérifier la taille. Nous avons trouvé utile d'y fixer une double pointe de fer *b c*, qui, quand ce calibre esten place, va se poser sur les deux centres des dents les plus voisines, afin que l'écartement de outes soit parfaitement égal; de sorte que l'espace *b c*, st égal à deux fois le pas de la roue, et que le centre lu calibre coïncide parfaitement avec le centre de a dent à tracer. Un autre calibre (*fig.* 5), compreant deux ou trois dents, et où les dents sont taillées n vide, sert à s'assurer qu'elles ont une épaisseur gale sur toute leur largeur, et à en déterminer la ourbure.

264. Voici donc, en deux mots, la marche à suivre pour diviser un engrenage :

1° Le tourner en donnant aux dents des roues d'angle, l'inclinaison nécessaire, et prenant pour l'inclinaison de la face supérieure des dents de bois, le complément de l'angle que forme le fond des dents de fonte, avec le grand côté de leur roue.

2° Tracer la ligne de portée sur les dents de l'anneau de l'engrenage à la même distance que dans la roue à dents de fonte.

3° Diviser les dents de milieu en milieu, en prenant le pas sur la roue à dents de fonte.

4° Marquer leur épaisseur de chaque côté des centres des dents.

5° Reporter cette épaisseur sur le flanc des dents au moyen du trait carré et de perpendiculaires.

6° Refendre les dents à la scie.

7° Les rectifier et leur donner la courbure au ciseau, et à l'aide d'un calibre ou les dents sont coupées en creux.

265. Quand les dents sont ainsi taillées avec soin, il ne reste plus qu'à donner un coup de lime à celles qui pourraient avoir de légers défauts ; ce qui s'aperçoit facilement après que la roue a marché quelques instans avec les dents de fonte. On n'oubliera pas qu'il est prudent de faire marcher les roues à bras d'homme pendant deux ou trois tours, pour s'assurer que rien ne peut se briser. Il faut surtout examiner si les dents ne se touchent pas par derrière, parce que, si elles étaient ainsi pincées, les frottemens seraient

15.

eaucoup plus durs. Un coup de ciseau ou de râpe
orrigera aisément ce défaut.

Les dents des roues d'angle s'ajustent par le même
rocédé; mais elles doivent être plus épaisses à l'exté-
eur qu'à l'intérieur. Pour cela, le calibre toujours
·mé de deux pointes, qui se fixent sur le centre des
eux dents voisines, doit déterminer la largeur des
nts aux deux extrémités. Cette largeur est facile à
ouver par le procédé du trait carré, que nous avons
diqué plus haut.

266. *Usure des roues d'angle callées sur arbre vertical.*
On remarquera que les roues d'angle qui sont fixées
r des arbres verticaux, sont exposées à s'user très-
pidement quand un frein en fer ne les empêche pas
e glisser sur leurs calles : c'est ce qui arrive toujours
rsque la roue qui engrène avec elles se trouve placée
-dessus; parce que l'huile que l'on verse sur le touril-
n de l'arbre vertical graisse les calles, et les empêche
 maintenir solidement la roue, que l'effort de l'autre
grenage pousse toujours en bas; et dès que celui
i est horizontal a glissé d'une petite quantité, les
nts de fonte, qui n'engrènent plus assez, forment
médiatement un bourrelet dans les dents de bois,
, s'appuyant sur ce bourrelet, qui augmente tous les
urs, font descendre la roue de plus en plus. Outre le
llier de fer destiné à soutenir cette roue; il est encore
ile d'en remplir le noyau avec du mastic de fonte,
i préserve long-temps les calles de l'action de l'huile,
en se rouillant les fixe d'une manière invariable.

267. *Du callage des roues.* L'opération de caller les

roues, que l'on est quelquefois obligé de pratiquer dans les ateliers , soit pour régler une roue qui est décentrée, soit pour remplacer une roue brisée, demande aussi les plus grands soins. Beaucoup de mécaniciens, pour s'assurer qu'elles sont exactement et invariablement centrées, tournent les arbres, et lèsent les moyeux des roues. Ce procédé, un peu plus coûteux, est sans contredit le plus prompt, le plus exact et le plus sûr dans le montage et le travail des machines.

268. Lorsqu'au contraire les engrenages doivent être callés sur des arbres carrés ou à six pans, il faut pratiquer dans le moyeu des entailles *bbb* destinées à recevoir et maintenir les calles, et par conséquent dressées et limées. Elles doivent être faites de telle sorte, que la calle qui s'y logera, ait de l'entrée d'un côté, et puisse cependant serrer également les deux rebords *abc* (*fig.* 7), qui existent dans le carré du moyeu, sur les deux faces de la roue. On place ainsi deux calles sur chaque face de l'arbre; mais on a soin d'en faire entrer une de chaque côté de la roue, l'une en *c*, et l'autre en *d*, afin que celle-ci ne puisse varier sur aucun sens. On voit facilement comment doivent être faites les calles *c* et *d*, pour porter en même temps sur les deux rebords *ab*, dont nous avons parlé. Ces calles seront limées avec tout le soin possible, et porteront également partout.

269. Pour caller parfaitement une roue, on la met d'abord sur huit fausses calles, indiquées en lignes ponctuées *ef* (*fig.* 7) et en *cc* (*fig.* 2); ce sont de

etits coins en fer placés sur chaque côté de la roue
t au milieu de chacune des faces de l'arbre, pour ne
as gêner ensuite l'ajustement et la pose des calles dé-
nitives *bbb*.

270. La roue étant ainsi solidement fixée, par ses
ausses calles, sur l'arbre qui repose sur ses deux touril-
ns, de manière à tourner facilement sans changer de
osition, on place à l'extrémité *d* du diamètre horizon-
al de la roue et à la hauteur de son axe, une planche
ressée et clouée solidement sur quelques pièces de
ois (*fig.* 9) : en prenant avec un compas la distance
e la ligne de portée de la roue *a* (*fig.* 9) à une ligne
uelconque *bc* tracée en face sur la planchette, fai-
ant tourner la roue, répétant la même opération,
'abord sur les deux faces opposées *d* et *e* de la roue
: de l'arbre, puis sur les deux autres *f* et *g*, et desser-
ant ou serrant au besoin les fausses calles d'une pe-
te quantité à chaque fois, et avec patience, on amène
ientôt la roue à tourner rond. Il ne faut pas ici se
ontenter d'une approximation; les roues ne sont jamais
op bien centrées et dressées, autrement les frotte-
ens sont considérables et les dentures s'usent rapide-
ent. Une grande roue sur arbre carré ne doit pas
oir un millimètre (un tiers ou une demi-ligne) de faux
ond.

271. Il faut aussi, pour que les roues engrènent et
archent bien, que la ligne de portée ou les cercles
imitifs des deux roues coïncident parfaitement, parce
ie c'est sur ces deux cercles que les roues ont été
isées et que les pas sont égaux. Si l'un des cercles

primitifs entrait dans l'autre, ou s'ils ne se tou
chaient pas, les engrenages ne marcheraient plus auss
bien.

272. Quand l'engrenage est à peu près centré, ou
place une règle sur le côté des dents, ou, si elles ne son
pas tournées, sur le côté du cercle de fonte de la roue
en se dressant toujours, comme nous l'avons dit, su
deux faces opposées de l'arbre, puis sur les deux autres. Cette règle porte sur la planchette : on s'en sert
ainsi posée, pour y tracer une ligne *ad* (*fig.* 9) qu
donne la direction de la roue, quand le côté *d*, pai
exemple, est près de la planchette. Prenant alors le
côté opposé *c* de cette roue, on y replace la règle
on trace une ligne semblable, et si elle ne recouvre pa:
exactement la première et qu'elle tombe, par exemple, en *ef*, il est évident que la roue n'est pas bien
dressée, (à part l'erreur inévitablement due aux défauts de coulage de la fonte, qui n'est pas tournée), en
l'erreur dans la position de la roue est alors égale à
la moitié de la différence de direction des deux ligne:
tracées sur la planchette ; c'est-à-dire que la roue sera
bien dégauchie quand la règle, placée sur le côté de
la dent, coïncidera avec la ligne *gh*., qui se trouve
exactement au milieu des deux lignes *ad* et *ef*. On fai
la même opération sur les côtés *f* et *g* de l'engrenage, etc. On dresse ainsi la roue au moyen des fausse
calles, et sur les quatre faces de l'arbre, jusqu'à ce
que les lignes tracées sur la planchette par la règle
ne donnent plus une erreur sensible dans son dégau
chissement. Quant l'engrenage est horizontal comme

s grands rouets de moulin, il est plus facile encore
e le gauchir avec une règle et un niveau à bulle d'air.

273. On vérifie de nouveau le centrage que l'on a
it en premier lieu. Lorsqu'enfin la roue est parfai-
ment centrée et dégauchie, on ajuste les véritables
illes dans leurs entailles. Le moyen le plus court et
plus sûr est d'y ajuster d'abord des calles de bois,
ii servent d'étalon pour forger et limer les calles de
r: celles-ci ne demandent plus alors qu'un dernier
oup de lime pour porter également partout. On les
iet en place, et lorsque toutes s'y trouvent, on les
irre à refus, à coups de marteau, en prenant garde,
outefois, de faire éclater le moyeu de la roue, et l'on
ilève les fausses calles, après avoir vérifié une der-
ière fois si la roue est bien centrée et dressée.

274. Les engrenages qui supportent de grands
fforts doivent être callés avec de l'acier, et avoir le
oyau rempli de mastic de fonte, qui maintient par-
itement les calles.

Le callage des roues est une opération délicate et
nportante, parce que des roues gauches, quelque
ien taillées qu'elles soient, fatiguent les paliers et
s grains, occasionent de grands frottemens, des
écompositions de force considérable, et usent rapi-
ent les dentures.

274. *De la nécessité de fixer invariablement les paliers.*

Celles-ci sont aussi quelquefois mangées, parce l'un
les paliers qui porte l'arbre de la roue, n'est pas so-
idement fixé, et qu'il recule lentement sous l'effort.
le la roue. Pour le rendre invariable, quand les bou-

lons de scellement sont inébranlables , il faut qu'ils
n'aient pas de jeu dans les trous du palier, ou s'ils en ont,
il y faut mettre une calle de fer , du côté où l'effort
des roues tend à repousser l'arbre : sans quoi la roue
à dents de fonte pourrait encore , comme l'avons dit,
échapper aux dents de bois, monter dessus , et les
écraser toutes en un seul tour.

276. *Des cordes*. Nous ne dirons rien des cordes que
l'on emploie encore souvent dans les transmissions de
mouvemens , parce que partout où il n'y a pas impossibilité , il faut les remplacer par des courroies, et ne
s'en servir que pour des treuils, etc. On ne saurait
croire combien les machines consomment moins de
force, et fatiguent moins avec des courroies qu'avec des
cordes. Ces dernières en effet ne peuvent jamais avoir
la flexibilité de bonnes courroies : l'on est obligé de
les faire marcher dans des gorges de poulies triangu-
laires et profondes , où elles sont toujours serrées des
deux côtés; comme elles ne frottent que par deux arêtes,
ou au plus une très-petite surface sur les poulies , il
faut les tendre beaucoup plus fortement pour les empêcher de glisser ; enfin elles sont beaucoup plus sensibles que les courroies aux variations de l'humidité
atmosphérique, et elles se tendent, et se détendent avec
une grande facilité, ce qui augmente encore les frottemens en donnant aux arbres une charge inutile. Dans
les ateliers où l'on emploie beaucoup de cordes , on
voit, par les temps humides , la vitesse des moteurs
se ralentir par la tension que prennent toutes les cor-

les ; elles s'usent en outre bien plus vite, et coûtent
léfinitivement beaucoup plus d'entretien.

277. *Des courroies.* Le choix des cuirs destinés à
aire des courroies est fort important. Quelques manufacturiers préfèrent les cuirs blancs, parce qu'ils
ont moins chers ; mais, n'étant pas tannés comme les
uirs noirs, et seulement pénétrés de sels et de graisse,
ls sont très-sensibles aux changemens de température
le l'humidité atmosphérique ; ils varient par conséquent
e longueur tous les jours, ce qui exige un changement
réquent, dans les boucles, ou donne une forte charge
ux machines, quand ils se raccourcissent ; en somme
s finissent par s'alonger considérablement sous la
harge : pour peu qu'ils soient larges, ils s'alongent
négalement, et deviennent assez gauches pour ne
ouvoir plus tenir sous les poulies. Les courroies de
uir noir, bien tanné, doivent toujours être préférés ;
 est important de les choisir égales d'épaisseur pour
u'en s'alongeant, elles ne se gauchissent pas. Lors-
u'elles ne doivent pas être démontées souvent, on en
oud les deux extrémités avec une lanière de cuir, ar-
êtée par un nœud : de cette manière, les courroies ne
 déchirent pas comme avec des boucles, mais quand
 besoin d'en changer souvent la longueur, exige l'em-
loi de boucles, comme dans les filatures ; il faut leur
onner deux ou trois ardillons, pour déchirer moins
rtement la courroie, et avoir soin de placer la bou-
e de manière que l'ardillon monte toujours sur le
mbour à reculons, c'est-à-dire, la pointe en bas : parce
ue s'il montait la pointe en haut, il pourrait souvent

accrocher les vêtemens des ouvriers et les entraîner autour des tambours.

278. Il faut éviter, autant qu'on pourra le faire, d'employer les courroies, pour transmettre les mouvemens horizontalement, surtout à une distance assez considérable, à moins qu'elles ne soient très-légères, et n'aient une grande vitesse, parce que l'on peut alors les laisser très-lâches ; car si elles ont une forte charge et qu'elles marchent lentement, on est obligé de les tendre beaucoup, ce qui, ajouté à leur poids, fatigue excessivement les arbres. Au reste, il ne faut jamais donner aux courroies que la tension rigoureusement nécessaire pour ne pas glisser sur les tambours : toute pression plus grande, consomme inutilement une partie considérable de la force du moteur, et si la courroie est forte, cela peut aller jusqu'à arrêter le moteur même. On sent aisément que dans les établissemens où l'on emploie un grand nombre de courroies, il y faut donner la plus grande attention.

Si l'on s'aperçoit qu'une courroie s'alonge constamment, ce qui a lieu lorsqu'elle fait un grand effort et qu'elle marche lentement, il faut la doubler ; parce que quand elle est trop faible, elle continue à s'alonger aux dépens de son épaisseur et de sa largeur, et à s'affaiblir de plus en plus jusqu'à ce qu'elle casse. Une courroie, double au contraire, ne fatigue pas, ne s'alonge jamais, et ne demande pas à être tendue aussi roide ; celles des tire-sacs employés dans les moulins à blé, par exemple, doivent toujours être doublées et quelquefois triplées.

279. *De leur entretien.* L'entretien des courroies, consiste principalement à les graisser de temps en temps, tous les deux ou trois mois, par exemple, quand on s'aperçoit qu'elles commencent à sécher, à devenir rudes à la surface qui frotte sur le tambour, et à glisser. Si on ne les graissait pas, elles s'échaufferaient promptement en glissant sur le bois, se brûleraient et casseraient bientôt. La meilleure composition pour les graisser est celle-ci :

Huile de poisson. . . . . . 4 parties.
Poix résine. 1
Goudron. 1

fondues ensemble, et passées à chaud sur le cuir.

280. *De la pose des tambours et poulies destinés à porter des courroies.* On voit, dans beaucoup de manufactures, les courroies glisser toujours hors de leurs poulies : et l'on est alors obligé de les maintenir, au moyen de rouleaux ou de morceaux de bois contre lesquels elles frottent et s'usent considérablement; on peut être alors assuré, que les deux arbres des tambours ne sont pas parallèles. Le meilleur moyen de retenir les courroies sur les poulies et le seul que l'on doive employer, c'est de donner tous ses soins à placer parallèlement les tambours de commande et les métiers, et on ne saurait le faire trop bien, car, jamais alors une courroie n'échappe; on n'a pas besoin de lui donner autant de tension, et elle s'use et se déforme moins : si cependant les arbres cessaient d'être parallèles, parce qu'un des grains de cuivre se serait limé, et que l'on n'eût pas le temps de le raccommoder, ou de mettre une épaisseur dessous, la courroie monterait tout de suite sur le tambour du côté le plus haut, et elle tendrait à s'échapper de la poulie. Il ne faut pas y mettre de guides, mais clouer sur le tambour exactement en face du milieu de la poulie, une petite lanière de cuir de 10 millimètres environ de largeur. Cette lanière forme un léger bourrelet sur lequel la courroie se met immédiatement à cheval, pour ne le jamais quitter.

Un des grands avantages que présentent les courroies est de pouvoir transmettre le mouvement dans tous les sens, sans appareils compliqués, et avec peu de frottement; on s'en sert même pour le communiquer entre deux arbres verticaux. Dans ce cas, il faut mettre sur chaque arbre un tambour conique, et tourner ces deux cônes en sens opposés (*Pl.* 8 *fig.* 11), parce que la courroie tendant à monter à la fois sur les deux cônes qui sont en sens contraire, ne peut pas se déranger de sa position.

281. *Des chaînes.* On emploie aussi quelquefois des chaînes en fer ou en bois, pour transmettre le mouvement; mais ce procédé, remplacé presque partout par les courroies, ne doit jamais être employé que lorsqu'il est impossible de se servir de courroies ou de cordes: si, par exemple, il fallait prendre un mouvement léger, sur l'arbre toujours mouillé d'une roue à eau, etc. Il est alors très-important de placer les poulies dentées sur lesquelles marche la chaîne parfaitement à l'aplomb l'une de l'autre pour que la chaîne ne tende pas à sortir des dents.

CONDUITE DES MACHINES A VAPEUR.

282. *De la nécessité de réparer immédiatement les accidens.* La première pensée qui doit se présenter à l'esprit des manufacturiers qui emploient des machines à vapeur, et principalement de ceux auxquels le haut prix du combustible, fait une loi de se servir des machines de Woolf, c'est que la négligence dans leur entretien, un court délai dans la réparation d'un accident souvent léger, entraîne immédiatement une diminution dans la force de la machine. Une des clavettes de la tige du piston, peut s'échapper si on a négligé seulement de l'ouvrir, et le piston peut par suite briser le balancier. Des masticages mal entretenus permettent à l'air de pénétrer dans les tuyaux et le cilindre, et alors la quantité de houille brûlée, c'est-à-dire, la plus forte dépense d'une machine, s'élève quelquefois au double. Qu'une chaudière soit devenue trop sale sans que l'on pense à la nétoyer, et les chauffeurs sont obligés de faire le feu le plus violent pour soutenir la vapeur à sa pression ordinaire. La consommation de la houille augmente dans un rapport bien plus grand que l'excès de force obtenu; la machine fatiguée s'use rapidement, et presque toujours on voit dans ce moment de travail excessif les bouilleurs se rompre, par suite de la haute température à laquelle ils sont portés. En un mot on est entraîné inévitablement dans de longs et coûteux chômages, pour avoir voulu éviter une faible réparation de quelques heures, et l'on expose la machine aux accidens

les plus graves et même à des altérations profondes e
irréparables.

285. *De la surcharge des machines.* Un autre danger auquel les machines à vapeur sont exposées, es
une surcharge de travail : quel que soit leur système e
leur construction elles ne peuvent résister long-temp
à un travail excessif. Les masticages se détruisent sou
l'action puissante de la vapeur à haute pression ; le
ressorts des pistons se fatiguent ; tous les grains d
cuivre se liment lentement, les ajustemens se détruisent ; enfin on subit les inconvéniens d'une charg
forcée, c'est-à-dire, de fréquens accidens et de continuelles réparations.

Le haut prix des machines à vapeur engage constamment le propriétaire d'un établissement qui s
forme, à en employer une, qui réponde à peu prè
à ses besoins actuels : et dès que l'établissement prospère, le besoin de l'accroître fait surcharger la machine, si elle est assez bonne pour le supporter, et l'us
rapidement. Nous ne saurions engager trop fortemen
les manufacturiers à se réserver un large excédant d
force, dans l'achat des machines, et à maintenir toujours leur charge, plutôt au-dessous qu'au-dessus d
celle dont elles sont capables. Ils y trouveront certainement un grand avantage, soit par la diminution de
frais d'entretien, soit surtout par l'absence des cho
mages inévitables avec une machine surchargée. Nou
reviendrons sur cette question.

284. Une bonne machine à vapeur doit donner un tr
vial constant et même fort, mais elle exige en retour de

soins assidus et d'autant plus grands qu'on lui demande
plus de travail. Sous une faible charge, quel que soit
son système, sa marche est toujours régulière et facile. C'est lorsqu'elle est chargée comme l'exigent les
besoins d'une entreprise active, et menée économiquement, c'est surtout, comme nous venons de le dire,
quand la prospérité de cette entreprise lui impose une
surcharge de travail, imprévue à son établissement et
inévitable, que les soins et l'exacte surveillance doivent redoubler, et qu'il la faut, pour ainsi dire, nour-
rir et entretenir, en proportion des services qu'elle
rend, et des chances bien plus nombreuses de maladies
auxquelles elle est exposée.

285. *Des défauts que doivent éviter les propriétaires
des machines à vapeur.* Plus d'un établissement a
échoué, un plus grand nombre encore a renoncé à
l'emploi des machines à vapeur, parce que leurs di-
recteurs n'ont pas su conduire ces machines, et en obtenir, avec économie, tout le travail dont elles sont capables. Les uns abandonnent entièrement leur moteur aux soins des chauffeurs, sans se rendre compte
de ses frais journaliers de consommation ou d'entretien, et de son travail réel ; d'autres le surchargent
hors de toute mesure, et attentifs seulement au temps
et à la quantité du travail, ne s'inquiètent ni de la
grande consommation de combustible, ni des frais
énormes d'entretien en graisse, mastic, main-d'œuvre, raccommodages, ni de la détérioration de la
machine même, et vont ainsi en avant, jusqu'au moment où il faut enfin suspendre pour long-temps ses

travaux et où ils ajoutent, à des dépenses superflues e mal appliquées d'entretien, de nouvelles dépense de réparation, qui eussent été aussi faciles à évite que les premières. D'autres encore, frappés de l somme des frais journaliers d'entretien, nécessaires l'activité d'une machine, et ne calculant pas les effet de leur suppression et la perte qui en résultera dan sa puissance, se refusent à toute dépense autre que celle du combustible, et se contentent de profiter de travail de la machine, tel qu'elle le peut fournir, sans aucune de ces précautions d'hygiène, qui entretiennent la santé et la vigueur, et qui attaquent, au moyer des remèdes simples, une maladie naissante, pour n'avoir pas à la combattre dans son développement, par ur traitement long, difficile et coûteux. On en voit enfin qui portent jusqu'à la minutie l'excès des soins à donner à leur machine, y emploient tout le temps qu'elle devrait occuper au travail, l'arrêtent à chaque instant pour la cause la plus insignifiante, et trompés sur le but qu'ils se doivent proposer, laissent de côté la quantité définitive de travail du moteur, qui doit être le résultat final de tous les calculs, pour ne penser qu'à la perfection de sa marche, quelque coûteuse qu'elle puisse être en dépenses diverses et en chômages; car, tout importantes que sont les réparations immédiates d'une machine, il en est qui, par la perte de temps dont elles sont la cause, coûtent beaucoup plus qu'elles ne valent réellement.

286. *Du but qu'ils doivent se proposer.* La grande difficulté dans cette question est de bien déterminer

16

quels sont les défauts qui n'offrent aucun danger
présent, ou qui ne s'aggravent pas rapidement, et
quels sont ceux dont la correction n'admet aucun
retard. C'est de savoir apprécier d'avance le temps
nécessaire pour une réparation, de la combiner avec
quelques autres, de profiter des arrêts obligés, pour
remettre complétement la machine en état, et prévoir
même les altérations futures. C'est d'employer tous les
moyens possibles pour abréger les chômages forcés,
car dans les manufactures rien n'est plus cher qu'un
chômage; aucun ennemi n'est plus dangereux que le
temps perdu : et autant une machine qui marche sans
chômage et avec une grande régularité présente d'a-
vantages, souvent même sur les cours d'eau, autant
une machine qui ne peut marcher qu'à demi-charge,
ou qui est fréquemment arrêtée, entraîne le proprié-
aire dans des dépenses, et de fâcheux retards que des
soins légers, mais constans, auraient détournés. Enfin
la surveillance et l'entretien éclairé des machines sont
tellement importans, que le manufacturier actif doit
s'assurer chaque jour par lui-même si sa machine est
en bon état, et le service fait régulièrement et avec
attention; et indiquer les objets qui pourraient avoir
besoin d'une réparation immédiate et ceux dont on
doit s'occuper au prochain nétoyage. Nous allons
marquer les principaux points sur lesquels doit se
porter spécialement cet examen, qui ne demande que
quelques instans au manufacturier, appelé nécessairement ailleurs par les travaux d'une administration
en conduite.

287. *De la propreté à exiger des chauffeurs.* La

première condition à exiger du chauffeur est une grande propreté, soit dans la chambre de la machine soit sur la machine même. Non-seulement on n'y doi voir aucune tache de rouille, mais toutes les traces de graisse doivent être essuyées avec soin chaque jour pour qu'en séchant elles ne forment pas dans tous le ajustemens, et surtout dans les grains, un cambouï épais, qui bouche leurs lumières, et les expose inévita blement à tourner à sec et à être rongés souvent en quel ques heures. C'est en effet à cette cause qu'est pres que toujours due la destruction des grains. De plus lorsqu'une machine est tenue avec une propreté minutieuse, on aperçoit bien plus facilement au premier coup-d'œil les avaries qui pourraient y survenir, comme l'usure des grains, le desserrement des clavettes, le mauvais état des masticages et des étoupes les marques que les grains de sable peuvent laisser sui les tiges des pistons, etc. Enfin l'habitude de la propreté rend les chauffeurs attentifs, et en soignant une machine dont la chambre est peinte et bien nétoyée dont toutes les pièces sont polies et brillantes, ils ne peuvent manquer d'apercevoir et de rétablir immédiatement ce qui vient à se déranger; et de plus il s'y attachent : elle devient pour ainsi dire leur propriété, une partie d'eux-mêmes, et ils finissent par le soigner, la choyer même autant par affection et par amour-propre que par devoir.

288. *Nétoyage de chaque semaine.* Outre cet entretien journalier, la machine doit subir une fois par semaine un nétoyage général, et c'est le mo-

ment que le manufacturier doit choisir pour passer en
revue toutes les pièces, faire regarnir les boîtes à étoupes, recharger les grains un peu usés, roder le robinet
l'introduction, les soupapes de sûreté de la chaudière,
celles de la pompe alimentaire et celles de la pompe
du puits, en renouveler au besoin les cuirs, nétoyer
à fond le fourneau, et enfin remédier à tous les défauts qu'il a remarqués pendant le travail de la semaine.

Ce nétoyage doit être fait le dimanche matin. Il est
beaucoup plus facile pendant que la machine est encore très-chaude, et entraînerait en outre une grande
perte de temps, si on l'ajournait au lundi.

289. *De la clôture des fenêtres et des portes.* Les
portes et fenêtres de la machine doivent toujours être
fermées avec soin, attendu que les pertes de chaleur
qui ont lieu par toutes ces ouvertures sont considérables; il est même utile de mettre de doubles fenêtres
ou au moins des carreaux doubles à la chambre de la
machine, pour éviter la déperdition de chaleur oc-
casionée par les vitres. On se fera une idée de l'importance de cet objet en calculant que, dans la
chambre d'une machine où la température est constamment en hiver de 28 à 30 degrés centigrades, ce
qui fait une différence de 33 degrés en ne supposant
la température extérieure qu'à trois degrés au-dessous
le zéro, si la surface des vitres est de 6 mètres carrés, ce
qui n'est pas encore suffisant pour avoir une chambre
bien éclairée, on perd au moins par les vitres, en vingt-
quatre heures, autant de chaleur qu'il en faudrait pour
échauffer de 33 degrés environ 1400 kilogrammes

d'eau, ou toute la quantité de chaleur que fournissent 72 k. de vapeur ou 15 k. de houille environ. Cette perte très-importante, parce qu'elle est constante e inutile, peut être évitée presqu'entièrement par de doubles carreaux.

290. *Précautions à prendre pour ne pas fatiguer le pièces de la machine.* Le chauffeur ne doit se servi que d'un maillet de bois pour enfoncer les clavettes car un marteau d'acier les écrase et les détruit en peu de temps : et il doit prendre aussi les plus grande précautions pour conserver le poli et le bon état d toutes les pièces. Il doit se fabriquer des clefs à fourche pour chaque espèce d'écrou, parce que les clef anglaises, qui sont très-utiles à un ouvrier monteur quand il serre des boulons une seule fois, écrasent e détruisent les angles des écrous, lorsque l'on s'en ser fréquemment. Il est enfin nécessaire qu'il ne s'écart jamais de sa machine que pour alimenter le fourneau s'il est placé au dehors, et qu'il reste toujours en sur veillance, prêt à resserrer une clavette, à ralentir o accélérer la machine ou le feu, s'ils en avaient besoin en un mot, à parer aux accidens imprévus qui peuven se présenter, et à en prévenir les suites en les arrêtan à temps.

291. *De la visite du propriétaire.* Après ces soin généraux, nous devons indiquer au manufacturie sur quels objets son attention doit se porter le plu particulièrement, et quels sont les principaux symp tômes auxquels il reconnaîtra, dans une visite rapide, l bon état ou le dérangement de la machine.

Les pièces qu'il doit examiner sont principalement :

292. *Examen du condenseur.* 1° Le condenseur.

Il ne doit pas donner d'air à chaque coup de piston, ou tout au plus quelques légères bulles, provenant de l'air dissous dans l'eau du puits. Ce bouillonnement de l'air est facile à apercevoir.

Nous indiquerons plus loin le moyen de corriger ce défaut, qui provient, ou des masticages du grand plateau, ou des boîtes à étoupes, ou de la boîte à vapeur du grand piston, ou du tuyau de condenseur.

La température de l'eau ne doit pas être au-dessus de 38 ou 40 degrés centigrades ; il faut que l'on puisse y plonger la main sans se brûler. Il faudrait chercher la cause d'une trop grande chaleur, ou dans le robinet du condenseur trop fermé, ou dans le puits et la pompe qui ne fourniraient pas assez d'eau, ou dans la vapeur qui passerait directement au condenseur à travers les pistons, ou dans une fente arrivée aux cilindres, ou dans une communication établie à travers les masticages entre les conduits de vapeur des boîtes.

293. *De la bielle.* 2° La bielle.

On s'assure, en appuyant la main sur la bielle pendant deux ou trois révolutions, et surtout aux passages supérieurs et inférieurs que l'on n'y sent aucune secousse. S'il en existait au passage supérieur, elle proviendrait, ou d'une clavette du parallélogramme qui serait desserrée, et principalement celles des bras du grand et du petit piston : ou de celles de la tête de la bielle qui seraient dans le même cas, ou enfin de ce

qu'une des boules du balancier aurait pris du jeu.
Quand les pistons ont du jeu sur leur tige, on entend
aussi un choc au moment du passage supérieur; mais i
est facile de juger qu'il a lieu dans les cilindres mêmes.
Si la secousse a lieu au passage inférieur seulement, ou
peut être à peu près sûr qu'elle est due à ce que la
clavette de la manivelle est desserrée, ou le grain usé.
Ces secousses se manifestent aussi quand les soupape:
de la machine ne sont pas bien réglées, et alors elle:
ont une force quelquefois effrayante.

294. *Des boîtes à vapeur.* 3° Les boîtes à vapeur.

Un peu d'expérience suffit pour examiner si leur
marche est bien réglée et facile; si leur course est toujours la même, et si la grande manivelle des soupape:
qui les soutient n'est pas descendue, comme cela a lieu
souvent : car alors elle ferait à chaque course un effort
sur le tiroir : leurs boîtes à étoupes doivent être toujours couvertes de suif fondu, pour s'opposer à l'entrée de l'air.

295. *Du manomètre.* 4° Le manomètre.

On le regarde pour voir si la vapeur n'est pas à
une pression trop élevée, et si la machine enlève sa
charge ordinaire, à sa pression habituelle. C'est une
des indications les plus utiles pour reconnaître si elle
est en bon état.

296. *De l'alimentation.* 5° Le flotteur et la pompe
alimentaire.

On s'assure à la main qu'il fonctionne bien, que la
chaudière ne se vide pas trop : on reconnaît que les soupapes de la pompe alimentaire marchent bien, en tâ-
tant avec la main si, au moment de l'alimentation ,

(248)

le tuyau d'injection, qui est très-chaud quand la pompe ne marche pas, se refroidit, et prend la température de l'eau alimentaire. On doit aussi entendre le choc net et bien tranché des soupapes, à chaque coup de piston.

297. *Des soupapes de sûreté.* 6° Les soupapes de sûreté.

Sous aucun prétexte, elles ne doivent être chargées d'un poids nouveau : c'est un des objets de la plus sévère surveillance pour le manufacturier; de là dépend le salut de ses ouvriers et de sa machine. Si elles laissent échapper de la vapeur, on doit les roder à l'émeri, au premier moment d'arrêt, parce que ce dérangement tient à un peu de rouille ou de saleté : et dans l'instant même, on les rode légèrement à sec, avec une clef, en pressant leur lévier avec la main, pour en écraser et dégager la poussière qui cause cette fuite.

Nous avons dit, en parlant des soupapes de sûreté, que l'on devait bien se garder de les soulever sous prétexte de prévenir leur adhérence, parce que c'était un moyen sûr de les salir et d'occasioner des pertes de vapeur. On trouvera plus loin, dans les observations sur les ordonnances relatives aux machines à vapeur, le développement complet des précautions qu'exige la conduite d'une machine à vapeur, en ce qui concerne les explosions auxquelles elles sont exposées.

Enfin, après avoir examiné ces divers objets presque d'un seul coup-d'œil, après s'être assuré que les grains de cuivre ne sont pas rongés, soit dans le parallélogramme, soit dans la bielle; que la machine est propre et fonctionne bien, le manufacturier doit écouter s'il n'entend aucun choc ou mouvement inaccoutumé, au-

cun sifflement extraordinaire de vapeur, afin d'en re
chercher au besoin la cause. C'est un signe utile
suivre, parce qu'il s'opère rarement un dérangemen
grave dans une machine, sans qu'il ait été annonc
d'avance par des secousses, ou des bruits que l'on n
doit jamais négliger.

298. *Des qualités nécessaires au chauffeur.* Quant au
chauffeurs, la conduite d'une machine ne demand
de leur part qu'attention et régularité. Ce n'est pas un
ouvrage difficile, ni même fatigant, lorsqu'elle es
entretenue régulièrement, et que tous les accidens son
immédiatement réparés; mais il demande, ce qu
manque souvent aux ouvriers, de l'ordre, de la suit
dans le travail, et cette habitude, ce besoin de pen
ser, de vouloir et d'agir par eux-mêmes, qualités qu'il
ne peuvent acquérir qu'en s'instruisant, et qui seules
cependant, peuvent faire les ouvriers capables, les bon
contre-maîtres et les bons chauffeurs, et leur permettr
même de développer leurs talens, et se créer un rang
distingué dans la société. Le chauffeur intelligen
doit examiner sans cesse sa machine, en recherche
à chaque instant les défauts, et les corriger sans qu'i
soit nécessaire de les lui indiquer; la soigner enfi
comme si elle lui appartenait. Ce n'est que par cette
activité et cette surveillance constante, bien plus effi
cace encore, quand elle a lieu, que la surveillance tro
rapide du propriétaire, qu'il pourra mériter la confiance
de celui-ci.

Voici quels sont les soins généraux que réclame une
machine de la part du chauffeur.

299. *Du chauffage de la chaudière.* Quand il al-

me le feu sous la chaudière, après un ou plusieurs
urs de repos, il le fera lentement et deux ou trois
eures avant le moment où il doit marcher, afin de
ouvoir le ménager, et éviter ainsi de rompre les
ouilleurs, surtout quand l'eau commence à bouil-
. Il ne doit ouvrir le tiroir de la cheminée que de
quantité reconnue nécessaire pour conduire la maine : car s'il l'ouvrait tout-à-fait sans nécessité il s'ex-
oserait à pousser le feu trop vivement, et au moins
ferait passer trop d'air dans le fourneau, le refroidi-
it, et consommerait ainsi plus de houille qu'il n'est
écessaire.

300. *Du graissage de la machine.* Pendant que la
audière s'échauffe, il doit graisser toutes les pièces
e la machine, en faisant tomber quelques gouttes
huile dans tous les grains, ou en les frottant avec de
graisse suivant le besoin.

Pour bien huiler les grains, il ne faut pas oublier de
esserrer préalablement les clavettes, et de déboucher
s lumières que le cambouis pourrait fermer.

Les meilleures huiles que l'on puisse employer sont
s huiles de pied de bœuf et d'olive, parce qu'elles sè-
ent moins que les autres. Pour les boîtes à étoupes
a emploie du suif, ou de la graisse animale pure : et
our la manivelle, on mêle souvent cette graisse avec
e la mine de plomb ou du talc pulvérisés et passés
a tamis de soie.

301. *De la graisse des os.* La graisse extraite des
est d'une excellente qualité et très-économique,
est-à-dire qu'elle ne brûle pas vite; mais elle a sou-
nt, quand elle n'a pas été bien préparée, l'inconvé-

nient de donner une odeur désagréable, et un dépôt
qui salit les pistons. En traitant les os par la vapeur directement et sans eau, on en retire avec la plus grande
facilité, terme moyen, 8 à 9 p. °/₀ de graisse très-propre.
Cette opération se fait en renfermant les os broyés dans
un vase de fonte ou de cuivre, qui porte d'un côté
un tuyau destiné à y introduire la vapeur par le bas
du vase, et de l'autre côté un robinet, par lequel s'é-
coule la graisse fondue. On obtient une plus grande
quantité de graisse, 10 % environ, en plaçant les os
dans l'eau, et y faisant passer pendant quelques heures
un courant de vapeur qui y entretient l'ébullition.
Les os doivent en tout cas être préalablement lavés à
grande eau.

302. *De l'expulsion de l'air des cilindres.* Quand
la vapeur commence à se former, on ne doit pas oublier d'ouvrir les robinets de graissage placés sur les
plateaux, pour laisser échapper l'air contenu dans
les cilindres; et, la manivelle étant horizontale, de
tenir quelques minutes ouvert le robinet d'introduction de la vapeur, pour donner issue à l'air contenu
dans la chemise et dans la chaudière; car l'air des
cilindres, s'il y était renfermé, prendrait en s'échauffant une tension considérable qui, en s'ajoutant à
celle de la vapeur, pourrait occasioner des accidens,
et détruire au moins les masticages.

303. *De la mise en activité de la machine.* On ferme
tous les robinets quand l'air est entièrement sorti, et
que la vapeur est déjà haute; et lorsqu'elle s'est enfin
élevée à la tension que l'on sait être nécessaire pour
enlever la charge de la machine, toutes les pièces

ayant été préalablement graissées avec soin, on ouvre
e robinet d'introduction et celui du condenseur, et
n même temps on pousse la machine à l'aide du vo-
ant, car ordinairement, lorsqu'elle est froide, elle a
quelque difficulté à se mettre en mouvement, parce
que le vide n'est pas encore fait dans le condenseur:
le manière que la machine n'a toute sa puissance et
ine marche assurée qu'après trois ou quatre révolu-
ions.

Au reste, les machines deviennent quelquefois dif-
iciles à mettre en marche, parce que la boîte à étou-
jes du condenseur, n'étant plus assez garnie, y laisse
entrer l'air, et que le vide ne s'y peut pas produire
aussi long-temps que cette boîte n'est pas couverte
l'eau. Il faut alors jeter un ou deux sceaux d'eau
lans le condenseur, et la pompe travaillera immédia-
ement.

Dans les fortes machines, on a soin de conserver,
à la circonférence du volant, des trous où l'on peut
engager des leviers de fer, pour le pousser au besoin.
On n'oubliera pas, pour rendre plus facile le départ
le la machine, de placer d'avance la manivelle un
jeu au-delà de son passage supérieur ou inférieur,
afin que la vapeur entre librement dessus ou dessous
es pistons, et les presse, et qu'en outre le balancier
uisse pousser la manivelle avec plus d'avantage que
i elle était tout-à-fait verticale.

304. *Du graissage des pistons.* Quand la machine
narche, on serre avec un maillet toutes les clavettes,
t avec une clef les boîtes à étoupes, et on graisse les
istons. A cet effet, on fond du suif dans une burette

de fer blanc, qui reste toujours sur le cilindre de la
machine ; on en remplit l'entonnoir des robinets placés sur les plateaux du grand et du petit cilindre
et saisissant le moment où les pistons remontent, on
ouvre rapidement et un seul instant le robinet, en
ayant soin de le refermer avant que le piston ne recommence à descendre. Le vide qui s'opère dans le
cilindre, aspire immédiatement le suif fondu, qui
graisse les pistons.

Si l'on ouvrait l'un des robinets pendant que les pistons descendent, c'est-à-dire lorsque la vapeur arrive dessus, elle chasserait violemment en l'air le suif
fondu, et l'on pourrait être fortement brûlé.

Lorsque la machine est en activité, le chauffeur ne
la doit quitter que le temps nécessaire à l'entretien
du feu, parce que s'il s'en éloignait inutilement, une
clavette, ou une vis, qui se desserrerait et tomberait
sans être aperçue, ne serait souvent pas sans danger
et qu'en tout cas il doit être prêt à arrêter la machine s'il arrivait, soit dans les ateliers, soit dans la
machine même, un accident imprévu. Cependant dans
les grandes chaleurs de l'été il est difficile d'y rester
constamment ; mais il doit au moins la visiter souvent
et s'en tenir à portée.

Nous conseillons aussi aux manufacturiers de ne pas
laisser les autres ouvriers prendre leurs repas ou se
chauffer dans la machine. Une imprudence de leur
part serait dangereuse pour eux ou pour la machine
et, à part ce danger, c'est une source constante de mal
propreté qu'il faut éviter.

Une autre précaution utile sera d'avoir dans les ateliers une sonnette ou une petite cloche, dont le cordon répondra dans la chambre de la machine à vapeur, afin que le chauffeur puisse avertir quelques instans d'avance du moment où il va mettre en marche ou arrêter la machine. C'est un bon moyen d'éviter des accidens : et il ne serait pas sans utilité de placer aussi dans la chambre de la machine une sonnette dont le cordon serait dans l'atelier, pour faire arrêter rapidement la machine en cas d'accidens arrivés, soit aux ouvriers, soit aux outils employés. Il sera peut-être bon de répéter ici que, dans un cas urgent, on peut arrêter presque instantanément une machine, en fermant le robinet régulateur, et ouvrant les deux robinets de graissage des plateaux. L'air qui y pénètre arrête immédiatement les pistons par le poids qu'il leur oppose.

Lorsqu'une clavette se desserre souvent, le chauffeur doit bien se garder de l'enfoncer à grands coups de maillet ; elle s'userait et se rongerait de suite. Le seul moyen sûr et prompt de la maintenir est d'en ouvrir les branches un peu plus à fond.

305. *De la surveillance du chauffeur.* L'attention du chauffeur doit se porter à la fois sur deux objets principaux, tous deux indispensables à la conduite régulière de la machine ; c'est le flotteur qui le guidera pour faire marcher ou arrêter la pompe alimentaire à propos et avec régularité, comme nous l'avons dit, parce qu'en alimentant trop fortement à la fois, il refroidit la chaudière et diminue la force de la vapeur ; et le manomètre, qui le dirigera dans la conduite du feu,

sur laquelle nous allons donner quelques détails plus étendus.

306. *De la conduite du feu*. Le principal talent d'un bon chauffeur est d'entretenir un feu vif et égal, parce qu'alors il fait produire au combustible le plus grand effet possible, et en même temps il soutient régulièrement la marche de la machine.

Pour cela, il ne faut jamais couvrir la grille d'une couche de houille qui ait plus de $0^m 12$, ou 4° d'épaisseur, répandue bien également sur toute la surface de la grille, sans y laisser de jours par lesquels l'air puisse passer sans être brûlé: Si la couche de la houille était trop faible, l'air qui la traverse ne serait pas suffisamment brûlé : si elle était au contraire trop épaisse, l'air ne pourrait plus pénétrer au centre de la masse brûlante, et les parties qui y seraient placées, étant seulement distillées, donneraient une fumée noire et une grande perte de houille, puisque cette fumée en est la partie la plus combustible. Il en serait de même si l'on employait des morceaux beaucoup plus gros que le poing; ils ne brûleraient qu'à la surface, et l'intérieur se distillerait aussi, avec un grand développement de fumée; il faut, d'un autre côté, veiller attentivement à ce que le chauffeur ne charge pas son feu d'une trop grande quantité de houille à la fois. Le résultat serait encore le même; le feu se trouverait tout à coup tellement refroidi, que la combustion deviendrait lente, incomplète, et que le fourneau donnerait beaucoup de fumée : et lorsqu'enfin cette masse s'embraserait à la fois, le feu devenu trop violent pourrait briser les bouilleurs de fonte

ou ferait au moins monter la vapeur à une tension
très-haute, et imprimerait trop de vitesse à la machine.

Les chauffeurs sont en effet disposés à remplir le
fourneau d'une grande quantité de houille, et à l'employer en gros morceaux, pour éviter la peine de les
briser, et rester plus long-temps tranquilles : et cependant le seul moyen d'avoir un feu vif et régulier,
est de le charger souvent, mais seulement d'une petite quantité de houille, que l'on répand bien également sur la couche embrasée; elle s'allume alors avec
facilité sans ralentir la combustion ni refroidir la
chaudière. Il y aurait aussi de l'inconvenient à multiplier trop les charges, parce que, la porte du foyer restant presque constamment ouverte, l'air qui s'y introduirait changerait le tirage du fourneau, le refroi
dirait, le ferait fumer, et pourrait même briser sou
vent les bouilleurs de fonte, surtout lorsque la chaudière
travaille à haute pression. Il est même prudent, en
pareil cas, de fermer un moment le registre de la cheminée, chaque fois que l'on ouvre la porte du fourneau, pour arrêter le courant d'air et éviter tout danger.

Mais en chargeant tous les quarts d'heure un fourneau en pleine activité, et ayant soin de le faire le
plus rapidement possible, et de ne laisser la porte ouverte qu'un seul instant, nous sommes convaincus, par
expérience, que l'on trouvera une économie marquée
et un beaucoup meilleur emploi du combustible, qu'en
adoptant la méthode, souvent conseillée, de charger
beaucoup de houille à la fois, et de ne la remuer que
rarement.

Il faut aussi retourner de temps en temps la houille embrasée, avec un ringard, et retirer les scories qui se fondent, engorgent la grille, empêchent l'air de la traverser et la font en outre rougir et brûler. Quand le feu est bien soigné, on doit, en regardant sous la grille, n'apercevoir aucun endroit bouché, et noirci par les crasses; les barreaux alors, rafraîchis constamment par un courant d'air rapide, ne peuvent pas rougir, ni brûler comme on le voit quelquefois, en très-peu de temps. Ils se conservent, au contraire, intacts pendant des années entières. Un autre genre de soins contribue aussi très-efficacement à leur conservation, c'est de ne jamais laisser les cendres s'accumuler dans le cendrier; il faut les retirer à mesure, les tamiser à la claie, et rejeter dans le fourneau tout le coke qu'elles contiennent encore, et qui ordinairement est assez abondant, à moins que la houille employée ne soit très-grasse.

307. *Nétoyage du cendrier.* Si l'on néglige cette précaution, cet amas de cendres, dans lequel il reste du coke qui brûle lentement, gêne le tirage du fourneau; il échauffe en outre l'air, comme nous l'avons déjà dit; ce qui nuit à la combustion, rougit et détruit promptement les barreaux de la grille. On a vu précédemment que plus un fourneau a de tirage, moins promptement se brûlent les barreaux. En retirant fréquemment les cendres, on n'est pas obligé, comme l'a conseillé la société de Mulhousen, de faire couler dans le cendrier un courant d'eau, qui ne nous paraît pas avoir d'autre but que d'éteindre la houille tombée de

la grille , et d'empêcher le cendrier de s'échauffer ;
parce que nous ne croyons pas que l'eau , toujours
chaude à sa surface , puisse refroidir sensiblement un
courant d'air très-épais , et qui a une vitesse considérable.

Au reste , la qualité de la houille doit influer
sur la conduite du feu ; car si cette houille est maigre et qu'elle ne se colle pas , on peut, sans inconvénient , en charger sur la grille une quantité un peu
plus grande que si elle était très-grasse , et l'on n'a
pas besoin de la retourner aussi souvent au ringard ;
tandis que la houille grasse , se gonflant et formant
une croûte qui s'embrase tout à coup , demande à
être chargée par petites quantités , afin d'éviter les
coups de feu irréguliers et subits ; et c'est surtout alors
qu'il y a de l'économie à passer les cendres à la claie.

308. *Des moyens d'éviter la fumée dans les fourneaux.*
En un mot , le feu doit être très-régulier , parce que
la régularité de la marche d'une machine, outre qu'elle
est indispensable au travail qu'elle exécute, est le meil-
eur moyen de ne la pas fatiguer, et de n'avoir pas besoin
le coups de feu trop violens, après avoir laissé la vapeur
tomber trop bas. Il doit être très-vif, parce que plus
a combustion est active et rapide, plus on obtient de
vapeur avec la même quantité de combustible; or, pour
entretenir un feu vif et régulier, il faut charger le fourneau très-souvent avec de la houille en petits morceaux , tenir la grille très-propre et le cendrier toujours vide. Avec ces soins, un fourneau bien construit
et dont on ne laissera pas les carneaux et la cheminée

se remplir de cendres et de suie, ne donnera jamais une trace de fumée, excepté dans les momens où on ouvrira la porte pour alimenter, et quelquefois quand l'air est lourd et chargé de pluie, parce qu'alors les fourneaux sont beaucoup plus disposés à fumer, à cause de la diminution d'activité de la combustion. De plus, en ne chargeant la houille fraîche que sur le devant du fourneau, pour qu'elle ait le temps de s'échauffer et de s'allumer, et en repoussant préalablement sur le reste de la grille, toute la houille déjà embrasée; en prenant enfin rigoureusement toutes les précautions que nous venons d'indiquer, nous pouvons garantir qu'on évite jusqu'à la moindre trace de fumée, sans aucun appareil fumivore; car, par cette méthode, la fumée de la houille fraîche se brûle en traversant toute la grille enflammée. Un des exemples les plus frappans de cette vérité est le fourneau du chauffage à vapeur de la Bourse à Paris, construit sur les principes que nous avons exposés plus haut, et dont on n'a jamais vu fumer la cheminée, bien qu'on n'y brûle que de la houille.

C'est avec le registre seul de la cheminée, qu'un bon chauffeur doit diriger et régler son feu, et jamais, comme nous l'avons dit, en ouvrant la porte du fourneau. Il peut aussi, pour diminuer le tirage, fermer la porte du cendrier, et il doit toujours le faire quand il arrête le feu pour quelque temps, sans oublier cependant de fermer le registre; car nous ne pensons pas qu'en aucun cas, la fermeture du cendrier puisse suppléer entièrement à celle de la cheminée. Il s'éta

17.

blirait toujours des courans d'air dans les carneaux, su
tout lorsqu'ils sont larges. Il est également dangerei
de retirer à la fois tout le feu du fourneau, à moi
d'accident urgent, avec des bouilleurs ou une chaudiè
de fonte, et dans ce cas, il faut fermer immédiateme
la porte, le cendrier et le registre.

309. *Des moyens d'arrêter l'excès de tension de la v*
peur. Lorsque, pendant le travail, la vapeur s'élève
une tension trop haute, il faut immédiatement ferme
le registre et alimenter fortement la chaudière. L'ea
froide que l'on y envoie arrête en un instant cet
augmentation de pression; c'est ordinairement quau
on arrête la machine pour quelque accident que la va
peur s'élève ainsi. On doit alors, en même-temps que l'o
ferme le registre, diminuer la charge des soupapes c
sûreté, en rapprochant les poids qui les maintiennen
ce moyen suffit pour arrêter tout excès de tension : a
reste, un bon chauffeur n'a pas besoin de ces procé
dés pour conduire son feu avec toute la régularit
nécessaire.

310. *Des précautions à prendre en arrêtant la ma*
chine. Lorsque l'on veut arrêter la machine, on ferm
le registre pour interrompre le courant d'air; on laiss
encrasser le grille, et le feu tomber quelque temp
d'avance; on consomme enfin toute la vapeur formée
ou si la machine s'arrête avant que cette vapeur soi
entièrement consommée, ou en dégage l'excédant a
moyen d'un robinet de sûreté: on n'oubliera pas sur
tout que, lorsqu'un fourneau est très-chaud, il pro
duit encore une assez grande quantité de vapeur

long-temps après que le feu est cessé et la machin
arrêtée.' C'est par conséquent une pratique très-dan
gereuse que de couvrir le feu de cendres, ou d
houille mouillée, pour le retrouver quelques heur
après, même en fermant le registre : et rarement fer
me-t-il assez bien pour s'opposer complètement à un
combustion lente et à une nouvelle formation de vapeur
Nous pourrions citer des manufacturiers qui permet
taient cette pratique à leurs chauffeurs, et qui on
été réveillés au milieu de la nuit par les sifflemens d
la vapeur au travers des soupapes de sûreté et des ri
vures de leur chaudière : le registre avait été oublié oi
mal fermé, et le feu s'était rallumé complètement
On sent quels accidens pourrait entraîner un parei
oubli de la part des chauffeurs, si l'on s'y exposait.

311. *Régularité de la pression de la vapeur.* Er
entretenant un feu régulier et alimentant assez fré
quemment la chaudière, il est facile de soutenir' la
vapeur au même degré, et ce degré doit être tel, que
l'on ne soit pas obligé d'ouvrir entièrement le robinet régulateur, pour donner à la machine la vitesse
exigée : en tenant ainsi le robinet à peu près au quart
fermé, on peut au besoin lui donner plus d'ouverture,
pour maintenir la vitesse de la machine, si la vapeur
vient à baisser un moment, et l'on a ainsi le temps de
pousser le feu plus vivement, pour la ramener à sa tension ordinaire.

Par la même raison, on ne doit pas ouvrir inutilement en entier le registre de la cheminée, mais se
réserver cette ressource pour activer le feu quand
cela devient nécessaire.

312. *De la vitesse à donner aux machines à vapeur.*
Il est encore un objet auquel le chauffeur doit donner
beaucoup d'attention, et qui servira utilement à le
guider dans la conduite régulière de la machine. C'est
la vitesse moyenne à lui donner : et sa parfaite régularité intéresse évidemment le manufacturier; car, dans
les ateliers où les métiers exigent une vitesse déterminée et que l'on a calculée d'après celle que doit
conserver le moteur, si cette dernière varie, celle des
outils variera et la qualité du travail en souffrira :
c'est ce qui a lieu dans les filatures, et, d'un autre
côté, dans les ateliers où le mouvement des outils peut
varier sans inconvénient pour la qualité de l'ouvrage,
dans des limites un peu plus étendues, ce qui est rare;
il n'en résulte pas moins que, si la machine se ralentit,
la quantité de travail fait diminue, ce qui est une très-
grande perte; et si elle s'accélère trop fortement, elle
court de grandes chances d'accidens, et expose aussi
les outils qu'elle conduit.

Le manufacturier doit donc connaître exactement
ce qu'on peut nommer *la vitesse de régime*, à laquelle
sa machine doit constamment marcher; c'est celle
pour laquelle elle a été réglée, et tous les mouvemens
combinés, celle en un mot que l'expérience a prou-
vée la plus avantageuse au développement de la puissance mécanique de la vapeur.

313. *Vitesse des pistons des machines à vapeur.* La
vitesse la plus avantageuse à donner à la vapeur, c'est-
à-dire aux pistons qui reçoivent ses actions, est, selon

les meilleurs mécaniciens , d'environ 1 mètre par seconde.

Par conséquent, plus la course des pistons est petite plus le nombre des coups qu'ils doivent donner est grand.

Il est facile de calculer , d'après ce résultat d'expérience , la vitesse de régime à donner à toutes les machines à vapeur , puisque l'on connaît la longueur de leur manivelle. On fera seulement attention qu'il vaut mieux se maintenir au-dessous qu'au-dessus de cette vitesse , surtout dans les grandes machines , et , à plus forte raison , dans celles qui sont très-chargées.

314. *Vitesse de régime de quelques machines.* Le nombre de coups de piston que doivent donner les machines à basse et à moyenne pression les plus fréquemment employées , est à peu près celui-ci.

Machine de 8 chevaux 30 coups de piston.
id.   10   28
id.   12   27
id.   16   25
id.   20   22

En tous cas, nous répétons qu'en mesurant la longueur de la manivelle , il sera toujours facile de calculer quel est le nombre de révolutions qui donnera au piston sa vitesse de 1^m (3 pieds 1°) par seconde.

315. *Du métronome.* Mais pour que le chauffeur puisse régler avec certitude la marche de sa machine , suivant cette vitesse déterminée d'avance , on ne doit pas se fier à l'expérience et à l'habitude pour mesurer la vitesse d'une machine; car souvent on

aisse ralentir par degrés insensibles cette vitesse, et l'on ne peut s'en apercevoir, si l'on n'a pas une mesure invariable et fixe qui serve de point de comparaison, et qui rectifie l'erreur à laquelle l'oreille s'accoutumerait facilement. Il faut placer dans la chambre de la machine un métronome, instrument qui devrait se trouver auprès de tous les moteurs qui exigent une grande régularité.

Rien de plus simple que la construction de cet instrument ; c'est une planche de 1^{m}80 de longueur environ, devant laquelle oscille une balle de plomb suspendue à un fil de soie. On peut régler la longueur de ce fil, soit en le fixant à un petit goujon mobile, en fer, sur lequel il se roule ; soit en passant le fil qui soutient le petit poids oscillant, dans deux trous percés sur la longueur du goujon, de manière qu'il soit suspendu par les deux bouts. Pour les empêcher de se tordre ensemble, on écarte les deux trous l'un de l'autre, de deux ou trois centimètres. Enfin on met, aux deux extrémités de la soie, de petites balles de plomb pour équilibrer le poids oscillant, de manière qu'en élevant les petites balles on fait descendre le poids, et réciproquement on donne ainsi au fil oscillant une longueur calculée d'avance, suivant le nombre d'oscillations que l'on veut qu'il fasse en une minute.

Pour cela, on trace sur la planche diverses longueurs que nous donnerons dans la table insérée en note sous le n° 7, toutes prises à partir du point de suspension : ce sont les longueurs du pendule qui bat le nombre correspondant de coups en une minute.

On met donc le poids oscillant au niveau du nombre de coups qu'il doit donner; et en le faisant osciller , on compare facilement sa vîtesse avec celle de la machine, parce que, quelque faible que soit la différence de ces vîtesses , dès qu'il en existe une , au bout de 12,15 ou 20 oscillations , le pendule prend de l'avance sur la machine, ou se trouve en retard.

316. On graisse les machines à vapeur deux fois par vingt-quatre heures. Pour cette opération, on arrête la machine , en ayant soin de laisser la manivelle en haut. Pour graisser la manivelle, on desserre la clavette , on retire le grain de cuivre supérieur, on le couvre de suif ou de graisse animale fondue , mêlée, si l'on veut , de plombagine passée au tamis de soie; on en frotte également le prisonnier de fer, on remet le tout en place et on resserre la clavette ; on fait ensuite couler quelques gouttes d'huile d'olive ou de pied de bœuf, dans les lumières de tous les grains de cuivre du parallélogramme , du balancier, de la bielle , des arbres de couche , etc., etc. , et partout où il y a des frottemens, sans oublier de desserrer les clavettes et de déboucher les lumières, pour que l'huile puisse pénétrer sur les tourillons, et ne pas les laisser frotter à sec.

317. Au reste, il ne faut pas croire que la conduite journalière d'une machine et son entretien présentent de grandes difficultés, et exigent un très-long apprentissage , et que le talent de chauffeur soit rare à trouver. Il faut peu de temps pour former un chauffeur ordinaire : et un ouvrier qui sait travailler le fer, pourvu qu'il ait un peu d'intelligence, d'activité et de

oin, est promptement au courant de ce travail, si
e propriétaire de l'établissement est lui-même en
tat de se charger de la haute direction de la machine,
l'en reconnaître et d'en corriger les accidens les plus
érieux et les moins fréquens ; c'est ce but que nous
ous sommes efforcés d'atteindre : ce qui est difficile et
are, c'est de trouver un chauffeur capable, et par l'ac-
ivité et la tenue de son esprit, et par son expérience
ratique, de conduire une machine à vapeur, seul,
t sans aucune surveillance; capable de deviner des
ccidens qu'il n'a pas encore éprouvés, et d'en trouver
e remède; capable enfin de l'entretenir, de lui faire
xécuter un long travail sans la fatiguer, et avec au-
ant d'attention et d'intérêt qu'en pourrait mettre le
ropriétaire lui-même. De tels chauffeurs sont peu
ommuns, et nous pouvons ajouter que de tels hom-
nes sont rares aussi dans toutes les carrières, et à des
legrés même d'instruction beaucoup plus élevés.

DE LA POSE DES MACHINES A VAPEUR.

318. Bien que la pose des machines soit l'affaire
péciale des mécaniciens et ne regarde pas directement
e chauffeur et le manufacturier, nous croyons néces--
aire de donner ici les principes d'après lesquels on
loit se guider dans cette opération, parce qu'ils sont
ndispensables, soit pour remplacer les pièces qui se
brisent quelquefois, soit pour vérifier les travaux d'un
uvrier monteur, et s'assurer qu'il n'a négligé aucun

soin important , car il est des fautes de montage auxquelles il serait impossible de porter remède plus tard
soit pour pouvoir au moins corriger les défauts dus à
cette cause , que l'on apercevrait ensuite dans la marche de la machine. Nous ajouterons qu'il est impossible
de bien connaître les machines , de découvrir et de
guérir leurs maladies , si l'on ne s'est pas rendu un
compte bien exact de l'ajustement et des rapports de
position de toutes les pièces , de l'exactitude desquelles dépend presque entièrement la perfection de la
machine.

Nous ne saurions donc recommander trop instamment aux manufacturiers, de veiller par eux-mêmes à
ce que les précautions les plus minutieuses soient prises dans ce montage. Une machine mal posée s'use
beaucoup plus rapidement , est sujette à de plus fréquentes réparations , entraîne par conséquent de nombreux chômages , et brûle enfin plus de houille. Et
nous ne craindrons point d'insister encore ici sur la
nécessité d'éviter tout chômage et tous faux frais inutiles , parce que, quelque faibles qu'ils paraissent en
détail , ils forment , à la fin de l'année , une somme
considérable.

319. Lorsque l'on a déterminé la place où l'on veut
monter une machine à vapeur , le premier travail à faire
est de creuser le puits , pour s'assurer que l'on trouvera de l'eau en quantité suffisante ; car un manque
d'eau imprévu peut entraver l'entreprise la mieux
conçue et la plus avantageuse. On doit même le faire
s'il est possible , avant de construire les bâtimens

et de plus, établir dans ce puits, ou dans le trou de sondage que l'on a préalablement creusé, deux ou plusieurs pompes à bras, capables de tirer plus d'eau que la machine n'en consommera. On ne sera plus alors exposé à manquer d'eau. L'on monte ensuite les massifs, sur lesquels la machine reposera, en même temps que le reste de la maçonnerie des murs. Si une partie de ces massifs se trouvait placée immédiatement sur le bord du puits, ou en porte à-faux, on y construirait une arcade pour les soutenir. On creusera le puits assez large et assez profond, pour pouvoir placer sans peine les tuyaux et la pompe à eau, les raccommoder au besoin, et pour être sûr de ne jamais manquer d'eau. Il ne doit pas avoir moins de 1^{m}30. (4 pieds). C'est la moindre largeur que l'on puisse lui donner, quand les massifs ne permettent pas d'aller au-delà. (Voyez *Pompe de puits.*) Et il est même bon lorsque les massifs gênent, de faire le puits plus large au fond qu'en haut; c'est une construction solide qui donne beaucoup de facilité pour le placement et l'entretien des pompes.

Les massifs qui portent la machine reposeront sur un bon fond, et s'il n'était pas possible de l'atteindre, il faudrait damer solidement les fondations, et y établir un plancher de madriers de chêne, de 0,^{m}07 à 0,^{m}10 d'épaisseur; 2 1/2 à 3° environ d'épaisseur, assemblés avec des traverses, car c'est sur ce plancher que le massif doit reposer; on le construira entièrement en pierres de taille de grandes dimensions, et dont tous les joints se recouperont, et l'on donnera d'au-

tant plus de soin et de solidité à leur construction
que la machine qu'ils doivent porter sera plus forte
Pour une machine de 10 chevaux, ils doivent avoi
au moins 2ᵐ6 (8 pieds) de profondeur.

On a essayé quelquefois de construire une partie dı
ces massifs en maçonnerie de moellons; mais cette faibl
économie présente de graves inconvéniens, en ce qu'i
est alors impossible de percer exactement à la mêche
les trous des grands boulons qui traversent les massifs
et y fixent la machine, ou d'y sceller avec quelque so
lidité des liens de fer, pour réunir ensemble le peu dı
pierres de taille que l'on y emploie. La dernière assise
doit surtout être composée de fortes pierres de taille,
et principalement la pierre qui doit porter le palier
de la manivelle, parce que c'est là que se fait le plus
grand effort de la machine, dans la transformation du
mouvement de va et vient en mouvement circulaire :
nous avons même vu, dans de petites machines, cette
pièce enlevée avec le palier, à chaque tour de manivelle.

En général, il faut faire d'avance l'appareillage des
pierres, de manière que les plus grosses se trouvent
chargées de soutenir les plus grands efforts.

Il sera toujours avantageux de ne pas élever les
murs d'enceinte, avant la pose des grosses pierres de
la machine : et on se réservera une porte très-large de
2ᵐ afin de pouvoir entrer et sortir facilement les
plus grosses pierres.

Quand les massifs sont construits, il faut, s'il est

ossible , les laisser reposer quelque temps avant d'y monter la machine.

320. *De la chambre de la machine.* La chambre de a machine doit être élevée , pour que celle-ci n'y oit pas trop écrasée ; elle doit être bien éclairée ar de larges fenêtres , placées , s'il est possible , aux leux extrémités de la chambre ; c'est le jour le plus avorable pour éclairer les parties importantes de la machine, et en même temps pour son effet général. Quand *axe de l'arbre du volant qui transmet le mouvement dans les ateliers , doit se trouver à une grande hauteur au-dessus du sol , il est bon de construire dans la chambre même de la machine , un escalier qui en occupe toute la largeur , et qui conduise sur le haut des massifs , comme on le voit dans l'élévation générale de la machine (*pl.* 10). Il est toujours utile , soit pour le service ordinaire , soit en cas d'accident d'avoir dans la chambre de la machine, une porte qui communique directement avec les ateliers. La chambre sera peinte à l'huile , afin de pouvoir laver facilement les taches auxquelles elle est constamment exposée : et nous avons déjà dit que la propreté de la chambre de la machine était un des meilleurs moyens d'entretenir l'activité des chauffeurs. Une machine placée dans un local obscur , étroit et sale , ne flatte en rien et n'excite pas leur amour-propre , et dans le disposition des constructions à faire , il est presque toujours facile de les rendre en même temps commodes et élégantes.

321. On doit bien se garder d'employer des bois pour porter les paliers des machines à vapeur , à moins

d'une nécessité absolue, parce que les bois travaillent
beaucoup, et qu'en outre ils ne se lient jamais solidement à la maçonnerie, et y prennent bientôt du mouvement (117).

On trouvera dans l'article relatif aux fourneaux,
tout ce qui concerne la pose des chaudières : nous ré-
péterons seulement ici, qu'il est de la plus haute importance d'asseoir très-solidement et sur bon fond, ou
sur plancher de chêne, le massif des grosses chaudières de fonte, et de se rappeler qu'elles éprouvent toujours un tassement, et que, pour qu'elles ne prennent
pas charge sur les bouilleurs, il faut réserver du jeu
entre les lèvres des bouilleurs, et les tubulures de la
chaudière.

322. *De l'arbre du volant.* Pour monter une machine, on pose en premier lieu l'arbre qui porte la
manivelle et le volant; cet arbre doit être parfaitement horizontal, et pour cela, il ne suffit pas que
les paliers soient de niveau, parce que les gorges
de l'arbre ne sont pas toujours égales : c'est sur
l'axe même de l'arbre qu'il faut se régler, en vé-
rifiant le diamètre des gorges avec un compas d'é-
paisseur, et ajoutant au palier de celle qui serait la
plus faible une calle dont l'épaisseur soit égale à la
moitié de la différence du diamètre des gorges, pour
prendre le nivellement sur cette calle et sur le palier
le plus élevé. On peut aussi faire préparer deux tourillons en bois, de la grosseur exacte des gorges de
l'arbre, et les ajuster dans le palier, après avoir percé
un petit trou dans leur centre; on passe par ce

rou une ficelle fine, qui sert à niveler les deux pa-
iers. Ces nivellemens doivent être faits avec un niveau à bulle d'air, et une règle dont l'exactitude soit
scrupuleusement vérifiée. Nous observerons ici une
fois pour toutes, afin de n'avoir pas à le répéter à
chaque instant, que, quand on pose une pièce de mécanique, et surtout de machine à vapeur, on doit le
faire avec la plus rigoureuse exactitude qu'il soit phy-
siquement possible d'atteindre, et ne jamais se conten-
er d'approximations ; et c'est en grande partie cette
habitude de soins et de patience qui ne se relâche
amais, même pour les pièces de peu d'importance,
qui fait les bons monteurs, et en général les bons
ouvriers.

323. Ordinairement la hauteur de l'axe de l'arbre du
volant, est déterminée d'avance par le travail auquel
l est destiné, et la place à laquelle on doit por-
er le mouvement dans les ateliers; dans tous les cas,
c'est de cette hauteur que l'on part pour poser la
machine à vapeur; mais, quand on peut la faire varier un peu sans inconvénient, on fera bien de régler
cette hauteur sur celle des massifs déjà construits,
comme nous l'indiquerons tout à l'heure, pour ne pas
être obligé de retoucher à ces massifs. Lorsque la
machine est à double volée, c'est-à-dire, que le volant
ne se trouve pas sur l'arbre de la manivelle, mais bien
sur un autre arbre, commandé par des engrenages,
pour augmenter sa vitesse, on doit poser le premier
le second arbre qui communique le mouvement dans
les ateliers.

524. Quand l'arbre de la manivelle est parfaitemen
horizontal, on y monte le volant ; on observera ici que
souvent le volant est ajusté de manière à ne pouvoir
pas être monté en place : qu'il faut alors en assembler
les pièces sur un plan horizontal, le relever ensuite
en entier pour le descendre dans sa place, et introduire dans son moyeu l'arbre qui le porte. Lorsque le
volant ne peut pas être ajusté en place, il est plus
important encore, de ne pas construire d'avance les
murs de la chambre de la machine, puisqu'il serait
impossible d'y monter le volant horizontalement ; et
que plusieurs fabricans ont été obligés de les démolir
pour cet objet.

525. On doit serrer le volant contre le mur ; il vaut
encore mieux le loger dans un cintre, taillé dans l'é-
paisseur même du mur, de manière à l'affleurer par
sa face intérieure ; cette disposition offre de l'élégance,
en même temps qu'elle laisse un plus grand espace
entre la roue de volée et la manivelle : en général
cet espace est trop étroit, pour ouvrir un passage
convenable. On doit donner à l'ouverture des massifs,
dans laquelle roule le volant, une largeur suffisante,
pour qu'un homme puisse au besoin y descendre, afin
d'en retirer les objets qui y seraient tombés.

Observons ici que devant le volant, comme autour de la bielle et de la manivelle, doivent être placées des balustrades solides, pour éviter tout accident.

526. On cale alors le volant sur son arbre, comme
nous avons dit que l'on callait les roues (Voy. *Communications de mouvement*), art. 267, et on doit aussi mas-

[q]uer l'intervalle de l'arbre et du moyeu, au mastic
[e]n fonte.

327. *Du balancier.* Quand l'arbre de la man ivelle est
[ai]nsi en place, il faut déterminer exactement la hau-
[te]ur à laquelle on doit poser le balancier, et par con-
[sé]quent l'entablement et les colonnes. Les me-
[su]res que les mécaniciens donnent ordinairement
[po]ur la construction des massifs sont calculées de
[m]anière qu'en y posant la grande plaque, les co-
[lon]nes et l'entablement, le balancier se trouve exac-
[te]ment à la hauteur qu'il doit avoir : c'est-à-dire que,
[qu]and la bielle y est fixée, il monte et descend, à chaque
[co]up de piston, d'une quantité égale au-dessus et au-
[des]sous de la ligne horizontale, passant par l'axe de
[le]s tourillons : de manière, en un mot, que cette
[li]gne partage sa course en deux parties exactement
[é]gales ; condition importante sur laquelle est calcu-
[lé]e la construction du parallélogramme, et qui, si
[el]le n'était pas remplie, exigerait dans le parallé-
[lo]gramme des changemens difficiles (124 et 125).
[M]ais il est bien rare que l'exécution des massifs et des
[p]ièces de fonte soit assez rigoureuse, pour qu'il
[n]'existe pas une erreur de quelques millimètres sur la
[h]auteur du balancier, et il faut s'en assurer positivement;
[c]'est ce que ne font presque jamais les monteurs, et
[c]e qui dans la plupart des machines, empêche les ti-
[g]es des pistons de descendre perpendiculairement.

Cette hauteur est égale à la longueur exacte de la
[b]ielle, depuis l'axe du prisonnier jusqu'à l'axe du tou-
[r]illon de la boule du balancier, sauf une petite diffé-

rence due à ce que, quand le balancier est au haut ou
au bas de sa course, l'axe de ses tourillons n'est pas
sur la même perpendiculaire que l'axe de l'arbre de la
manivelle : puisque nous verrons plus loin que la per
pendiculaire, élevée sur l'axe de rotation de la manivelle, doit partager en deux la flèche de l'arc de cercle
décrit par la tête du balancier. Mais cette différence
n'est pas appréciable sur une longueur aussi grande.
Pour prendre exactement la longueur de la bielle, on
placera dans les grains de cuivre des petits tourillons en
bois, du diamètre des tourillons de la boule du balancier, et du prisonnier de la manivelle, destinés à les
remplacer, en ayant soin de serrer les clavettes ; et
c'est entre leurs axes que l'on mesurera la longueur
de la bielle.

Ainsi l'axe du balancier doit se trouver exactement
à une hauteur égale à la longueur de la bielle, au-dessus
de l'axe de rotation de la manivelle; c'est ce dont on
se rend facilement compte, en réfléchissant que
quand le balancier est au haut de sa course, la
distance perpendiculaire entre ces deux axes est
égale à la longueur de la bielle, plus celle de la manivelle : et que, quand il est au bas, elle est égale à la
longueur de la bielle, moins celle de la manivelle ;
donc, au milieu de sa course, cette distance perpendiculaire est égale à la longueur même de la bielle.

Rappelons encore ici que, quand le balancier est au
milieu de sa course, la manivelle n'est pas horizontale,
c'est-à-dire que son axe de rotation et son prisonnier
ne sont pas sur une ligne horizontale, à cause de l'o-

18.

bliquité que prend la bielle, qui raccourcit sa hauteur perpendiculaire. Le prisonnier se trouve alors au-dessus de l'horizontale ; de là il résulte que si les coups de piston de la machine sont réguliers, la manivelle marche plus vite pendant son demi-tour inférieur, que pendant son demi-tour supérieur.

328. Pour vérifier si l'arbre de la manivelle est placé d'équerre sur le grand axe de la machine, c'est-à-dire sur la ligne qui passe par le milieu des deux cilindres, du condenseur, du balancier, et du prisonnier de la manivelle, on tend une ficelle très-fine sur le grand axe de la machine, et plaçant successivement la manivelle horizontale dans ses deux positions extrêmes, à droite et à gauche de son axe de rotation, cette ficelle doit, dans ces deux cas, couper le prisonnier de la manivelle exactement au milieu de la partie qu'occupe la bielle ; s'il en était autrement, c'est-à-dire si cet axe ne coupait pas le prisonnier à la même place, cela serait dû à ce que l'axe de la manivelle ne serait pas d'équerre sur le grand axe de la machine, et il faudrait l'y amener, en faisant marcher les paliers et les vérifier jusqu'à parfaite exactitude.

329. *Du grand axe de la machine.* Nous avons dit que l'axe de la machine doit couper en deux le balancier, suivant sa longueur, et par conséquent passer par le centre de ses deux extrémités. Il doit passer aussi au milieu de la grande plaque qui porte le cilindre : rien n'est plus important que de se bien rendre compte de la position du grand axe de la machine, qui coupe en deux parties égales le prison-

nier de la manivelle, la bielle, le balancier, l'entable
ment , la grande plaque et les cilindres ; car c'est
cette ligne, déterminée par le milieu de l'épaisseur du
grain de la bielle, et d'équerre sur l'arbre de la manivelle, qui sert de base au posage de toute la machine.

530. *De la grande plaque et des colonnes.* Quand
cette ligne est bien déterminée au moyen d'un
cordon, ou mieux d'un fil de laiton fin et bien recuit,
et de points de repère, faciles à retrouver ; on place
la grande plaque de manière que l'axe de la machine
la coupe en deux parties parfaitement égales, et que
la ligne qui passe par le centre des colonnes, perpendiculairement à l'axe de la machine, c'est-à-dire,
l'axe de rotation du balancier, se trouve à une distance de l'axe de rotation de la manivelle égale à
la moitié de la longueur du balancier, moins la moitié
de la flèche de l'arc de cercle qu'il décrit.

331. *Axe de rotation de la manivelle.* En effet,
pour que le balancier soit bien posé, il faut que son
axe, déterminé par les deux points de centre de ses extrémités , coïncide avec le grand axe de la machine,
c'est-à-dire, qu'en abaissant un fil aplomb par le centre de ses deux extrémités, il tombe sur le cordon qui
détermine ce grand axe.

On mesure ensuite l'arc de cercle que décrit le
centre des tourillons de la boule du balancier, quand
celui-ci marche : on trouve facilement cet arc, en traçant sur un plancher la moitié de la longueur du balancier , depuis son axe de rotation jusqu'à l'axe de la

boule, et lui donnant pour course, perpendiculairement au-dessus et au-dessous de ce niveau, la longueur
de la manivelle, de manière que la course entière soit
égale à deux fois cette longueur. En abaissant une perpendiculaire du sommet de cet arc, sur la ligne horizontale qui le partage en deux parties égales, l'axe de rotation de la manivelle doit se trouver exactement à l'a
plomb du milieu de l'intervalle restant, entre cette perpendiculaire abaissée et le centre des tourillons de la
boule du balancier : de manière que, dans la course du
balancier, le centre de ces tourillons s'écarte alternativement d'une quantité égale à droite et à gauche de
l'aplomb de l'axe de la manivelle.

Ainsi l'axe de rotation du balancier qui repose sur
l'entablement doit être placé de manière que le
centre de la boule du balancier, quand celui-ci est
horizontal, soit plus loin que l'axe de rotation de la
manivelle, d'une longueur égale à la moitié perpendiculaire de l'arc de cercle décrit par le balancier.

332. L'entablement, la grande plaque et les colonnes
se placent d'après les mêmes mesures : puisqu'ils
doivent se trouver à l'aplomb de l'axe de rotation du
balancier, et être coupés en deux, sur leur longueur,
par l'axe de la machine.

333. *Axe de rotation du balancier.* Quand la plaque est
posée suivant l'axe de la machine, et suivant l'axe de rotation du balancier, et qu'en outre on l'a mise d'aplomb
avec une grande règle et un niveau à bulle d'air, on
pose les colonnes, puis l'entablement, puis le balancier:
et avant de les fixer définitivement, on vérifie si l'axe

de rotation de ce dernier est bien de niveau, en s'assurant que les deux points de centre des deux extrémités suivent une ligne perpendiculaire, quand le balancier marche; ce qui s'opère facilement, en attachant un fil aplomb à une pièce de bois placée au-dessus du balancier, lui faisant couper en deux le point de centre de celui-ci, quand il est en haut de sa course, et regardant si, quand il est en bas, le fil aplomb le partage encore; car s'il n'y passait plus exactement, il serait évident que son axe ne serait pas de niveau, et que la course verticale du balancier serait gauche. On peut encore le mettre d'aplomb au moyen d'un niveau, *Pl. 5 fig.* 10, dont les pieds peuvent reposer à la fois sur les deux tourillons du balancier et sur lequel on pose un niveau à bulle d'air (116). Et en outre on s'assure de nouveau que l'axe horizontal du balancier, passant par le centre de ses deux tourillons, partage sa course en deux parties égales (124 et 125).

334. *Condenseur et cilindres.* On met alors le condenseur en place, approximativement, parce qu'on ne peut le fixer que lorsque le parallélogramme est monté; on place ensuite les cilindres. Pour cela il faut, quand la machine est à deux cilindres, que l'axe de la machine passe par le centre des deux cilindres de la colonne, et en outre que les deux fils aplomb qui passent par les deux centres des tourillons de la boule tombent au-delà du centre des grands cilindres, à une distance égale à la moitié verticale de l'arc de cercle décrit par le balancier, ainsi que nous l'avons expliqué pour la manivelle; afin de partager en deux le

tirage oblique produit par le mouvement circulaire du balancier. Pour placer ainsi les cilindres
avec facilité, on les ferme tous les deux au moyen de
plateaux en bois bien ajustés ; on détermine exactement le centre de chaque cilindre sur ces plateaux ;
on y trace la ligne qui passe par les deux centres, et
par celui de la colonne du parallélogramme, et il est
alors facile de la faire coïncider avec le cordeau qui
détermine le grand axe de la machine, parce que les
boulons qui doivent fixer les cilindres à la plaque et
aux massifs, laissent beaucoup de jeu tant qu'ils ne
sont pas serrés.

335. On marque ensuite, au-delà du centre du grand
cilindre, c'est-à-dire du côté de la colonne, une distance égale à la moitié verticale de l'arc de cercle du
balancier, et on trace en ce point, sur le plateau, une
ligne perpendiculaire à l'axe de la machine ; c'est sur
cette ligne que doivent tomber les fils aplomb, abaissés
par les centres des tourillons de la boule, quand le balancier est parfaitement horizontal. En déterminant
ainsi la position des cilindres dans les deux sens, par
des tâtonnemens assez minutieux, on les met en
même temps d'aplomb, au moyen de la règle munie
d'un fil aplomb. *Pl.* 5 *fig.* 8. (94), dont nous
avons déjà parlé et à laquelle on fait parcourir successivement le tour entier des deux cilindres. En
plaçant ces deux niveaux dans les cilindres, on les
dresse facilement sur tous les sens. On s'assure en
même temps, par ce procédé, si les deux cilindres
sont parfaitement parallèles entre eux. On met, s'il

le faut, des calles entre la plaque et les cilindres pour les dresser, et on serre très-fortement le écrous.

336. Nous avons déjà indiqué les soins que réclame l[pose de l'entablement (116 à 120), du parallélogramm et des pistons (121 à 157), de la bielle (138), et du con denseur (185). Celui-ci se pose d'aplomb, par le mêm moyen que les cilindres, et s'assujétit par des boulons Quand le parallélogramme est placé et réglé, il faut seu lement faire attention à sa hauteur, parce qu'ordinaire ment les tringles sont faites d'avance, et que sans cel on serait obligé de les couper (111). Quant à la pomp alimentaire (68), pour la placer, on met le balancie horizontal : et dans cette position, le fil aplomb qu tombe au milieu de la boîte à étoupes de la pompe doi couper perpendiculairement en deux l'arc de cercl décrit par le tourillon du balancier qui porte la tige d la pompe, comme nous l'avons dit pour la manivelle, afin de partager le tirage oblique de la tringle.

337. Nous avons déjà donné avec détails la manièr de poser les boîtes (142), et de régler les soupapes e le parallélogramme (121).

338. Le peu que nous avons dit ici sur le montag des machines est nécessairement fort imparfait : nou ne le destinons pas à former un ouvrier monteur : ce pendant il renferme les bases de ce travail, et un homm intelligent, et qui connaîtra déjà une machine, y trou vera tout ce dont il aura besoin pour remplacer de pièces brisées ou dérangées, et se rendre bien compt

des rapports de position qui existent entre toutes les parties d'une machine.

Ce qui précède est principalement applicable aux machines de Woolf à deux cilindres ; mais ce sont les plus difficiles à monter, et les principes de montage sont les mêmes pour toutes les autres machines à balancier et à volant. En effet, la difficulté est de bien déterminer le grand axe de la machine, l'axe de la manivelle, et celui du cilindre, en partageant verticalement en deux l'arc de cercle décrit par le centre des boules du balancier; puis de poser le balancier au-dessus de l'axe de la manivelle, d'une quantité égale à la longueur de la bielle, afin que sa course soit partagée en deux parties égales, par l'horizontale qui passe au centre de ses tourillons.

339. Les machines dites machines portatives, qui sont assemblées et posées sur des bâches en fonte, et indépendantes des bâtimens, ont été ajustées et montées d'avance dans les ateliers de construction; elles ne demandent plus qu'un massif solide, et une grande exactitude de la part de ceux qui les posent, pour faire coïncider l'axe du balancier avec l'axe de commande des ateliers, et remonter toutes les pièces avec soin.

340. Les machines à un cilindre se posent exactement par le même procédé que celles à deux cilindres : la pose des machines à balancier sans volant, comme les machines d'épuisement est encore plus simple, puisqu'il faut se régler seulement sur le grand axe de la machine, et le faire passer par le point où l'on veut

établir les tiges des pompes : et qu'au reste on ne monte ordinairement celles-ci qu'après les machines ; ce qui laisse toute latitude pour poser son grand axe et son balancier , et y ajuster ensuite le cilindre.

QUATRIÈME PARTIE.

CHOIX ET ACHAT DES MACHINES A VAPEUR.

TILITÉ COMPARATIVE DES DIVERS SYSTÈMES DE MACHINES A VAPEUR.

341. Ce ne sera pas nous écarter de notre sujet, ue de donner ici, aux industriels qui ont besoin de achines à vapeur, les renseignemens nécessaires our choisir, parmi les principaux systèmes employés, elui qui convient le mieux au travail qu'ils doivent xécuter, aux localités, et aux circonstances dans les- uelles ils se trouvent, et d'y ajouter quelques ob- ervations sur la manière de traiter avec les mécani- iens. Car, nous avons vu plusieurs manufacturiers, bligés, après avoir éprouvé de longues pertes, de hanger leurs machines à vapeur contre des ma- hines d'un système différent, pour n'avoir pas tenu ompte, à la formation de leur établissement, soit du

prix du combustible , soit des frais d'entretien de
moteur.

Cette question encore toute neuve, de l'utilité
tique des différentes machines à vapeur, est 1
difficile, et l'on ne possède que de faibles données
leur comparaison , parce que chaque construc
adopte ordinairement un système, auquel il se
entièrement, et que, pour bien juger de leur m
relatif, il faudrait avoir fait exécuter à chacune d'
le même travail, dans les mêmes circonstances, et
dant un temps assez long.

Il est une autre question aussi épineuse, que 1
indiquerons toutefois, ne fût-ce que pour app
l'attention sur elle, et qui présente une import
peut-être plus grande encore : c'est la compara
pratique des divers moteurs que l'on peut emplo
pour exécuter un travail dans des circonstances (
nées, principalement des cours d'eau, des manége
des machines à vapeur, les seuls entre lesquels
ait le plus ordinairement lieu à choisir.

342. *Des divers systèmes de machines à vapeur.* 1
ne traiterons pas ici de la construction des machir
vapeur ; nous ne ferons donc qu'indiquer les systè
le plus généralement adoptés, et les différences p
cipales qui existent entr'eux, sous le rapport de
emploi. Il sera complétement inutile d'entrer
aucun détail sur tous les modes de construc
connus et adoptés par chaque mécanicien, et que
trouve si variés, surtout dans les petites machi
parce qu'au fond, ils rentrent tous dans les cl

dont nous allons parler, et qu'en mettant à part les détails de construction, les différences qui les distinguent sont souvent à peine appréciables.

343. Les machines à vapeur employées dans les grands travaux sont de plusieurs espèces : 1° les machines dites atmosphériques et à simple effet; dans ces machines la vapeur agit seulement sur un côté du piston et l'atmosphère sur l'autre ; ces machines, qui sont les plus anciennes, sont particulièrement employées aux épuisemens des mines, etc. ; 2° les machines à double effet et à basse pression ; on y emploie la vapeur à une pression égale seulement ou supérieure de peu à la pression de l'air, et elle agit alternativement dessus et dessous le piston ; 3° les machines à moyenne pression et à double effet : la vapeur y travaille à une pression de deux ou trois atmosphères; 4° les machines à haute pression et double effet, où la vapeur agit ordinairement depuis 4 jusqu'à 8 atmosphères.

344. *Des machines à vapeur à haute pression sans condensation.* La majeure partie des machines que l'on construit aujourd'hui condensent la vapeur dans de l'eau froide, après qu'elle a travaillé sur les pistons; quelques-unes seulement, à haute pression, la laissent échapper directement dans l'air.

Ces dernières sont d'une construction très-simple, par conséquent d'un prix moins élevé que les autres machines, et peu coûteuses à entretenir. Mais leur mérite principal est de ne consommer que très-peu d'eau, puisqu'il suffit de remplacer dans la chaudière celle qui se convertit en vapeur : tandis que la condensation de cette vapeur demanderait une quantité d'eau environ trente fois plus grande. D'un autre côté, elles consomment plus de combustible que les machines à deux cilindres de Woolf, et même que les machines à haute pression et à condensation, et en même temps elles sont aussi sujettes à tous les accidens ou désagrémens, qui sont dus à la forte pression de la vapeur, dans les machines à deux cilindres : perte de vapeur par le piston, les ajustemens et les masticages : frottemens considérables du piston contre le cilindre, nécessaire pour résister à la pression de la vapeur : brûlures et fractures des bouilleurs et de la chaudière. — Nous ajouterons que les défauts des machines à haute pression y sont portés à un degré de plus, puisque, le vide ne se produisant pas sous le piston, l'on est obligé, à force égale, d'y élever la vapeur à un atmosphère de plus que dans les machines à condensation, pour équilibrer et soulever le poids de l'air : ce qui occasione un surcroît de fatigue, aux masticages et aux chaudières. Ajoutons à cela que les machines à haute pression, où l'on utilise la détente de la vapeur, n'ont pas la marche régulière des machines à basse pression, et des machines à deux cilindres. Nous reviendrons plus loin sur ce sujet.

345. En comparant donc les avantages et les défauts des machines à haute pression sans condensation, on verra qu'elles doivent trouver une application utile, partout où la houille est à bon marché, et où l'on ne saurait se procurer assez d'eau pour condenser la vapeur produite. Car, dès que l'on a abondamment de l'eau à

sa disposition , il y a économie de combustible et d'entretien , à condenser la vapeur ; à moins que l'on ne puisse utiliser pour un service particulier toute celle qui a travaillé dans la machine. C'est ainsi que, dans plusieurs ateliers, on la fait passer, avant de la laisser échapper dans l'air, au travers de tuyaux de fonte, destinés à chauffer les ateliers.

Nous ne saurions cependant conseiller cet emploi , parce que, d'une part, le passage de la vapeur à travers ces longs tuyaux donne toujours un surcroît de pression et de résistance à celle qui travaille dans la machine, et en gêne le dégagement, et de l'autre part, il y a toujours de graves inconvéniens à faire ainsi dépendre l'une de l'autre deux opérations distinctes , et entièrement séparées. Il est plus avantageux pour le service, et presqu'aussi économique , de condenser la vapeur de la machine , ce qui donne une économie de combustible, et de produire de nouvelle vapeur pour le chauffage des ateliers; puisque, même en employant à ce dernier usage, celle de la machine à vapeur, il serait encore indispensable d'avoir une seconde chaudière pour continuer le chauffage, dans le cas où la machine serait arrêtée.

346. *De leur emploi sur les chariots des chemins de fer, dits Waggons.* Mais le véritable emploi des machines sans condensation , et celui auquel seules elles conviennent, est sur les chariots à vapeur, destinés au transport des marchandises. En premier lieu, le service des chariots à vapeur , sur chemins de fer, ne s'organise, que là où il y a des masses considérables de marchandises de peu de prix, et de grands poids, à transpor-

ter, et la houille formant le plus souvent le fond de ces
transports, c'est sur les houillières mêmes que l'on prend
le combustible, et on se le procure par conséquent à
très-bas prix. Ensuite, il est évident que l'on ne peut
se servir en pareil cas de machines à condensation : il
serait impossible de transporter, pendant un trajet de
plusieurs heures, les masses d'eau nécessaires pour
condenser toute la vapeur produite par la machine : et
ce transport, fût-il possible, coûterait beaucoup
plus que la faible quantité de houille économisée.

Ces machines ont de plus une qualité qui est ici de la
plus haute importance : par suite de la simplicité de leur
construction, elles sont très-légères ; on en construit aujourd'hui qui ne pèsent, tout compris, que 7 à 800^k par
cheval, au lieu de 1500^k que pèsent ordinairement
les machines de Woolf et de Watt, et l'on sentira
facilement que, plus on parvient à diminuer le poids
de la machine motrice, pour une force donnée, plus
est grande la quantité de marchandises que l'on peut
lui donner à traîner. Leur bon marché n'est pas non
plus en pareil cas une considération à négliger, surtout quand il se trouve réuni à tant d'autres avantages ; parce que dans une entreprise de ce genre, il faut à
la fois un assez grand nombre de machines ; et qu'une
économie de près de moitié sur le prix des autres,
donne en somme un avantage considérable ; car on
peut aisément aujourd'hui établir ces machines, pour
chariots, au prix d'environ mille francs par cheval ; tandis que les machines à deux cylindres, bien

19

construites, valent encore 2,000 fr., depuis dix jusqu'à seize chevaux.

347. *Des machines à vapeur à haute pression, et à
condensation : de l'irrégularité de leur marche.* Une
partie des inconvéniens que nous avons signalés dans
l'emploi des machines à haute pression, sans condensation, disparaît dès que l'on condense la vapeur. La
pression nécessaire diminue, comme aussi la consommation du combustible; mais leur défaut le plus
grand subsiste toujours : c'est l'irrégularité de leur
marche, quand on utilise la détente. En effet, les
machines à un cilindre, où la vapeur, admise avec sa
pression entière, pendant une partie seulement de
la course du piston, se détend pendant le reste
de cette course, sont évidemment soumises à une
force d'impulsion, qui va en décroissant rapidement
avec la pression de la vapeur. Aussi la vitesse du
piston est-elle plus grande au commencement de sa
course, qu'à la fin, et la marche de la machine très-
irrégulière. Ces différences sont assez sensibles, pour
que l'on ne puisse pas employer avantageusement ces
machines, aux travaux qui demandent une grande régularité, comme par exemple, la filature du coton,
dans les numéros un peu élevés.

C'est probablement pour éviter ce fâcheux inconvénient que, Woolf a conçu la pensée d'employer deux
cilindres et deux pistons, dont l'un reçoit pendant
toute sa course l'action de la vapeur, avec sa pression
entière, et l'autre reçoit l'effort de cette même vapeur qui se détend; de sorte que l'affaiblissement total

de la somme des pressions qui agissent sur le piston
est beaucoup moins considérable, que lorsqu'il a lieu
dans un seul cilindre : la force qui agit sur les deux
pistons, n'est pas diminuée de moitié à la fin de leur
course, en supposant que la vapeur se détende de qua
tre fois son volume primitif; tandis que, dans un seu
cilindre elle est réduite au quart.

Aussi, dans les machines de Woolf, l'action du vo
lant suffit-elle pour compenser sensiblement cette iné
galité de pression, et les rendre aussi convenables au
travaux les plus délicats et les plus réguliers, que le
machines à basse pression, dans lesquelles, au reste
on laisse ordinairement la vapeur opérer aussi un
légère détente.

348. *De leur emploi sur les bateaux à vapeur, et d
leur consommation.* Ainsi le grand défaut des machine
à haute pression et à condensation, quand on y met
profit la détente de la vapeur, c'est-à-dire quand o
n'admet la vapeur dans le cilindre, que pendant u
quart ou moitié de la course du piston, et qu'on l
laisse opérer sa détente pendant le reste de cett
course, est, outre les inconvéniens dus à la haut
tension de la vapeur, de ne pas donner un mouv<
-ment régulier.

Leur consommation en combustible, se trouve
peu près la même que celle des machines de Wooli
peut-être un peu plus forte, de manière qu'à égali
de circonstances, l'avantage reste à ces dernière
Cependant un moindre prix d'achat, plus de sin
plicité dans la construction, les font quelquefois en

loyer avantageusement dans des travaux qui n'exi-
ent pas une parfaite régularité de mouvement. Elles
ont adoptées presque généralement sur les bateaux à
apeur en Amérique, où aucune loi ne vient en gê-
er le développement, comme cela a lieu en Angle-
erre et en France : et c'est en effet un des emplois
ui leur conviennent le mieux; car dans presque toues les manufactures, il n'y a lieu à choisir qu'entre
es machines de Watt, si le combustible est à bon mar-
hé, et celles de Woolf, s'il est cher, parce que le
oint important est la perfection et la régularité du
noteur. Sur les houillières, il vaut évidemment mieux
dopter des machines à basse pression, puisqu'on leur
iit consommer toutes les mies et les déchets, dont
n ne sait souvent quel parti tirer; tandis que, sur les
ateaux à vapeur, les machines à haute pression à dé-
ente et à condensation réunissent les deux grands
vantages de ne pas consommer beaucoup plus de
ouille, et d'être en même temps moins lourdes que
es machines à deux cilindres.

349. *De la consommation des machines sans conden-*
ttion. Quant aux machines à haute pression, sans con-
ensation, comme celle de Trevithich, la quantité de
ouille qu'elles réclament tient à peu près le milieu-
ntre celle que demandent les machines de Woolf et
s machines à basse pression, c'est-à-dire qu'elles con-
mment au moins 4 k de bonne houille par chaque
rce de cheval et par heure.

Il est bien entendu que nous ne parlons ici que des
achines au-dessus de six chevaux, parce qu'au des-

sous, comme celles de tous les systèmes, elles consomment un peu plus de combustible, en proportion de leur puissance.

350. *Des machines de Woolf et de Watt.* Nous ne pensons donc pas que, dans la majeure partie des ateliers, il y ait lieu à choisir entre d'autres machines que celles de Woolf à moyenne pression, et à deux cilindres, et celles de Watt à basse pression. Aussi nous entrerons dans de plus longs détails sur leur comparaison, et nous chercherons à faire apprécier plus exactement les circonstances qui doivent régler ce choix, et décider une préférence raisonnée en faveur de l'un ou l'autre système.

351. *Inconvéniens des machines à vapeur à moyenne pression et à deux cilindres.* Ce système de machines présente évidemment dans l'emploi de la vapeur, et par suite dans sa construction, une complication de pièces, et de nombreux ajustemens, qui en rendent la parfaite exécution aussi difficile qu'indispensable. La vapeur y parcourt de longs conduits; et dans ces détours multipliés, elle est exposée à rencontrer de fréquens obstacles, et à perdre sur sa route une partie de sa puissance, soit par le refroidissement, soit par les ouvertures qui peuvent se manifester. Elle y travaille avec une pression trois ou quatre fois plus grande que dans les machines de Watt, et par conséquent avec un effort plus grand, sur la chaudière, les cilindres, toutes les enveloppes qui la contiennent, et les masticages qui ferment les divers ajustemens. Ceux-ci plus fatigués, et en outre attaqués et décompo-

sés lentement par de la vapeur beaucoup plus puissante, cédent plutôt, et livrent passage d'une part à la vapeur qui s'échappe, de l'autre à l'air qui s'introduit dans la machine, d'où résulte une double perte de force et de combustible.

Elle exerce en outre, sur les soupapes régulatrices, une pression considérable, qu'il faut vaincre pour les soulever. Cette pression agit aussi sur les deux pistons, bien qu'à des degrés différens, et tend à faire passer la vapeur entre les pistons et les cilindres, pour s'échapper de l'autre côté, où la tension est beaucoup moins grande. Le seul moyen de s'opposer à cette perte grave, sans parler de la nécessité d'un alesage parfait, est de donner beaucoup de bande aux ressorts des pistons, afin de presser les segmens de cuivre contre le cilindre, et de fermer tout passage à la vapeur, il résulte de cette pression un frottement considérable, et c'est une des grandes pertes de force que présentent les machines à vapeur.

352. Sous l'action de cette haute pression, les ajustemens compliqués, comme ceux du parallélogramme, où le nombre des pièces est bien plus grand que dans les machines à basse pression, et par conséquent les chances de dérangement plus nombreuses, et ceux de la tête de la bielle, les pièces qui supportent un grand effort, comme le grain de la manivelle, exposés à des variations de mouvemens légères, mais fréquentes, à des secousses réitérées, à des ébranlemens plus profonds et plus puissans, se détruiraient rapidement, si l'on ne prenait des précautions suivies, et si l'on ne pré-

venait les suites de ces premiers accidens, qui seraient bientôt d'autant plus graves, que la vapeur agit ici avec une grande énergie, et que l'obstacle même que lui opposent les pièces dérangées, qui résistent, en accroît l'action et donne lieu à de nouvelles secousses.

Sous l'action de cette haute pression, ces secousses profondes, dues à l'usure d'une pièce, ou au déréglement d'une autre, se propagent jusque dans les massifs qui portent la machine, jusque dans le bâtiment qui la contient : elles ébranlent et détachent les liens et les scellemens qui doivent la fixer invariablement à la maçonnerie, et s'engendrant réciproquement, se multiplient les unes par les autres.

353. Ces secousses plus grandes, ces dérangemens plus fréquens, ces masticages plus difficiles à faire et plus fréquemment renouvelés, en un mot, ces chances plus multipliées, et en même temps plus graves d'accidens, contribuent à enlever à ce genre de machines une partie de sa régularité et de sa constance : les chômages plus fréquens auxquels ils l'exposent, sont dangereux pour les établissemens industriels qui les emploient, et entraînent nécessairement des frais d'entretien plus considérables, et une usure plus rapide de toutes les pièces : aussi est-on obligé de calculer sur un temps moins long pour la durée des machines de Woolf, que pour celle des machines de Watt. Au rang des pièces dont l'entretien doit être compté pour une somme importante, se trouvent les bouilleurs, avantageusement placés sous les chau-

lières de fonte, pour les garantir de l'action directe
lu feu, et sous les chaudières cilindriques de tôle ou
le cuivre, pour en augmenter l'effet, en se présen-
ant plus directement et de plus près à son action. Ces
bouilleurs, dans lesquels il faut porter l'eau à une température bien plus élevée que dans les machines à
basse pression, se trouvent par conséquent exposés à
se briser ou à brûler, suivant qu'ils sont fabriqués en
fonte ou en tôle.

354. De ces chances plus multipliées d'accidens et
de chômages, résulte la nécessité de donner des soins
beaucoup plus grands et plus constans, d'abord à la
pose, mais surtout à la conduite et l'entretien journalier des machines à deux cilindres, et de ne laisser
aucune irrégularité de marche ou d'action sans en rechercher et arrêter la cause, sans en neutraliser immédiatement les effets. Cette surveillance dont les résultats sont si graves, en demandant un peu plus de
temps et de travail au propriétaire, l'oblige nécessairement à confier la conduite des machines à des ouvriers plus éclairés, plus habiles, plus soigneux, et
par conséquent à les payer plus cher.

Ainsi, il est évident que la conséquence du système des machines à moyenne pression, comparé
à celui des machines à basse pression, sous le rapport de la complication des pièces et de l'action
plus énergique de la vapeur, est d'entraîner l'établissement qu'elles conduisent dans des frais plus grands
de surveillance, d'entretien, de réparation et de
chômage.

355. *Des avantages que présentent les machines à basse pression*. En développant les défauts des machines de Woolf, nous avons évidemment fait comprendre les avantages de celles de Watt. Car la simplicité du mode d'action qu'y exerce la vapeur et de leur construction, la faible tension qu'elle y possède, presque complétement équilibrée sur les masticages par la pression de l'atmosphère, la facilité de la marche et de la conduite, l'aisance des mouvemens et le degré de solidité et de fixité plus grand qui en résultent dans toute la machine, font nécessairement disparaître la plupart de ces accidens, auxquels nous avons vu les machines de Woolf exposées, prolongent leur durée, et en suppriment presque entièrement les frais d'entretien et de chômage : en un mot, la régularité parfaite et la constance de leur travail, qui se soutient quelquefois plusieurs années sans accident sérieux, en font un outil très-précieux dans les ateliers.

356. *Comparaison des deux systèmes de machines. Avantages des machines de Woolf, et défauts de celles de Watt; de leur consommation en combustible et de leur puissance.* Ce n'est pas tout, cependant, que d'examiner les machines à moyenne pression, sous le rapport des inconvéniens qu'elles présentent; nous avons exposé nettement leurs défauts et leurs maladies; mais il ne faut pas les envisager d'une manière absolue, comme inévitables, et d'un danger de chaque minute; il ne faut pas les voir partout sans remèdes et sans compensation, et les croire attaquées de tous à la fois, et sans ressources : c'est seulement pour les combattre qu'on

les doit étudier, et pour les comparer aux inconvéniens que présentent les autres systèmes de machines, afin de pouvoir apprécier exactement dans quelles circonstances, on les doit préférer les unes aux autres.

La plus grande qualité des machines de Woolf, et celle qui à elle seule compense dans beaucoup de circonstances tous leurs défauts, c'est de brûler beaucoup moins de houille que les machines à basse pression. Ce fait, souvent nié, est bien positif : on peut varier sur la quantité de combustible que consomment ces diverses machines, par force de cheval, suivant que les machines essayées ou les fourneaux sont plus ou moins bien construits et conduits; qu'elles sont plus ou moins chargées, ou que le combustible a plus ou moins de qualité; mais il est certain, que partout les machines à basse pression les mieux construites consomment beaucoup plus de combustible que les bonnes machines à moyenne pression.

357. Nous avons vu constamment les machines de Woolf, sorties des meilleurs ateliers de construction, ne consommer que 3, ou 3 1|2 k. de bonne houille par cheval et par heure, pour leur charge complète, mais sans excès, et quand elles sont en bon état et bien soignées ; et c'est la proportion que l'on admet généralement en Normandie, où on les emploie en grand nombre, et où l'on brûle, il est vrai, de la houille de Mons, qui est d'une bonne qualité : tandis qu'au contraire, nous avons toujours trouvé la consommation des machines à basse pression de 5 et 6 k. de houille à l'heure et par cheval. Ce fait peut

être vérifié , partout où l'on emploie à un travail régulier des machines à basse pression , en assez grand nombre pour pouvoir les comparer entre elles. Or, la ville de Sedan , peut en fournir l'exemple : là , les machines à basse pression , consomment des masses énormes de houille , bien que les houilles de Liége que l'on emploie , soient d'assez bonne qualité : cette consommation va souvent au delà de 7 k. , tandis qu'à Elbeuf, qui exécute des travaux du même genre, les machines de Woolf n'y consomment que 3 ou 3 1/2 k. de houille. Sans doute les défauts que présentent la presque totalité des fourneaux de machines à vapeur sont beaucoup plus graves , sous les immenses et larges chaudières à basse pression , que sous les chaudières longues et étroites de Woolf; mais d'un autre côté , nous avons déjà dit que les dernières ne peuvent produire plus de 5 k. de vapeur, avec 1 k. de houille, vu la haute température à laquelle elles travaillent ; tandis que celles à basse pression donnent facilement 6 k. de vapeur, et pourraient en donner 8 : de sorte qu'évidemment les machines à deux cilindres, développent, en résultat définitif, une quantité de puissance mécanique beaucoup plus grande que les machines à basse pression , avec une même quantité de combustible.

Nous ajouterons ici une observation qui nous a frappés , en visitant les établissemens des deux villes dont nous parlions plus haut : c'est que toutes les machines à basse pression de Sedan sont faiblement chargées , et , par leur principe même et leur construction , ne sont susceptibles d'aucune surcharge au-delà de l'effort qu'elles sont destinées à vaincre effort qu'elles ne peuvent pas toujours vaincre pleinement ; tandis qu'à Elbeuf comme à Rouen , il n'est peut-être pas une machine à vapeur à laquelle on n'ait donné , non sans danger cependant pour leur santé , une surcharge qui s'élève à 1/6° ou 1/8° de la charge primitive ; et presque partout où l'on a mesuré la force des machines de Woolf, on l'a trouvée un peu plus grande qu'elle n'est censée l'être. Bien que cette surcharge les expose à de plus fréquens accidens et les fatigue, elles la soutiennent bien ; ce qui se conçoit aisément, puisqu'on ne change rien à leur mode d'action, ni aux conditions de leur bonne marche, en augmentant légèrement la pression de la vapeur ; tandis que dans la machine à basse pression, la vapeur, dès que sa tension augmente , passe à travers le piston garni de chanvre ; les chaudières ne sont pas en état de supporter cet excès de fatigue ; l'eau qu'elles contiennent remonte immédiatement par le tuyau alimentaire. De plus , on est obligé de leur donner une énorme surface de chauffe, de manière que la plupart du temps , pour ne pas les faire si considérables , on les laisse trop petites : d'où il résulte que l'on ne peut pas aisément monter au besoin la vapeur à une pression supérieure, ni fournir la quantité de vapeur nécessaire à cette augmentation de charge.

360. N'omettons pas d'observer ici que , quoique les machines de Woolf soient capables de recevoir, sans plier sous la charge , un surcroît de travail , quand

(301)

les besoins de l'établissement l'exigent, cependant, il faut bien se garder d'abuser de cette puissance pour les fatiguer sans cesse; car c'est sans aucun doute la plus grande cause de dérangemens, d'accidens et de chômages qu'elles puissent rencontrer. Une machine de Woolf qui n'entraîne que sa charge, ou qui reste un peu au-dessous, marche à peu près avec la même régularité, la même constance, la même facilité, qu'une machine à basse pression : la surveillance qu'elle réclame alors ne demande pas plus d'attention, et sa conduite plus d'habileté. Mais aussitôt que l'on dépasse la limite de sa force, les conditions sont immédiatement changées, les accidens se multiplient et s'aggravent, et c'est alors qu'il faut les plus grands soins pour la maintenir en bon état. Et cependant, avec une surcharge de ce genre, l'on est parvenu à donner aux machines à deux cilindres de Rouen assez de régularité, pour que quelques établissemens ne comptent plus, dans les trois cents jours de travail de l'année, que cinq jours de chômage, occasioné par les réparations qu'exigent leurs machines, qui au reste ne travaillent pas la nuit, et auxquelles, en cas d'accident, on ne fait pendant la nuit que de légères réparations.

Il est difficile de compter, terme moyen, sur moins de un jour de chômage par an, avec les machines à basse pression; l'avantage qu'elles offrent est donc bien faible sous ce rapport.

360. *Des frais proportionnels dans les deux systèmes de machines.* Voici un aperçu approximatif des frais

proportionnels qu'entraînent ces deux systèmes de machines; on pourra adapter à ce modèle de compte les prix de la houille dans les différens pays, et il servira de premier guide dans le choix à faire entre les divers systèmes de machines à vapeur; suivant les localités où l'on se trouvera placé.

Nous avons adopté, pour le prix de la houille, celui d'une partie des provinces du nord de la France, qui est à peu près de 30 fr. par 1000 kilogrammes. Si le calcul avait été fait pour des houilles plus chères, il serait évidemment plus avantageux encore aux machines de Woolf.

C'est porter bien haut les frais de renouvellement des pistons, et du bocal de la petite boîte, ou des tiroirs à coquille de ces machines; que de les supposer changés tous les quatre ans. Les pistons bien soignés, et nétoyés trois fois par an, et dont les ressorts sont trempés et ajustés avec toutes les précautions que nous avons indiquées, afin qu'ils ne se brisent pas, et ne forcent pas sur les segmens de cuivre pour les user en peu de temps : ces pistons, disons-nous, doivent être encore neufs, après trois et quatre ans de travail : Comme aussi, à défaut de ces précautions, ils peuvent être usés et perdus en trois mois.

Sur une machine qui n'est pas surchargée, on ne cassera pas un bouilleur de fonte par an. Et si les bouilleurs sont faits en tôle, la somme ici comptée pour entretien sera beaucoup trop forte, parce que, par la même raison, les accidens y seront aussi rares : et, de plus, on ne remplace au besoin que la partie

brûlée. On n'oubliera pas, au reste, que la surcharge
des machines est la grande cause de rupture et de brû
lure des bouilleurs.

Une machine bien conduite et bien soignée sur la
quelle on dépensera un millier de francs chaque année
n'aura sans doute pas perdu toute sa valeur aprè
quinze ans de travail : cependant il faut la suppose
de nulle valeur à cette époque.

361. On ne nous accusera pas d'estimer trop ba
les bénéfices probables de fabrication d'un moulin
trois ou quatre tournans, mû par une machine d
douze chevaux, et même de la plupart des établisse
mens de cette force, en portant à 180 francs par jou
la somme journalière que forment ensemble les frai
généraux y compris l'intérêt des machines et mar
chandises, et la solde des ouvriers qui ne sont pas
leurs pièces et dont le chômage occasione une pert
réelle, ajoutée au bénéfice de fabrication qu'il ne fau
pas compter terme moyen au-dessus de 50 fr. , car
dans un établissement de ce genre, le chômage de
machines n'enlève pas tout le bénéfice que l'on peu
faire dans la journée, parce que les opérations d
commerce ne sont pas arrêtées avec les machines
Or, dans la fabrication des farines, la majeure parti
des bénéfices repose sur les opérations de commerce
et un moulin n'est souvent qu'un outil destiné à trans
former rapidement les marchandises, dont la vent
languit, et d'autres qui s'écoulent plus avantageuse
ment.

362. *Compte annuel des frais de combustible et d'entretien.*

Pour une machine de Watt de 12 chevaux.		Pour une machine de Woolf de 12 chevaux.	
Houille, au moins 65 k. à l'heure ; sur 23 heures de travail, 1500 k. à 30 fr., ci 45 fr ; sur 300 jours de travail............. 13,500 f.		Houille, 40 k, par heure ; sur 23 heures, 920 k, soit 27 f. 60 c., par an de 295 jours de travail............. 8,102 f.	
Entretien. Mastic, étoupes.............		Entretien. Une garniture de pistons, et un bocal pour la petite boîte ; 600 fr. répartis sur quatre ans.............	150
Réparation de chaudières et reconstruction d'un fourneau complet par an,.............	500	Cuivres pour grains et réparations diverses.....	150
Huile et suif, 1/2 k par jour	50	Un bouilleur en tôle, ou fonte, ou cuivre......	500
Renouvellement de la machine en 25 ans, sur 26,000 f. de prix d'achat, transport et montage.............	1,040	Mastic et étoupe.........	100
Chômage, un jour.......	100	Huile et suif, 1 k. par jour..	300
		Renouvellement en 15 ans du prix d'achat 27,000 f.	1,800
		Chômage 5 jours	500
		Balance pour bénéfice de la machine de Woolf sur celle de Watt............	3,588
	15,190 f.		15,190 f.

363. On voit qu'en portant la houille à ce prix, le bénéfice offre une importance qui n'est pas à négliger ; puisque avec la concurrence et le besoin de fabrication économique, qui ne peuvent que s'étendre, et qui forment sans aucun doute et dans leur plus haut développement l'avenir de l'industrie, parce que c'est sa

marche et son principe naturel, une économie de 1 2 fr. par jour mérite d'être appréciée.

Si nous avions compté la houille au prix de Paris, à 45 ou 48 fr. par 1000 ᵏ, le bénéfice eût été environ de 4,600 fr.

364. Si au contraire nous supposons le prix de la houille à 20 fr. les 1000 kilogrammes, le bénéfice ne sera plus que de 1800 fr. environ.

A 15 fr. par 1000 ᵏ de houille, le bénéfice est réduit à mille francs environ. Si l'on ne faisait pas entrer en ligne de compte l'avantage d'avoir moins de surveillance à exercer, ce serait à peu près à 10 ou 12 fr. par 1000 ᵏ de houille, qu'il y aurait équilibre entre les frais des machines à moyenne et à basse pression; mais à 15 fr., nous pensons que la différence ne doit plus être comptée, parce que, avec les machines à basse pression, la consommation de la houille, qui est leur grand défaut, ne peut guère varier, tandis que, dans les machines de Woolf, des accidens imprévus peuvent accroître tout à coup les frais journaliers.

Il résulte de cette comparaison que là où la houille coûtera 14 à 15 fr. pour 1000 ᵏ et au-dessous, nous conseillerons l'emploi des machines à basse pression; et au-dessus de ce prix nous regarderons comme avantageux l'emploi des machines de Woolf à deux cilindres; sous condition qu'on leur donnera des soins éclairés, et surtout qu'on ne les surchargera pas : nous pouvons alors leur garantir une marche et un travail aussi actif que régulier.

Cette garantie a acquis d'autant plus de poids,

20

que chaque jour , la construction des machines de
Woolf se perfectionne , le nombre des chauffeurs
expérimentés se multiplie , et que chaque jour mieux
connues et mieux conduites on en verra disparaître les
principaux défauts , et leur emploi deviendra presque aussi facile et aussi simple que celui des machines à basse pression , sans rien perdre de ses avantages d'économie.

365. Pour compléter la comparaison de ces deux genres de machines , nous ne devons pas passer sous silence
une dernière différence qui est tout à l'avantage des
machines de Woolf , puisqu'elle compense en partie les
chances de rupture des bouilleurs que nous avons largement comptées. Ce sont les énormes dimensions des
chaudières à basse pression , et leur facilité à se dé-
former et à s'écraser , tandis que les chaudières de
fonte des machines de Woolf résistent parfaitement
aux plus grandes pressions , et ne laissent en même
temps échapper aucune trace de vapeur, ni d'eau par
leurs joints , inconvéniens que présentent la plupart des chaudières à basse pression , et dont la
conséquence inévitable est de brûler beaucoup plus
de combustible , pour mettre en vapeur toute l'eau
écoulée.

366. Quant aux dangers d'explosion , l'expérience
le prouve , il n'est pas plus grand dans un genre de
chaudières que dans l'autre, et s'il y en avait plus d'un
côté, ce serait du côté des machines à basse pression.
Nous reviendrons encore sur cette question , en exa-
minant les mesures de précaution par lesquelles on a
voulu écarter ces dangers.

367. *Des divers modes de construction.* Il est inutile de nous arrêter sur tous les systèmes, ou plutôt les modes de constructions de machines, que chaque mécanicien invente, retourne et varie à sa fantaisie, souvent même sans raison : tous rentrent dans les grandes classes dont nous avons parlé, et se conduisent par la même méthode : toutes nos observations leur sont applicables.

Nous croyons avoir seulement un mot à dire des principaux modes de construction usités aujourd'hui, et adoptés par l'expérience. La plus grande différence qu'ils présentent est d'avoir ou de n'avoir pas de balancier.

Pour choisir avec connaissance de cause entre ces deux genres de machines, il sera utile de savoir que les frottemens et les décompositions et destructions de force qui résultent de l'emploi d'un balancier court, ou d'une manivelle agissant sans balancier, sont très-grands : ainsi, en principe général, une machine devrait toujours être munie de son balancier; et la perte de force sera d'autant moins grande que le balancier sera plus long.

368. Mais dans les machines de petite dimension, la plus grande complication de pièces due à l'addition du balancier, et le plus grand emplacement qu'il exige compensent les avantages dont nous parlons. Aussi nous n'hésiterions pas à employer des machines sans balancier ou avec des balanciers courts, au-dessous de huit chevaux; mais à cette force nous croyons devoir préférer les machines à balancier, comme plus

20.

faciles dans leurs mouvemens et plus légères à conduire : à plus forte raison doit-on proscrire les machines sans balancier dans les grandes forces, comme vingt et trente chevaux. Nous ne les avons jamais vues répondre à ce que l'on a droit d'en attendre. Cependant, sur des bateaux à vapeurs, où l'espace occupé par la machine doit nécessairement être réduit autant qu'il est possible de le faire, on peut s'en servir avec succès, parce que là il s'agit de sacrifier avec connaissance de cause un avantage à un autre avantage plus grand.

369. *Des machines à rotation.* Nous ne parlerons pas des machines à rotation, car il est prouvé aujourd'hui qu'elles ne peuvent jamais donner de bons résultats, à cause des grandes difficultés d'exécution, qui s'opposeront toujours à ce que leur cilindre et leur piston soient aussi bien construits que ceux d'une machine à vapeur, dont la course est en ligne droite; aussi n'a-t-on pas encore obtenu par ce procédé une seule machine qui ait fourni un travail suivi dans un atelier important.

370. *Des machines à cilindre oscillant.* Les machines à cilindre oscillant, quoique employées dans quelques ateliers, par suite de la modicité de leur prix, seront bientôt abandonnées; car il est évident qu'il se fait un grand nombre de décompositions de forces dans le mouvement alternatif d'oscillation du cilindre et du piston, et que tous ces efforts, qui portent à faux, vont se détruire sur les tourillons du cilindre, non pas seulement en pure perte, mais en usant rapidement les grains et les ajustemens. Aussi

consomment – elles beaucoup plus de houille que les machines à basse pression, en proportion du service industriel qu'elles rendent, et l'on peut juger facilement si, lorsqu'il est déjà très-difficile de fixer invariablement les cilindres d'une machine à vapeur sur des massifs de pierre de taille, de manière que leurs ajustemens ne prennent pas rapidement un jeu qui donne lieu à des secousses et à une prompte destruction, si, disons-nous, on peut espérer de conserver saine et en bon état une machine qui reçoit sur deux tourillons des efforts aussi grands et toujours légèrement obliques ?

COMPARAISON DES MACHINES A VAPEUR AVEC LES DIVERS MOTEURS.

371. *Des moulins à vent.* Après avoir montré les rapports qui existent entre les divers systèmes de machines à vapeur, il est bon de comparer brièvement les machines à vapeur aux autres moteurs, surtout à ceux qui sont le plus généralemen employés, aux manéges, et aux cours d'eau. Pour ce qui concerne les moulins à vent, on ne les peut jamais appliquer qu'à de petites industries, qui n'exigent pas une grande force, ni une marche régulière : car il n'y faut pas compter sur plus de 150 jours de travail dans l'année.

372. *Des manéges à chevaux.* Relativement aux manéges mus par des chevaux, c'est sans contredit le plus mauvais de tous les moteurs, et le plu

coûteux ; et nous ne pouvons trouver qu'une seule cause qui leur conserve encore un emploi aussi fréquent en France, c'est sans aucun doute le haut prix auquel les droits de douanes maintiennent le fer et la fonte, et par suite le haut prix des machines à vapeur. Une baisse importante dans le prix des fers en amènerait inévitablement une plus grande encore dans celui des machines à vapeur, parce que la grande quantité de machines qui seraient immédiatement mises en construction permettrait de les fabriquer plus économiquement. Sans cette raison, aucun atelier bien conduit ne voudrait employer un moteur qui coûte plus cher que tout autre, en frais généraux, et qui, marchant sans cesse par secousses, toutes les fois qu'il faut ranimer les chevaux à coups de fouet, donne la plus grande irrégularité dans la vitesse et le travail des machines qu'il entraîne.

Tous les essais faits pour l'appliquer à la mouture des grains ont échoué. La fabrication des huiles, hors des villes, peut encore lui offrir un emploi, parce qu'elle a lieu en hiver, dans un moment où le cultivateur dispose entièrement de ses chevaux et de son temps ; mais dans les filatures de coton, où il est encore beaucoup trop souvent adopté, pour peu que l'établissement ait d'importance, il coûte plus qu'une machine à vapeur, même en comptant la houille à un prix assez élevé.

373. D'habiles filateurs de coton, à Troyes, nous ont assuré qu'en payant la houille 60 fr. les 1000 kilog. il y avait encore de l'avantage à employer une machine à vapeur, au lieu d'un manége pour filer le coton,

quand on ne peut pas se procurer un cours d'eau convenablement situé.

374. *De leurs frais généraux.* Il en est à plus
forte raison de même en Normandie. Voici à peu
près le modèle du compte à établir, pour se guider
dans le choix à faire entre un manége de deux
chevaux et une machine à vapeur. On remarquera
qu'avec un manége de quatre chevaux l'avantage serait bien plus grand encore pour les machines à vapeur : d'abord parce que les frais de celle-ci et la
consommation de houille n'augmentent pas en proportion de l'accroissement de sa force; ensuite parce qu'au
contraire la force d'un manége n'augmente pas à beaucoup près en proportion du nombre de chevaux qu'on
y applique, et par conséquent de leurs frais d'entretien
et de nourriture : de sorte que quatre chevaux ne font
pas deux fois plus d'ouvrage que deux chevaux, attendu qu'ils ne tirent jamais ensemble et se contra-
rient toujours.

375. *Compte des frais de moteur pour une filature
de coton à manége.* Le compte suivant est supposé
fait pour une filature située à Metz.

Un manége de deux chevaux ne pourra conduire que
les machines préparatoires capables d'alimenter 9 à 10
métiers en fin de 216 broches, c'est-à-dire 6 cardes environ, un banc d'étirage, un banc de lanternes de 12 à 15
lanternes, plus les mouvemens. Un batteur simple
n'y pourrait être ajouté qu'en ralentissant beaucoup
la vitesse de la machine et de la carderie.

On remarquera qu'en choisissant des chevaux très-forts, on fera peut-être un peu plus d'ouvrage, mais aussi on accroîtra en même temps les frais d'entretien et de nourriture.

Les 9 métiers mus à bras d'homme n'auront pas, terme moyen, plus de 55 tours de vitesse, et feront chacun 10 à 11 livres de coton au n. 50; soit sur 500 jours de travail, 28,800 livres.

Or un manége de deux chevaux en demande au moins quatre à l'écurie, et un cheval de manége coûte, y compris l'entretien des harnois, les chances de maladies et le remplacement de son prix d'achat en très-peu d'années, au moins 3 fr par jour; 4 chevaux à 365 jours par an, et à 3 fr. ci. . . . 4,380 fr.

Un domestique 520

TOTAL. . . . 4,900

C'est donc 16 centimes 3/4 de frais de moteur par livre de coton, qui ordinairement n'est pas aussi régulièrement travaillé qu'à la machine, à cause de l'irrégularité de mouvement, si fâcheuse dans la marche des préparations.

576. *Frais de la même filature, avec machine à vapeur.* Un cheval de vapeur entraîne facilement 500 broches filant le n. 30, y compris toutes les préparations. Pour la filature dont nous parlons, il faudra donc une machine de quatre chevaux.

Prix d'achat et établissement. . . . 10,000 fr.

Intérêt à 10 p. 100 pour l'usure. . . 1000

Un chauffeur 600

Huile, graisse, mastic et entretien. . . 500

Houille à 4 kilog. par heure et par cheval, sur 15 heures par jour de travail, et 300 jours par an. 1,400

Total des frais dans l'année. . . . . . 13,500.

La différence à l'avantage de la machine à vapeur est donc de 1,400, auxquels il faut ajouter au moins 50 centimes par métier, que l'on retiendra chaque jour aux fileurs pour le paiement du moteur qu'on leur fournit : dans la plupart des villes manufacturières, les frais de moteur se paient 75 centimes par métier : sur 8 métiers en fin, et au moins un en gros, c'est par jour 4 fr. 50 c. et par an 1,350 fr., qui portent l'avantage de la machine à vapeur à 2,700 fr. par an, et réduisent les frais de moteur pour la filature des 28,800 livres de coton à 2,150 fr. Ajoutons à cela que les préparations et métiers, marchant avec une machine à vapeur, auront une vitesse bien plus grande : les métiers feront, terme moyen, 65 à 70 tours, et les cardes, 80 à 90 tours. Par la rapidité, la régularité et la constance de la marche, il y aura au moins 1/5 d'ouvrage de plus fait avec la même quantité de machines et dans le même local.

377. Ainsi, avec un manége, la filature de chaque livre de coton coûtera en frais de moteur 16 cen-

imes 3/4 : et avec la machine à vapeur, en ajoutant 1/5
ux 28,800 liv., on pourra en filer 34,800 avec 2150 f.,
u à raison de 6 cent par liv. : sur une fabrication de 100
vres par jour, l'économie est de 10 fr., 75 c., plus le
énéfice sur 15 ou 20 livres de coton, filées en sus de
ancienne fabrication. Observons encore qu'en cas
e chômage, quelle qu'en soit la cause, les chevaux
ontinuent à manger, et la machine au contraire ne
épense plus de houille.

Nous ne comptons pour rien ici la qualité supérieure
es produits filés, qui peut faire une différence de
aleur de 5 centimes par livre de coton, surtout à
ause de la grande difficulté qu'il y a à filer de bonne
haine à bras.

378. *Des roues hydrauliques.* Les roues hydrau-
ques sont le seul moteur qui puisse être utile-
ent employé dans les arts avec les machines à
peur; c'est aux circonstances locales à décider
préférence en faveur de l'un ou de l'autre. Il
st évident que lorsqu'un cours d'eau est situé avan-
geusement et dans le sein ou près d'une ville, ou
moins à portée des grandes communications; lors-
u'il présente une force suffisante pour l'emploi au-
uel on le destine; lorsqu'il n'est pas susceptible de
rir pendant une partie de l'été, aucune machine à
peur ne peut être préférable, parce que, dût-on
ême en payer un loyer assez élevé, il y a là une ré-
larité de marche, une économie d'entretien, une
cilité de conduite, que ne compense pas l'avan-
ge possédé par la machine à vapeur, de marcher

toute l'année avec la même puissance, par les plu
fortes gelées, et par les plus grandes sécheresses; ca
on ne saurait le nier, quelque soin que l'on donne
une machine à vapeur, il y a toujours des détail
d'entretien et de menues dépenses qui équivalent bien
à la perte de force qu'éprouve la roue hydraulique dan
les sécheresses et dans les gelées, en la supposant bien
construite, couverte, et placée sur un bon cours d'eau

579. *De leurs défauts.* Mais de même que nous avon
exposé les principaux défauts des machines à vapeur, i
faut indiquer ici ceux des cours d'eau.

Le plus grand nombre des cours d'eau se trou
vent placés dans des pays montagneux et asse
éloignés des villes; il en résulte, pour les éta
blissemens qui les emploient, deux inconvénien
souvent très-graves : l'un est de ne pouvoir s
procurer facilement des ouvriers dont ils ont be
soin (ceci est dit principalement pour les ateliec
qui en emploient un grand nombre), et par consé
quent d'être plus à leur merci que dans une ville, et d
les payer souvent plus cher. Nous comprenons, dan
ce premier inconvénient, la nécessité d'avoir un ate
lier et des ouvriers pour la réparation des ma
chines, qui se ferait plus facilement en ville, sans au
tant de frais; le second est de rendre plus difficiles e
plus lents les travaux du chef d'établissement, toute
les fois que le genre d'industrie qu'il exploite réclame
souvent sa présence sur un marché, ou dans un bu
reau de la ville la plus voisine. Car il perd un temp
considérable à faire le trajet de la ville à son établisse

nent , et il lui faut négliger de manière ou d'autre ses
affaires , puisqu'il ne peut être en même temps au bureau de la ville et à l'établissement : les manufacturiers éclairés sentiront immédiatement toute la gra-
vité de cette observation , parce qu'ils connaissent
la valeur du temps et de la surveillance du maître.

380. A ces premiers défauts , il faut ajouter que les
cours d'eau présentent rarement de grandes puissances;
la majeure partie ne dépasse pas 12 ou 15 chevaux de
force , et l'on n'en voit que bien peu au-dessus de 40
chevaux! Il devient donc indispensable, quand le cours
d'eau ne répond pas au travail à exécuter , ou de le
restreindre et de se priver à jamais d'augmenter une
entreprise qui prospère , ou de partager le travail
entre plusieurs établissemens isolés. Inconvéniens
tous sérieux , tandis qu'une machine à vapeur trans-
porte sur tous les points où l'industrie la réclame , au
centre même des villes et des grands marchés , ou sur
le sommet des montagnes, une force qui n'a de limite que les besoins qui la demandent; et applique où
l'on veut, et, s'il le faut, sur un seul arbre de couche , la
force de plusieurs grands cours d'eau réunis.

384. Enfin, les roues hydrauliques ont un dernier inconvénient qui n'est pas ordinairement sans conséquences fâcheuses , et elles sont plus fâcheuses surtout là où
l'industrie est plus active, et où par conséquent le besoin
de toute la puissance du moteur est le plus pressant.
Nous voulons parler des procès presqu'inévitables ,
entre les propriétaires de chutes d'eau qui se commandent les uns les autres. Il est peu d'établissemens

dans les pays industriels qui n'aient eu, ou qui n'aien
encore de ces procès à soutenir, surtout pour le régle
ment du niveau de l'eau, que chaque atelier cherche
soutenir et à monter, même sans s'inquiéter de noye
la roue qui se trouve immédiatement au-dessus.

Quelle que soit la bonté du cours d'eau, les séche
resses s'y font inévitablement sentir, et il faut ordina
rement ralentir les travaux à cette époque. Les glace
aussi les entravent une partie de l'hiver, et il devier
nécessaire dans un établissement important d'enfe
mer les roues dans une cage bien close, et que l'o
chauffe même pendant les grands froids.

382. *Comparaison des machines à vapeur et des cou*
d'eau. Les avantages et les inconvéniens de ces deu
moteurs étant ainsi exposés en peu de mots, il nou
reste à en apprécier la valeur comparative, pour se
vir de guide, bien peu exact sans doute, mais au moin
approché, aux manufacturiers qui se trouveraier
appelés à choisir entre eux.

Mais la valeur locative, c'est-à-dire les frais d
moteur des cours d'eau, varient tellement avec leu
situation et le degré d'industrie du pays, qu'il e
presque impossible de donner autre chose ici que l
cadre du calcul à établir pour arriver à une solutio
En effet, tel cours d'eau, comme la chute de l
Moselle, situé au milieu de la ville de Metz, lou
à raison de 12 ou 1500 fr. par tournant, et qu
s'y louerait facilement aujourd'hui 2000, depuis qu
le commerce des grains s'y est développé, ne ser
pas loué à moins de 5000 fr. par chaque force d

moulin à blé, aux environs d'une grande ville manu
facturière ou dans son sein. Nous ne pouvons don
donner de résultats très-exacts sur cette question.

383. *Frais généraux d'un moulin à eau et d'u*
moulin à vapeur en ville. Voici cependant ce qu'
faut à peu près compter. Prenons pour exemple u
moulin à blé composé de quatre tournans, do
trois marchant ensemble, et mus par une machine
vapeur de 12 chevaux; et supposons que l'on ait l
projet de l'établir à Metz.

Nous avons vu que l'on pourrait dresser le compt
des frais de la machine à vapeur à peu près comm
suit :

Houille.	5,500 f.	
Entretien et réparations.	2,000 f.	
Deux Chauffeurs. . . .	1,000 f.	12,50:
Intérêts du capital de ma-chine et loyer de bâti-mens.	4,000 f.	

Or les cours d'eau situés au milieu de la ville son
demandés aujourd'hui à 2000 par tournant tous en
semble; et si on les louait séparément, leur valeur lo
cative s'élèverait encore. Ce n'est donc pas porter trop
haut le loyer d'un cours d'eau capable de faire tourne
trois moulins à la fois, et des bâtimens nécessaires
l'exploitation, que de les compter 6000 fr.

Il faudrait en outre y faire de grandes dépense
pour remonter ces moulins à eau, et les mettre en éta
d'exécuter autant d'ouvrage que le moulin à vapeur

15,000 f. ne seraient certainement pas assez, et l'intérêt doit en être compté à 16 °/₀ au moins pour couvrir les frais d'établissement à l'expiration du bail. On aura donc pour les frais annuels du moulin à eau.

Loyer. . . . . 6,000 f. ⎫
Intérêts des dépenses d'é- ⎬ 8,000 f.
tablissement. . . . . . 2,000 f. ⎭

384. Or avec le moulin à vapeur on peut compter sur 340 jours pleins de travail, en supposant dans les deux cas que l'on travaille 350 jours par an ; parce que les moulins n'arrêtent pas le dimanche : c'est compter largement que d'admettre dix jours de chômage forcé, pour une machine qui travaille jour et nuit : car il est constant que si d'un côté elle fatigue plus en travaillant jour et nuit, de l'autre côté, elle est beaucoup moins sujette à une foule de petits dérangemens ; de petites pertes de temps, que l'on éprouve, en la remettant en activité quand on arrête tous les soirs ; comme dérangemens de la pompe de puits, fentes des masticages par les dilatations et les contractions alternatives, rupture de bouilleurs, pertes de chaleur par le refroidissement de la chaudière, etc.

Ainsi pour une machine bien soignée qui ne sera pas trop chargée, et travaillera jour et nuit, on ne doit pas avoir dix jours de chômage forcé dans l'année. Nous comptons dans les deux cas, 15 jours par an de chômage volontaire pour grandes fêtes, etc.

Les 11,550 f. de frais répartis sur 340 jours de travail, donneront par jour de frais . . . . . 36 f. 75 c.

385. Dans un moulin à eau sur la Moselle, il faut déduire de son travail, terme moyen par année en chômages forcés :

Deux grandes crues d'eau qui noient les roues, tant pour les jours où l'on est complétement arrêté, que pour ceux où l'on ne travaille qu'à demi-charge ; } 10 jours,

Pour deux et quelquefois trois mois de basses eaux, où l'on est obligé de travailler à $\frac{1}{2}$ charge, supposons perte nette. . . . . 10 jours.

Pour le temps des glaces où on arrête les moulins, et où ils travaillent à $\frac{1}{4}$ charge. . . . . 15 jours.

_____

50 jours.

Il ne restera donc de travail net, sur les 350 jours, que 300. Tous les hommes qui ont étudié les cours d'eau seront d'avis que c'est encore compter trop haut le travail net des moulins établis sur un excellent cours d'eau : il en est beaucoup qui ne donnent pas 200 jours de travail, et qui sont encore estimés.

Les 8000 fr. de frais répartis sur 300 jours donneront par jour de travail. . . . . 27 fr.

586. Les moulins à eau ont donc dans ce cas un avantage moyen de 10 fr. par jour sur le moulin à vapeur,

ou d'environ 3000 fr. par an : d'où il faudrait déduire le bénéfice que l'on aurait fait sur tout l'ouvrage que le moulin à vapeur exécute dans les 30 ou 40 jours qu'il travaille de plus que le cours d'eau, etc. Il faut compter en outre que ce bénéfice est un objet de la plus haute importance, parce que c'est positivement dans les momens où le moulin à eau vient à chômer, soit par les gelées, soit par les sécheresses, que le prix des farines monte le plus haut par rapport à celui des blés, et que par conséquent les bénéfices du négociant meunier sont les plus grands. C'est sans aucun doute à cette circonstance qu'est dû le fait constant que les moulins à vapeur, dans les mains de négocians habiles, se soutiennent en présence de moulins à eau, dont les frais sont beaucoup moins considérables.

Mais comme la machine à vapeur présente nécessairement quelques chances imprévues qui n'existent pas avec des roues hydrauliques, et qu'elle demande beaucoup plus de travail et de peine pour bien fonctionner, nous concluons, du compte précédent, que dans cette position et à ce prix le moulin à eau est plus avantageux que le moulin à vapeur.

387. *Frais du même moulin à eau, situé hors de la ville.* Si d'un autre côté on le suppose établi hors la ville et à une lieue et demie de distance, tandis que le moulin à vapeur pourra s'établir au milieu de la ville, la question sera entièrement changée : car aux frais de location d'un cours d'eau semblable, qui

ne s'élèveront plus qu'à environ. . . . . . . 5,600 fr.

Et aux intérêts du remboursement des dépenses à y faire. 1,800

Il faut ajouter :

Quatre chevaux, dont un de cabriolet,
à 2 fr. par jour, compris le renouvellement
des chevaux, harnais, maladies, sur 365
jours. 3,000

Un charretier. 600

Bureau en ville et commission pour
chargemens et déchargemens au moins. . 2,000
_____
Sur 300 jours de travail, frais. . . . . 11,000 fr.

Soit par jour, 36 f. 66 c.

Un moulin à vapeur aura en outre besoin d'un cheval
et d'un charretier que nous avons ici comptés, et que
l'on peut évaluer à 1,000 ou 1,200 fr. par an, ce qui
portera ses frais à 40 fr. par jour : mais aussi, le meunier établi hors la ville perdra en courses, et en absences
soit de la ville, soit de l'établissement, soit de son bureau, au moins la différence de frais qui dans le
compte ci-dessus est à son avantage : de sorte que cet
avantage selon nous devient essentiellement nul,
et il se trouve au contraire tout entier du côté du
moulin à vapeur qui travaille 30 ou 40 jours de plus
par an que le moulin à eau, et qui exécute ce travail
dans les momens les plus avantageux pour la vente,
tandis que précisément alors le moulin à eau est obligé
de chômer.

388. Cette dernière considération deviendrait nulle s'i s'agissait d'un établissement d'un genre différent ; mai il resterait toujours en faveur de la machine à vapeu l'avantage très-important de pouvoir s'établir au centr des relations de la ville, d'être sur place pour recevoi toutes les communications et toutes les demandes de négocians et voyageurs, qui ne vont pas chercher u établissement situé à deux lieues : et il s'en présen terait en outre de nouvelles, comme la difficulté d se procurer des ouvriers loin de la ville, et le prix plu élevé qu'il leur faudrait accorder s'il s'agissait d'un filature.

Ces données sont sans doute loin d'être parfaite ment exactes : cependant elles peuvent suffire pou guider dans un calcul semblable, et indiquer le points sur lesquels l'attention doit se porter spéciale ment.

389. Nous devons à l'obligeante amitié de M. C., ha bile filateur de coton de Rouen, les notes suivantes sur l comparaison des machines à vapeur et des cours d'ea pour filature de coton. Il insiste d'abord très-forte ment, en parlant d'une filature à eau placée à troi lieues de Rouen, sur les inconvéniens de l'éloignemen pour les placemens de marchandises et les achats d matières premières ; sur l'absence de populations ou vrières dans les villages, et le désagrément d'être oblig de plier sous ceux que l'on occupe, etc. Il revient sur l danger de passer par les mains des commission- naires, qui ne présentent jamais vos marchandise qu'en concurrence avec d'autres marchandises sem

21.

blables dans le même magasin , ce qui force à vendre à un cours basé sur le prix de ceux qui sont pressés de vendre.

390. *Compte des frais de moteur d'une filature de coton sur machine à vapeur et sur cours d'eau.* Vient ensuite le compte proportionnel de frais généraux qu'il établit pour une machine à vapeur de douze chevaux, et un cours d'eau de même force. La première s'établira à Rouen hors barrière : le second sera situé seulement à 3 lieues de la ville.

Il suppose que la machine à vapeur n'est pas surchargée , les 12 chevaux conduisant 6,000 broches avec les accessoires à 3,000 tours par minute.

Chaque broche fera , moyennement au n° 26 , par chaque semaine de 81 heures de travail , ½ livre de fil de coton. Il admet, pour plus de simplicité, que le temps, de travail sera le même dans les deux établissemens , les chômages pour gelées et sécheresses couvrant largement les chômages d'entretien des machines à vapeur ; (et cette concession est tout à l'avantage des moulins à eau, qui ont presque tous beaucoup plus de chômages que les machines à vapeur, même de Woolf.)

Il admet aussi que l'on ne fera sur aucun des deux moteurs du fil à la continue , parce qu'exigeant beaucoup de force, on n'en fabrique presque jamais sur des cours d'eau.

FRAIS GÉNÉRAUX DE LA MACHINE A VAPEUR.

Local pour filer 3,000 livres par semaine, et loge
ment du propriétaire au moins à loyer. . .   4,500fr

Impôt foncier hors ville.   300

Intérêts du moteur.   1,500

Dépréciation du moteur.   1,500

Graisse, mastic, chanvre, etc.   800

Réparation annuelle.   1,000

Un chauffeur.   1,000

Pour 13 h. ½ de travail, il faut chauf-
    fer 15 heures à 40 ^{k} par heure.
    600 ^{k} à 44 ^{k} par poche;
    13 ½ poches par jour à 2 fr., prix
    moyen;
= 27 f. par jour, et par an.   8,100

Total des frais généraux. 18,700fr

391. En 1820 à peu près, les cours d'eau se louaient
aux environs de Rouen, 8 et 10 c. par livre de co
ton qu'ils étaient capables de filer dans l'année; au
jourd'hui, on en trouve à 6 cent. Ainsi 150,000 liv
par an à 6 cent. . . . .   9,000f. » c

Impôt foncier. . . . .   500 »

Un cheval et entretien. . . . . .   600 »

Cabriolet et entretien. . . . . .   300 »

10,400 f.

Report. 10,400 fr.

Les veilleuses se paient presque toujours 75 c. par semaine de plus qu'en
ville, soit 37 fr. par an. A n'en compter
que 7 dans une carderie qui fera
3,000 liv. par semaine.   259   »

Éclairage pour les ouvriers à leurs
pièces, comme le fileur bélicien, les
dévideuses, qui ne leur est pas compté
en ville, et qui l'est hors ville, soit 60
becs à 50 cent. par bec, terme moyen,
30 fr. par semaine pendant 22 se-
maines   960   »

Port de marchandises, tant pour cotons en laines que pour filés à 75 cent.
par 50 ᵏ, sur au moins 175,000 liv. de
cotons, huile, et autres provisions. . .   1,312 50

On paie les fileurs en ville 28 cent.
le kilog. au n° 28 ou 29, à la campagne
ordinairement 28 cent. au n° 26, et
29 cent. pour le n° 28. Différence : 1
cent. par kilog.   750   »

Magasin en ville, pied-à-terre, im-
pôt.   800   »

Dépense du cheval une fois par se-
maine.   400   »

Transport des commissions journa-   14,584 f. 50

	Report.	14,581 f. 50 c.
lières, différence en plus pour serrurerie et menuiserie.		600 .
Un commis capable de diriger les ventes, sans la nourriture, au moins.	2,400 .
Total des frais. . . .	17,581 f. 50 c.	

Pour rendre la position des deux filatures analogue, il admet que le propriétaire vende lui-même ses produits ; s'il paie une commission pour cet objet, elle sera de 1 p. % sans le ducroire et sur 280,000 fr. de ventes et achats, elle s'élèvera à près de 3,000 fr. On voit donc qu'en définitive l'avantage d'être sur place, à portée de diriger ses affaires soi-même, et les ventes beaucoup plus avantageuses que l'on fait, compensent la faible différence que nous trouvons dans les frais généraux, à l'avantage des cours d'eau. Aussi l'avis de M. C. est-il entièrement d'adopter, en pareil cas, une machine à vapeur sur place, au lieu d'un cours d'eau éloigné.

———

OBSERVATIONS SUR LA MANIÈRE DE TRAITER AVEC LES MÉCANICIENS.

392. Après avoir ainsi comparé les machines à vapeur entr'elles, et avec les manéges à chevaux et les cours d'eau, nous allons nous adresser plus directement aux manufacturiers qui ont le projet d'employer quelques-

unes de ces machines , et leur indiquer la marche à suivre pour prendre sur toutes les questions qui se présentent alors une résolution motivée.

S'il s'agit seulement de remplacer un manége par une machine à vapeur, ou de transporter sur une machine à vapeur un établissement monté sur un cours d'eau , afin de l'augmenter et de le rapprocher de communications plus importantes ; s'il s'agit au contraire de transporter sur un cours d'eau un établissement monté sur une machine à vapeur ; les notes succinctes que nous avons données plus haut suffiront pour tracer la marche à suivre , et se rendre un compte approché du véritable état des choses. Mais si d'un autre côté l'établissement n'est pas encore formé , il se présente avant de décider quel moteur on doit employer, une foule de questions qui ne sont pas de notre ressort, et que nous n'examinerons pas.

393. *Questions à poser avant d'entreprendre une manufacture.* Celui qui veut former un établissement nouveau doit rechercher avec soin et maturité si cet établissement est une affaire de commerce plutôt que de fabrication , ou de fabrication plutôt que de commerce; car il n'y a pas de fabrication sans commerce : ils sont toujours mêlés , et la question est cependant très-différente; si ses goûts, ses habitudes ,ses études, sa capacité, sa constance, sont en rapport avec l'industrie où il va s'engager , et si de ce côté il sera maître de son affaire , ou tributaire d'un commis ou d'un contre-maître.

Si ses ressources pécuniaires , après avoir formé l'é

tablissement entier, en ajoutant aux devis, avec quelques soins qu'ils aient été faits, une très-large part pour les chances d'erreur ou d'augmentation, suffiront aussi largement au roulement de l'affaire, et de quel genre sont ces ressources, personnelles ou étrangères, parce que les chances et les conditions sont essentiellement différentes ?

Si l'affaire est bonne en elle-même, indépendamment de ces circonstances personnelles et préliminaires, c'est-à-dire quels sont

Les frais d'établissement ?

Ceux de fabrication de tout genre ;

En matières premières ;

Main-d'œuvre ;

Impôts ;

Intérêts des capitaux engagés en bâtimens, machines ou loyers, entretien de bâtimens, machines et ustensiles, comptés tous largement ;

Renouvellement de tous ces objets et remboursement annuel d'une portion de leur prix d'achat, comme réduction de valeur;

Chances d'accidens, incendies, faillites, chômages.

Frais de bureau, voyages, transports ;

Intérêts des fonds roulans sur la masse des avances à faire : escomptes sur les ventes ou commissions;

Frais imprévus.

Quelles ressources le pays peut offrir pour l'approvisionnement des matières premières, et s'il n'en résultera pas une hausse dans leur prix ?

S'il trouvera sous sa main une population manufac-urière déjà formée, accoutumée aux travaux de ce genre, ou s'il sera obligé de la former lui-même ? s'il pourra se procurer assez d'ouvriers pour les be-oins de la fabrication et l'entretien des machines ?

Quel est, en ajoutant l'évaluation de toutes ces chan-ces aux frais de la fabrication, le revient de la mar-chandise fabriquée ?

Quel est le prix courant de vente sur place s'il y a un marché ; quels sont les débouchés sur place, et au besoin les débouchés éloignés, et les moyens de communication et de transport, en comptant dans les deux cas sur une baisse dans le prix, afin d'avoir une marge suffisante ?

Si la marchandise fabriquée est d'une consomma-tion assez restreinte, soit par son prix élevé, soit par le peu d'emploi qu'elle trouve, pour que l'on ait à craindre de voir les produits de ce nouvel établisse-ment, opérer un baisse subite ? Si la fabrication est con-centrée dans un assez petit nombre de mains, pour que l'on ait à craindre une coalition qui tenterait d'écra-ser le nouvel établissement par une forte réduction dans les prix ?

Si, au contraire, la marchandise est commune, d'un emploi très-étendu, et livrée à des prix assez bas, pour que l'on n'ait rien de pareil à redouter, et que l'on soit toujours sûr de vendre facilement, à la faveur d'une différence très-légère, toutes les quantités fa-briquées, ce qui offre autant d'avantage que de sé-curité ?

S'il existe dans le pays des établissemens du même genre, et s'ils prospèrent ? c'est une des plus fortes garanties que l'on puisse trouver.

Dans le cas où la fabrication serait neuve, de quel poids doivent être dans la question les grandes difficultés, inévitablement liées à l'établissement d'une fabrication nouvelle, et au développement de ses débouchés ?

Quelles chances de concurrence prompte il peut rencontrer, ce qui dépend et des moyens de conserver les procédés secrets, et de l'importance des capitaux nécessaires pour former un établissement rival?

Quelle étendue il doit donner à sa fabrication pour la mettre en rapport avec les ressources du pays en matières premières, les débouchés et les moyens pécuniaires dont il peut disposer ?

594. *Choix de la machine à vapeur.* L'indication de ces questions, quoiqu'incomplète, ne sera pas cependant sans utilité pour les hommes qui ne se sont pas encore occupés d'industrie. Nous les supposons résolues, et nous supposons le manufacturier décidé aussi à prendre une machine à vapeur.

Les localités étant choisies, il doit s'assurer s'il y trouvera de l'eau de bonne qualité, en quantité suffisante pour alimenter sa machine, et plus grande encore s'il y a lieu à prendre une machine à basse pression. Un puits creusé décidera la question : en y établissant deux ou trois pompes à bras, il jugera sans peine s'il suffira largement à tous les besoins, et il essaiera si l'eau est douce et savonneuse.

Les calculs que nous avons donnés plus haut le guideront ensuite dans le choix du système de machines à vapeur à adopter. S'il a de l'eau en grande abondance, et de la houille à 14 ou 15 fr. les 1000 kilogrammes, ou au dessous, il prendra une machine à basse pression. Si au contraire la quantité d'eau est moins grande, et la houille plus chère, il se décidera pour une machine à moyenne pression et à deux cilindres, en observant bien que plus la machine dont il a besoin sera forte, plus l'avantage des machines de Woolf sur celles de Watt sera grand, et plus par conséquent il faudra que le prix de la houille soit bas pour s'arrêter à ce dernier système, parce que les frais de consommation de houille augmentent beaucoup plus rapidement que les autres frais des machines à vapeur; et par conséquent si pour une machine de douze chevaux la limite du prix de la houille où commence l'avantage des machines de Watt est à 15 ou 16 fr., pour une machine de 30 ou 40 chevaux, cette limite devra descendre à 12 ou 13 fr.

Ainsi nous admettons que le manufacturier qui veut former un établissement a positivement arrêté ses idées sur une machine à vapeur, et qu'il est au moment d'entrer en relations avec des mécaniciens pour cet objet.

395. *Du marché à passer avec les mécaniciens.* La première question qui se présentera est celle de la force à donner à la machine : et deux observations seront ici nécessaires. En premier lieu, il est très-important de prendre au commencement d'un établis

sement une machine plus puissante qu'il ne faut pour conduire les ateliers projetés; car c'est le seul moyen de se réserver la possibilité d'augmenter l'établissement, sans être obligé de surcharger la machine. Nous avons vu plus haut combien cette surcharge est funeste, aussi bien aux mouvemens de communication qu'aux moteurs; c'est la plus grande chance d'accidens qu'un manufacturier puisse mettre contre lui; tandis qu'en prenant une machine un peu plus forte, il réserve une marge suffisante aux augmentations qui ne peuvent manquer de devenir nécessaires si l'établissement prospère. Nous avons vu peu de manufacturiers, qui n'aient pas eu occasion de regretter l'achat d'une machine trop faible. Et que de pertes de temps et de dépenses pour en opérer le changement !

396. En second lieu, tout en déterminant la force de la machine qu'il veut acheter, le manufacturier ne doit considérer cette condition que comme secondaire, en ce sens que ce n'est pas une machine de telle force en chevaux qu'il lui convient d'acheter, mais une machine capable de conduire tant de métiers, et mieux de faire tant d'ouvrage; c'est la seule méthode dans laquelle il pourra trouver des garanties : la seule qui, laissant de côté toutes les expressions peu nettes de force de chevaux, aille au but, et contienne un engagement positif, explicite, et franc de toute difficulté, puisqu'il est toujours facile de faire constater par des experts si l'ouvrage demandé est fait dans les conditions ordinaires du travail et en bonne qualité. Il est quelques cas où cette méthode

ne pourrait pas être suivie : tel serait celui où l'on destinerait la machine à conduire des travaux de différens genres, comme dans une blanchisserie, brasserie, etc.

397. L'expérience a prouvé que les marchés passés entre les manufacturiers et les mécaniciens, pour la fourniture de machines de telle force de chevaux, sont sujets à une foule de difficultés presque toujours insolubles, et deviennent une source de procès funestes aux deux parties ; parce que l'estimation de la force du cheval de vapeur varie pour chaque mécanicien, et n'a rien de net et de positif : et qu'en outre, on n'a aucun moyen facile de mesurer la force des machines.

Quand la mécanique appliquée aux arts, aura fait de nouveaux progrès, et que l'on aura perfectionné et répandu l'emploi du frein dynamométrique de Prony, encore difficile et peu connu, alors la mesure directe de la force des machines pourra servir de base aux marchés, et en garantir l'exécution.

398. Jusqu'à ce moment, il faut traiter pour que la machine puisse exécuter largement tout le *travail dont on a besoin*, en y ajoutant l'excès de force que l'on se veut réserver, et déterminer ce travail en quantités fixes. Ainsi, lorsqu'il s'agira de monter une filature de laine, on traitera pour l'achat d'une machine à vapeur capable de conduire un nombre déterminé de cardes et de travailler par jour tant de livres de laine. Il en sera de même pour un moulin de blé, où l'on fixera la quantité de grains à nétoyer, moudre et bluter par 24 heures.

De plus, nous engageons les manufacturiers, en fixant en même temps la dépense en combustible, à confier, autant qu'ils pourront le faire, à une même main l'organisation de leur établissement, afin de ne pas partager et par conséquent anéantir la responsabilité. Ils y trouveront en outre cet avantage, que s'ils ne se sont pas trompés dans le choix qu'ils ont fait du mécanicien auquel ils s'adressent, l'établissement sera formé avec beaucoup plus d'ensemble, et ils pourront au moins exiger qu'il leur soit livré en activité, c'est-à-dire à l'épreuve.

399. Beaucoup de manufacturiers, fort instruits du reste, sont persuadés qu'ils trouveront une économie notable à diriger une partie des travaux; en ne traitant que pour ceux qu'il leur est impossible d'exécuter par eux-mêmes. Il est certain, et nous en appelons là-dessus à l'expérience de la majeure partie des industriels, que ce n'est qu'avec de longues et coûteuses expériences qu'ils obtiendront un succès, certain et facile s'ils se fussent adressés à des hommes déjà expérimentés dans les constructions dont il s'agit, et au courant de toutes les difficultés imprévues qu'elles peuvent présenter et de toutes les améliorations qui y sont introduites chaque jour. On ne fait et l'on ne fait bien que ce que l'on fait constamment et spécialement : et c'est sous ces seules conditions qu'on le peut faire avec économie. Un manufacturier croit pouvoir construire lui-même, sans conseil, des roues hydrauliques; il les étudie dans les ouvrages qui en traitent, mais il n'en a pas encore établi : s'il a besoin de pièces de fer et de

fonte, il les paiera probablement à peu près au prix que le mécanicien lui eût demandé, en se réservant un bénéfice, et ce qu'il économisera, ce seront à peine les honoraires du mécanicien, mais alors il n'a aucune garantie. Il est presque impossible que sa roue n'ait pas quelques défauts qu'une main plus expérimentée eût évités.

En un mot, tout travail est cher et mal fait quand il n'est pas fait par des hommes du métier et c'est une erreur bien dangereuse que la pensée de vouloir faire tout par soi-même, et de se passer de tout secours étranger. On s'expose à autant de dangers, en voulant construire ou améliorer soi-même, sans conseils, une manufacture, que l'on connaît mal, et dont au moins, on ne peut connaître bien toutes les parties, à la fois, qu'en voulant se soigner dans une maladie grave, sans médecin.

400. Qu'un manufacturier étudie lui-même à fond toutes les branches de sa fabrication, qu'il s'entoure de toutes les connaissances qui peuvent l'aider dans cette étude, c'est, selon nous, un devoir et la plus grande garantie de succès. Mais ses connaissances, quand il s'agit d'un travail important, doivent lui servir plus à juger l'homme à qui il veut confier ce travail et les procédés qu'il veut employer, qu'à les appliquer lui-même. Car, quelqu'instruit qu'il soit, il ne sait pas tout dans chaque branche. Ainsi un fabricant de toiles peintes a-t-il un calorifère à construire, il fera sagement de s'adresser à un homme qui en ait déjà construit; et ce qu'il paiera de plus pour honoraires de ce travail, sera le prix de la garantie morale et de

les garanties positives qui lui sont données, et par l'expérience du constructeur, et par le marché fait avec
lui. Nul manufacturier éclairé n'hésitera à reconnaître combien il est important d'aller à coup sûr et
sans tâtonnement dans l'organisation ou l'amélioration d'un atelier, et des avantages pécuniaires que
l'on y trouve ; car les écoles, en fait de machines ou
d'appareils, sont ruineuses.

401. Mais si les manufacturiers doivent imposer des
conditions sévères aux mécaniciens et en exiger des garanties positives, il faut aussi qu'ils se décident à payer
ce que valent et ces conditions et ces garanties. Le
cours naturel de l'industrie, quand il n'est contrarié
par aucune loi, règle directement le prix des choses sur
leur prix coûtant, augmenté des chances que présente
l'opération ; parce que les chances, ou leur prix d'assurance, sont encore une partie essentielle du prix coûtant, et que toute assurance doit être payée. Ainsi le
prix des marchandises coloniales, à part tout ce qui,
dans ce prix, doit être attribué à l'action des lois de
douanes et des lois coloniales, ce prix, disons-nous
est composé du prix d'achat aux Colonies, des frais de
transport, des intérêts des capitaux, des bénéfices
du négociant qui les fait venir, et en outre des chances
soit de perte soit d'avaries, soit de fausses spécula-
tions : sans quoi personne ne voudrait s'occuper de ce
commerce.

402. Il en est de même du prix des machines en ajoutant
à leur prix coûtant le bénéfice légitime de toute industrie, qui doit ici être plus fort que dans beaucoup d'autres

22

machines, doit chercher à se procurer celles qui sont les meilleures, et en disant les meilleures, nous ne connaissons pas de limite au bien. Rien n'est trop bon, non pas sous le rapport de luxe, toujours inutile et ruineux, mais sous les rapports de la solidité et du soin dans l'exécution, parce qu'il n'y a pas de médiocrité en machines, et que la différence de prix d'une mauvaise machine à une bonne est si faible, que ce misérable avantage est bientôt couvert et dépassé par les frais de raccommodage, d'entretien, et les pertes de fabrication, ou de chomage.

La véritable économie est surtout dans l'achat des bonnes qualités, en marchandises comme en outils. Le manufacturier exigera, comme nous l'avons dit, des garanties nettes et détaillées, pour être assuré de la réussite de son établissement; il paiera un prix suffisant, pour avoir le droit d'exiger de bon ouvrage, sans se baser sur les prix qui lui sont demandés pour des machines du même genre, mais moins bien construites, et en même temps qu'il tiendra à l'exécution des conditions qui intéressent la sûreté et la bonne marche de son établissement. Quand ces conditions seront bien remplies, et qu'il aura lieu d'être satisfait des résultats, il ne se montrera pas difficile sur d'autres points accessoires, dont l'un des principaux est le temps nécessaire pour monter l'établissement.

404. Quiconque a eu occasion de s'occuper de travaux de ce genre sait combien il est difficile, dans une affaire étendue, de ne pas rencontrer quelques obstacles imprévus, des pièces manquées à renouveler, etc., qui

entraînent un retard aussi fâcheux sans doute pour le manufacturier que pour le mécanicien, mais que souvent l'on eût évité en négligeant quelques autres parties de l'ouvrage. Or quand le mécanicien a rempl ses obligations, et il doit les remplir sans hésiter, dans toutes leurs conséquences, et avec cette bonne fo et cet amour du bien qui ne sont pas renfermés dans le cercle étroit d'un engagement écrit, mais qui von jusqu'où les pousse le besoin de ne rien laisser impar fait; alors, disons-nous, le manufacturier doit de son côté montrer qu'il sait apprécier et le travail et la manière dont il a été exécuté : il doit, dans les circon stances qui se peuvent présenter, agir vis-à-vis le méca nicien, comme le mécanicien a agi vis-à-vis de lui, en se rappelant, que lui de son côté n'a aucune chance à courir, qu'il est assuré contre toutes, que, quelle que soit la perfection apportée dans l'exécution des machine et dont il profite directement, il n'aura rien à paye au-dessus du prix arrêté, tandis que le mécanicien es exposé à une foule de chances, que le meilleur pri ne compense pas toujours.

Nous espérons que l'on ne nous fera pas un reproche d'avoir insisté sur les devoirs du manufacturier enver le mécanicien, en nous accusant de plaider notre propr cause, et que l'on reconnaîtra ici, comme partout ail leurs, notre profonde conviction; puisque nous avon développé sans hésiter et franchement les devoirs du mécanicien envers le manufacturier, et que nous avon indiqué à celui-ci, les garanties qu'il devait exiger.

Pour compléter cette courte instruction, disons un

mot de la manière de recevoir et d'examiner les machines.

405. *Réception des machines à vapeur.* Le manufacturier ne doit pas se contenter d'étudier la machine à vapeur que l'on monte dans ses ateliers. Quand elle est montée, il en doit suivre et surveiller la pose, non pas seulement pour s'assurer que l'on y apporte tous les soins minutieux réclamés pour cette opération, et qu'aucune précaution n'est négligée pour en assurer la solidité, et la marche régulière et économique ; il ne doit pas seulement suivre avec le plus grand soin la construction des fourneaux, parce que la plupart du temps les maçons qui l'exécutent ne la comprennent pas, et en changent toutes les dispositions, ou au moins les proportions, sans vouloir se rendre compte ou se laisser convaincre de leur importance, ce qui plus tard expose le manufacturier à chercher long-temps les causes, soit du mauvais tirage, soit du mauvais effet des fourneaux. Le manufacturier doit encore suivre la pose de chaque pièce de la machine, et l'examiner avant le montage et pendant le montage, parce que c'est là qu'il en découvrira le mieux les défauts, qui plus tard seraient cachés.

Quand la machine est complétement posée et prête à fonctionner, il faut en passer en revue toutes les pièces avec soin, vérifier les ajustemens des grains du parallélogramme, de la tête de la bielle, des pistons, etc. ; car si l'on voit qu'ils soient négligés, on devra concevoir quelque méfiance sur le soin avec lequel ont été travaillées toutes les pièces dont on ne peut pas constater facilement l'exactitude. Cet examen terminé, on chauffe la chaudière en étudiant sa marche, le tirage du fourneau quand il est bien sec ; car au moment où on y allume le feu pour la première fois, si la construction est récente, l'humidité du fourneau refroidit tellement la fumée, qu'elle sort entièrement froide de la cheminée, et qu'il n'y a aucun tirage. Après une ou deux heures au plus, par exemple, dès que le fourneau est sec, le tirage se développe tout à coup.

406. On examinera dans les premiers jours de travail si le feu est vif, et si l'on est obligé de le modérer au moyen du registre, pour régler la machine sous sa charge ordinaire, afin de se ménager de la ressource, quand les carneaux commenceront à contenir de la suie.

407. La machine vide doit s'enlever sous la plus faible pression, et prendre aisément la plus grande vitesse ; si elle était lourde à vide, elle souffrirait plus encore à charge.

408. Si c'est une machine à deux cilindres, elle doit enlever sa charge sous une pression qui ne dépassera que peu 2 atmosphères du manomètre, c'est-à-dire 25 ou 30 livres de pression, suivant l'expression reçue. S'il fallait plus de pression, à moins que la charge ne soit forcée, il y aurait lieu de craindre que, plus tard, quand les pistons ne seraient plus aussi propres, les masticages en aussi bon état, elle n'exigeât de la vapeur beaucoup plus forte.

On fera cependant attention qu'une machine ne possède pas toute sa légèreté dans les premiers jours de sa marche. Il en est de même lorsqu'après avoir déjà long-temps travaillé, on en démonte les pistons pour un né toyage. Ceci s'applique au reste à toute espèce de ma-chines, et ce n'est qu'après un certain espace de temps que toutes les pièces de cuivre s'étant adoucies, et pour ainsi dire moulées sur celles de fer et de fonte, les frottemens sont adoucis, et la machine parfaitement légère.

409. Il faut s'assurer ensuite que la machine ne fait aucun bruit, ne donne aucune secousse; que ses pièces fixes, comme les cilindres, les colonnes et surtout le palier de sa manivelle, n'éprouvent aucun ébranle-ment; que le condenseur ne donne pas d'air, que la pompe de puits fournit plus d'eau qu'il n'est néces-saire pour le service de la machine chargée; que les tiges de pistons descendent toutes deux verticalement, et sans forcer d'aucun côté; que les boîtes à étoupes tiennent bien la graisse; car, s'il en était autrement, il serait probable que la course des tiges de piston n'est pas verticale; que les parties de la machine qui doivent être mastiquées sont dressées et ajustées avec beaucoup de soin, comme les bords des cilindres sur lesquels reposent les plateaux, les plateaux des boî-tes, etc., parce que, quand elles ne sont pas bien dres-sées, on use beaucoup plus de mastic, on se donne beaucoup plus de peine, et l'on ne fait que de mauvais masticages. Nous recommandons fortement cette con-dition souvent négligée, et qui est la cause de bien des désagrémens et des pertes de combustible, par

l'air que ces mauvais ajustemens admettent, tandis que de bons ajustemens ne se dérangent jamais;
il faut s'assurer aussi que tous les tuyaux à vapeur
ont un diamètre assez grand, que les soupapes de la
pompe alimentaire tiennent bien l'eau; enfin que les
tiroirs et soupapes des boîtes ferment parfaitement, et
sont bien réglées.

Voilà à peu près les objets principaux sur lesquels
doit porter l'examen du propriétaire. Quant aux inconvéniens que le travail de la machine pourrait lui
découvrir successivement, le temps exigé pour la
garantie lui donnera le moyen de les reconnaître,
et de voir s'ils tiennent à un défaut, ou de la machine
même, ou de son montage, ou de sa conduite.

CALCUL ET MESURE DE LA FORCE DES
MACHINES A VAPEUR.

410. Notre but est de présenter ici les procédés employés, soit pour calculer la force des machines, soit
pour la mesurer. Ces calculs sont loin de donner des résultats certains; parce que, quoique l'on puisse se rendre un compte approximatif de la force développée et de
celle dépensée en frottemens et non utilisée, on ne peut
pas faire entrer dans le calcul les circonstances parti-
culières qui tiennent à la machine même que l'on calcule : comme le degré de perfection avec lequel elle
est construite, le bon état dans lequel elle est entretenue, etc.; et l'on est obligé de s'en rapporter à des
formules générales qui comprennent sous une seule

expression, toutes ces pertes de force, pour un même système de machines.

Le seul procédé constant et positif serait évidemment la mesure directe de cette force, qui se trouverait ainsi appréciée en produit net, c'est-à-dire par son effet utile. Mais les moyens qu'on y a appliqués jusqu'à ce jour sont encore difficiles à pratiquer, longs et souvent dispendieux, ce qui s'oppose la plupart du temps à leur emploi. Nous en parlerons cependant avec assez de détails, pour que l'on puisse au besoin en faire usage; et il est à désirer que cet usage se répande, d'abord à cause de la certitude qui s'introduirait dans la mesure des machines; ensuite parce qu'il fournirait le moyen de recueillir des résultats variés et nombreux, sur la quantité d'actions qu'exigent les divers travaux industriels, et de former ainsi des tables très-utiles et aux mécaniciens et aux manufacturiers qui ont des ateliers à monter.

411. Nous avons puisé la majeure partie des détails que nous donnons ici, dans le cours de mécanique industrielle de M. Poncelet, le seul homme qui, occupé de recherches mathématiques, ait bien senti comment elles devaient être appliquées à la mécanique pratique, comment elles en devaient diriger les expériences, en recueillir et comparer les résultats; et ait présenté, sous une forme simple, et réduit à une seule expression facile à concevoir, la mesure de toutes les forces mécaniques utilisées. M. Poncelet, à qui nous devons les plus utiles conseils dans les constructions hydrauliques que nous avons faites, et qui nous honore de

son amitié, a développé en peu de pages, dans son
cours de mécanique industrielle, fait pour les artistes
et ouvriers Messins, la théorie des machines à vapeur,
et donné avec la plus grande clarté la manière d'en
calculer la force et d'en apprécier les effets; ce sont
ces résultats qui nous serviront de guide.

412. *Mesure commune des moteurs.* La force d'un
moteur, quel qu'il soit, se mesure par la pression
qui est exercée sur ce moteur, multipliant l'espace parcouru en une seconde, ou sa vitesse par
seconde. Ainsi, la force d'une manivelle sur laquelle un homme travaille est mesurée par l'effort
qu'il y exerce, multipliant le chemin qu'elle parcourt
en une seconde. Tout travail, et par conséquent celui
d'une machine à vapeur, est mesuré de la même manière; c'est ce que l'on nomme quantité de travail,
quantité d'action.

413. *Mesures de la force des machines à basse pression
et sans détente.* Supposons d'abord, pour la simplicité du
calcul, que la vapeur agisse pendant toute la course du
piston avec la même tension, c'est-à-dire qu'il n'y ait pas
de détente; rien ne sera plus facile alors que le calcul à
faire. Si la vapeur est à une atmosphère de tension,
c'est-à-dire si elle est seulement capable de soutenir
un poids de $1^k 033$ par centimètre carré, alors il est
évident que la pression totale exercée sur le piston
sera égale à autant de fois $1^k 033$ qu'il y a de centimètres carrés dans le piston. Si son diamètre est de
$0^m 27$, on obtiendra sa surface en formant le carré de
ce diamètre, ce qui donne $27 \times 27 = 729$ centimètres

carrés, et multipliant ce produit par $\frac{85}{100}$ = 573 centimètres carrés, ce qui donne le rapport du diamètre
carré, au diamètre rond; c'est-à-dire la quantité à
laquelle il faut réduire le carré du diamètre, pour avoir
la surface du cercle de même diamètre.

Nous avons admis que la pression de la vapeur est
égale à une atmosphère, ou $1^k 033$ par centimètre
carré : la pression totale sera donc 573 centimètres
carrés, multipliant $1\,033 = 592^k$. Admettons maintenant, pour plus de simplicité, que la course du piston
soit de 1^m en 1 seconde, il résultera de là que la force
de la machine, sera égale à un effort de 592^k, parcou-
rant 1^m en 1 seconde, ou 592_k multipliant 1^m, ce qu'on
représente par cette expression 592 kilogrammètres ou
$592_k{}^m$. Si la vitesse du piston était de $0^m 80$ en 1 seconde, la force de la machine serait de $592 \times 0^m 80$,
ou 414^{km}.

414. On admet, dans ce calcul, que le refroidissement
qui a lieu par la surface des cilindres, et dont il se faut
préserver autant qu'on le peut faire, est presque nul,
dès que la machine est en plein mouvement. C'est
en effet ce qui a lieu à peu de chose près. En même
temps, la tension de la vapeur est mesurée avec un
manomètre posé sur la chaudière, et la tension de la
vapeur dans les cilindres est toujours un peu plus faible
que dans la chaudière; il est donc nécessaire de
compter plutôt au-dessous de la force indiquée par le
manomètre qu'au-dessus.

415. *Tension du condenseur en sens contraire du mouvement.* Il faut observer, d'un autre côté, que la pression

exercée sur le piston, par la vapeur qui vient de la chaudière, n'est pas exercée pleinement et sans opposition, à part tout ce qui est dépensé en frottemens; car, dans toutes les machines à basse et à moyenne pression, on condense la vapeur dans de l'eau froide, et le plus ordinairement dans un vase séparé. Or l'eau qui a servi à condenser cette vapeur, a acquis une température élevée de 40°, par exemple, et à cette température la vapeur, ou l'eau chaude, conserve une tension assez forte, qui, en s'ajoutant à la tension de l'air resté dans le condenseur, et que la chaleur a chassé de l'eau de condensation, donne encore un effort d'environ 0ᵏ 15 par centimètre carré ! Cet effort serait au reste facile à mesurer en adaptant un manomètre au condenseur.

Quoi qu'il en soit, cette tension de 0ᵏ 15 par centimètre carré, restée dans le condenseur, est évidemment en sens contraire de l'action de la vapeur de la chaudière, et contrebalance une partie égale de l'action de cette vapeur sur le piston, puisqu'elle agit en sens contraire. Pour calculer exactement l'effort développé par la vapeur de la chaudière sur un piston, derrière lequel agit encore la tension de l'eau chaude, et de l'air dégagé dans le condenseur, il faut donc retrancher de l'effort de la vapeur sur chaque centimètre carré du piston, l'effort contraire de la tension du condenseur. Il est évident que ce qui restera sera la différence de ces deux pressions, et par conséquent la pression réellement exercée sur le piston. Ainsi, dans l'exemple précédent, l'effort sur le piston était de

partie de la course du piston et il faut tenir compte de cette détente dans le calcul.

On détermine d'abord pendant quelle portion de course le piston reçoit l'action de la vapeur sans détente, c'est-à-dire est en communication avec la chaudière qui lui fournit de la vapeur. Supposons la course totale du piston égale à $1^m 44$, et la partie de cette course où la vapeur agit sans détente égale $0^m 32$. Il s'en suit que la vapeur se détendra pendant une course de $1^m 12$, et qu'elle occupera alors un volume 4 ¼ fois plus grand, que celui qu'elle occupait au moment où la communication avec la chaudière à été fermée. Puisque $1^m 44$ est égal à $4 \frac{1}{2}$ fois $0^m 528$, la vapeur se sera donc détendue de 4 fois ½ son volume primitif, et elle aura $4 \frac{1}{2}$ fois moins de tension à la fin de la course des pistons qu'au commencement. Mais quelle est la somme des pressions qu'elle a exercées pendant cette détente?

420. Voici la manière de le calculer exactement : en premier lieu, il est évident que pendant la première partie de la course $0^m 32$, la vapeur ne s'étant pas détendue, la quantité de travail produite sera égale à la pression, que nous supposons $3 \frac{1}{2}$ atmosphères $\times 1^k 033 = 3^k 62 \times$ la surface du piston dont le diamètre est supposé $0^m 80$, ou 5026 centimètres carrés, ce qui donne pour la pression exercée sur le piston 18174^k, et, multipliant ce produit par le chemin parcouru $0^m 32$, on a 5816^{km} environ.

Pour le reste de la course, on divisera l'espace restant $1^m 12$ en un nombre pair de parties égales, en 4, par exemple, et désignant cet espace restant par les lettres *a e*. Les divisions faites aux points *b c d* seront *abb. cc.d.de.* égales chacune à 0^m28.

En désignant par P la pression totale sur le piston, au point *a*, au commencement de la détente, que nous avons vue être 18174^k, on calculera les espaces parcourus et les pressions exercées successivement par la vapeur à mesure qu'elle se détend, en se rappelant qu'en vertu de la loi de Mariotte la vapeur dans ce cas-ci, aussi bien que les gaz, a une tension qui est en raison inverse du volume qu'elle occupe. (Voyez la note 8 sur la compression de l'air dans les manomètres.) De sorte que, quand elle occupe un espace deux fois plus grand, elle a une tension de moitié moins grande : quand l'espace est triple, la tension est réduite au tiers : ainsi l'on a toujours la pression de la vapeur détendue, en divisant la pression primitive par le rapport du volume primitif et du nouveau volume : ce qui revient à multiplier la pression par le volume primitif, et la diviser par le nouveau volume : si cette pression est égale à 2^{k}4 par centimètres carrés, et que le volume qui était égal à 1 soit devenu 3, la pression sera $\frac{1 \times 2^k 4}{3} = 0^k 8$.

On formera ainsi la table suivante des espaces parcourus et des pressions correspondantes aux divers points de divisions,

Positions des pistons en	a.	b.	c.	d.	e.
		centimètres.			
Espaces parcourus.	32	60	88	116	144
Pressions correspondantes.	P	$\dfrac{32}{60}P$	$\dfrac{32}{88}P$	$\dfrac{32}{116}P$	$\dfrac{32}{144}P$
Opérant le calcul.	18174^k	9692^{k}8	6608^{k}7	5013^{k}5	4038^{k}7
N^{os} des pressions.	1	2	3	4	5

421. Avec ce tableau des pressions aux divers points de division, on calculera facilement la quantité de travail développée pendant la détente par la règle suivante.

Pour obtenir cette quantité de travail, on additionne ensemble.

Les pressions extrêmes. $\left.\begin{array}{l}18,174\\4,038\ 7\end{array}\right\}$ ..... 22,212^k,7

Deux fois la somme des pressions de rang impair. 2×6608^k7 .... 13,217^k,4

Quatre fois la somme des pressions de rang pair. $4 \times (9692^k,8 \times 5013^k,5)$ 58,825^{k}2

94,255^k,3

On multiplie alors cette somme par l'espace constant compris entre les 4 divisions que nous avons faites dans la course de la vapeur qui se détend, c'est-à-dire par 0^{m}28, ce qui donne 26391, et on prend enfin le tiers de ce produit 8797^{km}, qui est la quantité de travail développée par la vapeur sur le piston, pendant qu'elle se détend : il faut y ajouter ensuite la quantité de travail développée par la vapeur dans la première partie de la course, pendant qu'elle agit sans détente, et que nous avons trouvée être 5816^{km}; on aura donc pour la quantité totale de travail 8797 + 5816 = 14613^{km}.

421 bis. Dans le cours des travaux industriels on peut se contenter de diviser l'espace dans lequel la vapeur se détend en 2 parties égales, au point c ; chacune de 0^{m}56 et de faire le calcul par la même méthode. Ce moyen est plus court , plus simple , et donne des résultats qui diffèrent très-peu des premiers.

On aurait trouvé ici pour le travail produit par la détente ⅓ × 0^{m}56 (18174^k × 4038^k,7 + 4 × 6608^{k}7) = 9801^{km} puisque les pressions de rang pair disparaissent. On ajoute de même ce travail à celui de la vapeur sans détente 5816^{km} et le total est 14897^{km}.

422. *Méthode abrégée pour calculer le travail des machines à vapeur* (1). « La méthode que nous donnons ici repose sur ce principe que , lorsqu'un volume donné de vapeur à une tension déterminée se détend d'une même quantité , il développe toujours la même quantité de travail. Il suffira donc de calculer d'avance une table qui donne le travail transmis au piston d'une machine à détente quelconque , par un certain volume de vapeur prise à une tension déterminée , et pour les diverses hypothèses que l'on peut faire sur cette détente, ou sur le rapport du volume occupé par la vapeur, au moment où elle va se rendre au condenseur, à celui qu'elle occupait à l'instant où elle s'est détendue sous le piston de la machine. Car on en conclura faci-

* Poncelet, *Mécanique industrielle* , 1re partie, page 175.

ment dans chaque cas particulier , et par une simple
roportion , la valeur même du travail que dans toute
utre circonstance elle serait capable de développer
ur les pistons d'une machine différente.

« Supposons, par exemple, que nous sachions, d'a-
rès la table , qu'un mètre cube de vapeur introduite ,
la tension atmosphérique ordinaire , sous les pistons
l'une machine dans laquelle la détente est de 4 fois
/2 le volume primitif, communique à ces pistons, dans
ine course entière ou demi-oscillation de la machine,
ine quantité de travail représentée par F, et qu'il s'a-
çisse de calculer le travail x que produit pour la même
létente un volume de vapeur de $0^{m.c.}25$ sous une
ension de 3 1/2 ou 7/2 atmosphères , on n'aura qu'à
;crire la proportion

$$1^{m.c.} \times 1^{at.} \frac{7^{at.}}{2} \times 0^{m},25^{c} :: F : x, \text{ d'où } x = \frac{7^{m.c.} 0,25}{2 \times 1 \times 1} F$$

$$= \frac{7}{2} \overset{m.c.}{0},25 \; F = 0,875 \; F.$$

» Il restera à diminuer cette valeur de x, de la quan-
lité de travail que développe en sens contraire la vapeur du condenseur, dans une course entière de celui
des pistons qui est en communication directe avec le
condenseur. Après quoi on achèvera le calcul comme
nous l'avons indiqué.

Table des quantités de travail produites sous différentes détentes par 1 mètre cube de vapeur d'eau prise à la tension de l'atmosphère.

Volume après la détente.	Quantité de travail correspondant.	Volume après la détente.	Quantité de travail correspondant.	Volume après la détente.	Quantité de travail correspondant.
m. c.	k.m.	m. c.	km.	m. c.	km.
1.25	12.635	4.25	25.277	7.27	30.794
1.50	14.518	4.50	25.867	7.50	31.144
1.75	16.111	4.75	26.426	7.75	31.483
2.	17.490	5.	26.955	8.	31.811
2.25	18.707	5.25	27.459	8.25	32.129
2.50	19.795	5.50	27.940	8.50	32.437
2.75	20.780	5.75	28.399	8.75	32.736
3.	21.679	6.	28.839	9.	33.027
3.25	22.506	6.25	29.261	9.25	33.510
3.50	23.271	6.50	29.665	9.50	33.585
3.75	23.984	6.75	30.055	9.75	33.854
4.	24.650	7.	30.431	10	34.116

Nota. Quand il n'y a pas détente, et que le volume reste égal à 1, le travail produit par l'action directe du mètre cube = 10,333 km.

423. » *Application particulière.* Pour montrer comment on doit se servir de cette table, prenons encore les données de la machine que nous avons calculée plus haut, où la vapeur est introduite à 3 1/2 ^{at} de pression, et doit occuper après sa détente 4 fois et 1/2 son volume primitif. La première chose à calculer est la valeur de ce volume primitif, ce qui est toujours facile quand on connaît bien la machine. Ce volume est dans l'exemple cité plus haut égal $(0^m 80)^2 \times 0,785 \times 0^m 32 = 0^{u. c. b.}$ 16,085. La table donne pour la même détente du mètre cube de vapeur à 1 ^{at}, la

quantité de travail 25,867 kilogramètres; donc, d'après ce qui vient d'être dit, celle qui répond à 3 atmosphères 1/2 et aux 0^{mc} 16085 sera $3^{at}5 \times 0^{mc}$ 16085 $\times 25,867^{km} = 14562^{km}$.

Le calcul de la force de la machine s'achèvera comme nous l'avons dit plus haut.

424. Il faut seulement observer que, pour les détentes qui excèdent cinq fois le volume primitif, il s'en faut de beaucoup que les résultats soient aussi forts que l'indiquent les nombres du tableau. On devra supposer généralement qu'au delà de six ou sept fois le volume primitif, la quantité de travail utile est plutôt moindre que supérieure à celle qui répond à cinq fois le volume; et il est constant qu'il n'y a pas d'avantage à laisser la vapeur se détendre au-delà de quatre à cinq fois son volume primitif, puisqu'au delà de cette limite la résistance et les frottemens absorbent en totalité et surpassent le bénéfice donné par la détente.

425. La méthode suivie ordinairement par les mécaniciens donne des résultats très-erronnés, et dont la conséquence est d'autant plus fâcheuse, qu'ils exagèrent beaucoup la force des machines.

En effet ils se contentent de prendre, pour la pression moyenne exercée sur le piston pendant la détente, la moitié de la somme des pressions extrêmes au commencement et à la fin de cette détente, ainsi dans l'exemple précédent ils auraient $1^{m}12 \times \dfrac{18174^{k} + 4038^{k}7}{2}$ $= 12459^{km}$, quantité qui surpasse de beaucoup les

8797^{km} que nous avons trouvés. Ainsi il faut bien se garder d'adopter cette méthode qui induirait les manufacturiers dans des erreurs graves sur la force de leurs machines, en les leur montrant plus fortes qu'elles ne sont réellement.

426. *Machines à deux cilindres.* Pour calculer la force des machines à deux cilindres , le procédé est exactement le même que pour calculer la force des machines à un seul cilindre et à détente. Il est indifférent que la détente s'opère dans un cilindre différent de celui dans lequel la vapeur agit avec toute sa pression, pourvu que la partie de ce cilindre dans lequel il n'y a pas de détente soit égale en capacité à celle du petit cilindre de Woolf, et que le volume occupé par la vapeur après la détente dans la machine à un cilindre soit le même que le volume occupé par la vapeur après la détente dans le grand cilindre de Woolf c'est-à-dire égal au volume de ce grand cilindre.

Ainsi le calcul d'une machine de Woolf à deux cilindres se réduit à celui d'une machine dont le cilindre unique aurait le diamètre du petit cilindre et la capacité du grand , et où la vapeur travaillerait sans détente , sur une course de piston égale à celle du petit piston , et avec détente pendant tout le reste de la longueur du cilindre que nous employons pour ce calcul.

427. Ainsi supposons une machine dont le petit cilindre aurait de diamètre 0^{m}80, et le petit piston 0^{m}32 de course; (on n'en construit pas dans ces dimensions, mais nous les adoptons pour rapporter notre calcul à celui qui

a été fait plus haut) et dont le grand cilindre aurait une capacité 4 fois 1 2 plus grande ou de 724 décimètres cubes ou litres. Il faut calculer la longueur du petit cilindre de 0^m80 de diamètre qui aura 724 litres de capacité. Pour cela on calcule la section du petit cilindre $(0^m80)^2 \times 0^m785 = 0^m$ carré 50 On divise alors 0^m cube 724, par 0^m carré 50, et on obtient 1^m 44 environ pour la longueur du petit cilindre qui aura une capacité égale à celle du grand cilindre. On voit que 1^m 44 est positivement la longueur que nous avons trouvée plus haut pour la course du piston qui laissait détendre la vapeur de 4 fois 1/2 son volume primitif. Ainsi le calcul devient alors exactement le même qu'avec un seul cilindre, et l'on obtient pour la force de la machine à deux cilindres, par la méthode abrégée, $9,081^{km}$, mais comme le piston est obligé de chasser devant lui la faible tension de vapeur qui existe encore dans le condenseur, et que nous avons évaluée à 0^k 15 de pression environ par centimètre carré, il faut calculer l'effort que cette tension exerce en sens contraire sur le grand piston pendant toute sa course. Si le grand piston a 14,000 centimètres carrés dans l'exemple cité, la pression sera $14,000 \times 0^k$ $15 = 2100^k$ qui, multipliés par la course du grand piston 0^m40, donneront 840^m de travail; en les retranchant des 9081^{km}, il restera pour la force nette 8241^{km}.

428. *Effet utile des machines à vapeur.* Mais, lorsque l'on calcule ainsi la puissance théorique d'une machine à vapeur, l'on ne tient compte ni des pertes

de vapeur par les pistons, derrière lesquels est souvent le vide, ni des frottemens de toutes les pièces
de la machine, et surtout celui des pistons contre
les cilindres, qui est considérable, ni de la force nécessaire pour monter l'eau destinée à la condensation, etc., en un mot, on ne tient pas compte de
toute la force dépensée inutilement en frottemens de
toute espèce, et qui n'entre pour rien dans l'effet
utile des machines.

Or, pour connaître exactement leur puissance, il
faut calculer ces pertes de force et les retrancher du
travail total de la vapeur. Le reste sera évidemment
l'effet utile ou le produit net de la machine.

429. L'expérience et l'examen suivi des machines,
réunis au calcul de ces frottemens, nous apprend que
l'effet utile des principaux systèmes de machines à vapeur est au travail total de la vapeur à peu près dans
les rapports suivans :

1° Machines à basse pression. A détente de dix à
douze chevaux, l'effet utile est égal aux 55 centièmes du travail de la vapeur calculé comme on le
fait plus haut;   soit 0, 55
2° Mêmes machines plus fortes, 60 centièmes 0, 60
3° Mêmes machines plus faibles 50 centièmes 0, 50
4° Machines de Woolf à deux cilindres de dix à douze
chevaux : leur complication plus grande en augmente les pertes, l'effet utile est seulement de
45 centièmes du travail de la vapeur   0, 45
5° Mêmes machines plus faibles   0, 50
6° Mêmes machines plus fortes   0, 50

Ainsi , pour avoir l'effet utile de la machine à basse pression dont nous venons de parler , il faudra multiplier le travail de la vapeur que nous avons trouvé égal à 1824^{km} par 0,60, parce que la machine est forte , et l'on trouvera qu'il est égal à $8241 \times 0,60$ 49446^{km}.

Pour la machine à moyenne pression , on aura $8241 \times 05 = 4120^{km}$.

Ces nombres ne représentent pas l'effet utile des machines à vapeur d'une manière parfaitement exacte, parce que cet effet utile varie avec la construction et la conduite des machines. Mais ils serviront utilement pour constater à peu de choses près la force des machines que l'on emploie, et cette approximation est suffisante dans le service journalier des ateliers.

450. *Expression commune de la force des machines.* Nous avons évalué la force de toutes les machines en une mesure constante de un kilogramme élevé à un mètre ou un kilogrammètre. C'est en effet une mesure rigoureuse, à laquelle on rapporte facilement tous les autres genres de travail. Mais il faut encore parler ici de la mesure généralement adoptée dans le calcul de la force des machines à vapeur, celle de cheval vapeur. Cette force était originairement égale à celle d'un fort cheval attelé au manége , et donnant pendant quelques instans un coup de collier. Aussi elle représente un travail qu'un cheval ne soutiendrait pas une heure de suite.

Les divers mécaniciens donnent des évaluations différentes de cette force de cheval vapeur; ils varient depuis 60.^{m} jusqu'à 90^k ou 90^k élevés à 1 mètre une seconde.

. Quoi qu'il en soit, par suite du besoin que l'on a de s'arrêter à une base fixe et de partir du même point, on commence à adopter généralement le nombre 75 ^{km} pour la valeur du cheval vapeur qui sert d'unité routinière dans le calcul de la force des machines à vapeur, des roues hydrauliques et des divers moteurs.

Ainsi un moteur dont l'effet utile sera égal à 750 ^{km} aura la force de $\frac{750}{5}$ ou 10 chevaux vapeur.

La machine à basse pression dont nous avons parlé qui a une force de 4941 ^{lm} à $\frac{4941}{75}$ 65 chevaux environ, etc. En divisant l'effet utile évalué en kilogrammes élevés à un mètre, par le nombre 75 ^{k}, le quotient sera toujours le nombre de chevaux vapeur, qui représentera la force du moteur.

431. *Dufrein dynamométrique de Prony.* Il nous reste à parler maintenant du procédé que l'on peut employer pour mesurer directement l'effet utile des divers moteurs. Nous le décrirons sans entrer dans aucun détail sur les principes qui en sont la base. Ce procédé s'applique avec autant de succès à tous les moteurs, roues hydrauliques, etc.

Supposons-le appliqué à une machine à vapeur de douze chevaux. On arme l'arbre du volant, dans un endroit réservé pour cette opération, d'une enveloppe cylindrique en bois de 0^{m}32 à 0^{m}40 (1 pied à 15 pouc.) de largeur, et de 0^{m}50 à 0^{m}60 de diamètre, et solidement fretté à chaud. S'il s'agissait de mesurer la force d'une roue à eau montée sur arbre de bois , celui-ci serait très-convenable à l'opération sans y mettre d'armature. On ne peut éviter d'en ajouter une sur l'arbre de fonte d'une machine à vapeur , quand même il serait cilindrique et tourné , parce que son diamètre est si petit que , pour obtenir un frottement capable d'enlever le lévier et le poids que l'on y applique , il faudrait un effort de serrage énorme , auquel les boulons du collier ne sauraient résister. On sentira mieux l'importance de cette observation après avoir lu la description de ce procédé.

Quand l'arbre *a* est ainsi couvert d'un cilindre de bois tourné (*Pl.* 8 , *fig.* 11) , on y ajuste un lévier *b* fait avec une longue pièce de chêne , ou mieux de sapin de 7 à 8° d'équarrissage et de 5 à 4ᵐ (9 à 12 pieds) de longueur; ce lévier est fixé sur l'arbre par un collier en fer forgé *c c* dont les deux bouts sont terminés en boulons , et serrés sur le lévier par deux forts écrous *dd*, et des rondelles de fer destinées à empêcher les écrous de s'imprimer dans le bois.

A l'autre extrémité du lévier on attache par un bout du crochet *i* un poids *f* ou un plateau de balance destiné à recevoir des poids.

Une cordelle légère *h* empêche le lévier de s'enlever dans le cas où l'on serrerait trop fortement les écrous *d d* , et un petit tréteau *y* l'empêchera de retomber si l'on venait à leur donner trop de jeu. On ne laisse ainsi au lévier que peu de course libre, pour le maintenir toujours à peu près horizontal , et ne pas s'exposer à renverser par des secousses les poids placés sur le plateau de balance. Le lévier est armé à l'endroit du collier d'une semelle en bois, qui embrasse l'arbre sur une largeur de 1 pied à 15 pouces, et pour que le frottement de ces deux morceaux de bois l'un sur l'autre ne les enflamme pas, on garnit la semelle d'une feuille de tôle, et de plus on les arrose d'eau froide pendant l'expérience.

432. Tout l'appareil étant ainsi disposé, on calcule d'avance le poids dont il faut charger le plateau de balance pour obtenir les douze chevaux de force au moment où, la machine étant à sa vitesse de règle de 27 coups par minute, le lévier se maintiendra en équilibre et horizontal. Pour cela, nous dirons d'abord que l'effet utile de la machine essayée est égal au poids suspendu en i, multipliant la vitesse par seconde qu'aurait le point i, si le levier b était fixé invariablement sur l'arbre de la machine et tournait avec lui.

Ainsi, si le poids est égal à 80^k, et que le rayon du lévier soit de 4^m, la circonférence décrite par le point i en tournant avec l'arbre, ou la circonférence, dont $i e$ est le rayon, sera égale au double de $i e =$ 8^m, multipliant 3,1416 $= 25^m$. Comme la machine fait faire à l'arbre vingt-sept révolutions en une minute, le point i parcourra en une minute 27×25^m ou 675^m et en 1 seconde $\frac{675}{60} = 11^m 20$. Si le poids est de 80^k, il est evident que l'effet utile de la machine sera égal à 80$^k \times$ l'espace parcouru en une seconde $= 11^m 20$, environ 900^{km}, divisant 900 par 75, on a 12 chevaux vapeur pour la force de la machine.

On fera attention que dans les 80 ^{k} qui forment le

poids d'épreuve suspendu au bout du lévier, à 4ᵐ du centre de l'arbre *a*, sont compris 1° le poids du plateau de balance; 2° le poids du lévier au point *i*, c'est-à-dire le poids mesuré avec un peson ou un dinamomètre, qui soutiendrait en *i* le lévier quand il est posé sur une pièce de bois étroite en *a* à l'endroit qui doit porter sur l'arbre. En un mot, le poids de 80ₖ représente tout le poids qu'enlève le frottement donné par le serrage des écrous.

453. Pour régler d'avance le poids, afin qu'il soit équivalent à la force de la machine, on refait, en commençant par la fin, le calcul que nous venons de faire plus haut. Les 12 chevaux à 75ᵏᵐ par cheval donnent 900ᵏᵐ. La vitesse du point de suspension *i* sera comme nous l'avons calculée de 11ᵐ20 par seconde. Divisant 900ᵏᵐ par 11ᵐ20, on trouve 80ᵏ pour le poids total à mettre en *i*; on pèse alors le bout du lévier, et le plateau de balance, s'il y en a un, et les supposant tous deux ensemble égaux à 40ᵏ, il s'ensuit qu'il faudra seulement y ajouter 40ᵏ pour compléter le poids de 80ᵏ.

On place donc 40ᵏ sur le plateau de balance, on met la machine à vapeur en mouvement à sa vitesse de régime. On serre alors les écrous jusqu'au moment où le frottement devient assez considérable pour que le lévier soit enlevé, et soutenu en équilibre. A mesure que le frottement augmente, la machine se ralentit : il faut ouvrir un peu plus le robinet régulateur pour la maintenir à sa vitesse de 27 coups par minute. D'un autre côté, on règle le serrage des écrous de manière que le lévier ne s'enlève pas par un serrage trop fort, et ne retombe pas quand l'écrou n'est pas assez serré. Un ouvrier, avec une longue clef, parvient assez facilement à régler la marche de ce lévier. Quand il est ainsi tenu en équilibre, c'est-à-dire que le frottement du collier sur l'arbre fait équilibre à la charge du lévier, que nous avons vue égale à toute la charge de la machine à vapeur, et que celle-ci atteint sa vitesse de régime, on peut être certain qu'elle développe une quantité de travail réel égale à douze chevaux vapeur, avec la pression et l'ouverture du robinet sans laquelle elle travaille pendant l'essai, ou si c'est une roue hydraulique, avec la chute et l'ouverture de vanne prises au moment de l'expérience.

Il est à désirer que l'emploi de ce procédé, qui présente encore quelques difficultés, et demande quelques soins pour être utilisé avec succès, se répande dans tous les ateliers, car c'est jusqu'ici le seul moyen sûr et régulier de mesurer la force des moteurs.

OBSERVATIONS SUR LES ORDONNANCES ET INSTRUCTIONS RELATIVES AUX MACHINES A VAPEUR.

434. La question qui nous occupe ici, traitée avec soin et détails, ne manquerait ni d'importance ni d'intérêt; mais comme elle se rattache très-indirectement à notre sujet, nous ne dirons que ce qui peut être spécialement utile aux propriétaires

de machines à vapeur, et appeler leur attention sur le danger des mesures administratives, qui sont trop souvent provoquées par ceux-là mêmes auxquels elles nuisent le plus, parce qu'ils en ignorent et les principes et les conséquences.

Tous les jours, en effet, les citoyens appellent l'administration à intervenir dans des questions qui ne sont nullement de son ressort, qu'elle est incapable de juger, faute d'en connaître la nature et de pouvoir en apprécier toutes les circonstances, et où elle porte des idées fausses, de fausses mesures et de fâcheux résultats, quand elle y applique la pensée qui la guide toujours, celle d'organiser, de diriger, de régler, d'administrer tout à la fois, d'être, en un mot, la grande providence de l'industrie comme celle de toute la nation.

435. Les machines à vapeur, et par conséquent les ateliers qui les emploient, n'ont pas échappé long-temps à cette influence soi-disant protectrice. Dès que l'administration les a vus prendre un essor libre et se développer à travers quelques accidens inévitables, frappée seulement de ces accidens qui se sont multipliés nécessairement, à mesure que se multipliaient les machines à vapeur, elle a plié aussi cette industrie sous une ordonnance qui doit en écarter tous les dangers, et où le défaut de connaissance du sujet a semé de graves erreurs de détails, outre qu'elle est elle-même une erreur de principe.

La surveillance à exercer sur les machines à vapeur, surveillance à laquelle il y a tant d'intérêts et de fa-

cilités à se soustraire, exigeait nécessairement l'introduction libre des agens du gouvernement dans les
manufactures; quoique défendue par la loi, on l'a or-
donnée, parce qu'on a senti que l'ordonnance était
nulle si cette surveillance n'était pas fréquente, continuelle et très-active. Bien qu'une partie des industries
qui emploient la vapeur n'aient rien à craindre de ces
visites, il en est beaucoup où l'inspection d'un étranger,
qui peut entrer chaque jour, et sans autorisation dans
l'établissement, est une servitude dangereuse; car, dans
les fabriques de draps et de toiles peintes, par exemple, dans les blanchisseries, dans les papeteries, les
fabriques d'acide sulfurique même, etc., il est une
foule de détails de pratique que l'on tient avec raison
à ne pas exposer à tous les yeux; enfin il n'est
pas un atelier où l'on ne voie d'un mauvais œil une
surveillance étrangère, et où l'on n'y trouve des inconvéniens sérieux; en un mot, un atelier ne peut pas
être ainsi ouvert à une inspection quelle qu'elle soit,
et une loi seule pourrait l'ordonner. On ne dira pas
que cette surveillance est rare, et que les visites doivent être annoncées; car, quoique la dernière ordonnance en particulier, qui généralise la mesure pour
toutes les chaudières à vapeur, ne parle pas d'inspection régulière, il n'en est pas moins vrai qu'en défen-
dant de dépasser dans chaque chaudière un certain
degré de pression, elle admet nécessairement un
moyen de s'assurer si cette défense n'est pas violée;
et ce moyen est une inspection.

Sans doute les inspecteurs chargés de cette sur-

24

veillance y mettent beaucoup de délicatesse et de réserve, mais alors le but de l'ordonnance n'est pas atteint et la surveillance n'est pas efficace. C'est là une des difficultés les plus graves, une des impossibilités de la plupart des mesures de ce genre. Inconvéniens et dangers si elles sont exécutées, inutilité si elles ne e sont pas; nous dirons plus, impuissance même quand elles le sont. C'est ce que l'on sentira mieux tout à 'heure.

436. Le but de l'ordonnance, en effet, est de prévenir es explosions. Or ici se présentent deux observations.

Les explosions paraissent dues à deux causes principales :

1° L'excès de tension de la vapeur dans la chaudière, qui devient incapable de résister à ce grand effort et se brise.

2° Le défaut d'alimentation de la chaudière, par suite duquel le niveau de l'eau baisse alors. Quelques-unes des parties rougissent, et lorsqu'un bouillonnement subit, ou le rétablissement de l'alimentation, jettent tout à coup de l'eau sur cette fonte chauffée au rouge, la masse de vapeur qui se développe tout à coup ne peut s'échapper à la fois par les tuyaux ordinaires, et il s'ensuit une explosion.

C'est ce qui résulte, avec un assez grand degré de certitude, des faits réunis par M. Arago, et publiés dans l'*Annuaire du bureau des Longitudes*.

437. Or, de ces deux causes d'explosion, la seconde est à peu près hors du domaine de l'ordonnance, car, à moins que la partie de la chaudière qui vient à rougir

ne se trouve au-dessous de l'une des rondelles fusibles, et n'ouvre ainsi tout à coup une issue à la vapeur, les mesures prescrites ne peuvent prévenir l'accident. Il pourrait arriver encore qu'au moment où
la rondelle fondue ouvre le passage, il se produisît
tout à coup un large développement de vapeur, qui
ferait bouillonner l'eau jusque sur la partie rougie de
la chaudière, et occasionerait une explosion.

Ainsi sous ce rapport, les mesures de sûreté près-
crites n'ont aucune utilité, excepté les rondelles fusibles, qui ne doivent pas cependant donner une sécurité entière, et, sous le rapport de la haute pression
qui se développe quelquefois, il n'y a pas lieu de dou-
ter aujourd'hui que l'essai à la presse hydraulique,
qui n'est pas concluant, puisqu'il se fait à froid, ne
fatigue les chaudières en les mettant à une épreuve
trop forte; en outre, la défense de porter la vapeur
à une pression supérieure à celle pour laquelle la
chaudière est timbrée est complétement inexécutable; car, bien qu'une machine doive toujours travailler à une pression réglée, il n'en est pas moins
vrai que, lorsqu'elle devient un peu plus lourde, soit à
cause de l'air qu'elle prend, soit par toute autre raison, il faut nécessairement pousser la vapeur à un degré plus haut: au moins jusqu'au moment où l'on
pourra sans entraver le travail des ateliers, réparer la
machine.

437. Mais c'est surtout lorsque l'on est obligé d'arrêter
subitement la machine au milieu de son travail, pour
une réparation légère, comme le nétoyage des sou-

pes de la pompe alimentaire , que la vapeur monte
t à coup à une tension très-grande si le chauffeur
 pas la précaution de reculer le poids des soupapes
 sûreté, pour laisser la tension se régler , et tout l'ex-
dant de vapeur s'échapper au-dehors. Cet effet est
vitable, si , comme on le voit souvent, le nétoyage
 la réparation , que l'on avait cru terminer en quel-
es minutes , dure une demi-heure , sans parler des
tres cas qui se peuvent présenter. Cette circon-
nce suffit pour que la pression de la vapeur monte
t à coup très-haut. Observons que les rondelles fu-
les , qui du reste préviennent parfaitement tout excès
 pression , présentent cet inconvénient ; qu'en arrê-
t ainsi un moment, la vapeur prend quelquefois
ux et trois atmosphères de pression de plus, et la
ndelle se fond, parce qu'elle est réglée pour se fon-
e à un excès de température de 10° correspondant
ns cette limite à une atmosphère. Or c'est un incon-
nient si grave d'être exposé à voir fondre la rondelle,
ute la vapeur se perdre dès que l'on arrête un mo-
ent, et à se trouver arrêté pour quelques heures ,
e l'on a , dans beaucoup d'endroits , placé une feuille
 tôle sous la rondelle fusible , pour éviter les pertes
 temps qui en sont la suite et par conséquent détrui-
t tout son effet.

459. D'un autre côté, les mesures prescrites pour
 soupapes sont illusoires. A quoi bon renfermer
e des soupapes sous une grille ? Pour empêcher
 chauffeur de les surcharger. Mais qui l'empêchera
 les fixer invariablement avec un bâton ou un bar-

reau de fer, qu'il passera à travers le grillage de la
boîte : et d'ailleurs, en l'enfermant ainsi, il ne pourra
pas la décharger en partie, afin d'arrêter toute augmentation de pression quand il arrête la machine un
instant ; ainsi cette mesure est inutile et même dangereuse.

440. La dernière ordonnance du 27 mai 1820 est
aussi peu conséquente, et peut-être plus contraire
encore à toute connaissance raisonnée des machines,
que les premières. Nous reconnaissons, il est vrai,
qu'il y a autant de danger d'explosion avec les chaudières à basse pression qu'avec les chaudières à
moyenne et à haute pression; mais les limites que l'on
a fixées à la tension de vapeur permise dans chaque
cas sont beaucoup trop resserrées, et elles le sont tellement, que l'on peut affirmer d'avance qu'elles ne
seront pas exécutées. Les soupapes doivent être réglées
exactement pour la tension à laquelle travaille la machine; or une soupape ainsi réglée laissera toujours
échapper beaucoup de vapeur. Il leur faut nécessairement une charge plus forte que celle à laquelle elles
doivent se soulever. Ainsi une soupape réglée pour se
soulever à 5 ou 6 atmosphères laissera toujours
échapper la valeur à 3 ou 4 atmosphères si elle est
bien nétoyée et bien rodée, et à 1 ou 2 atmosphères
si elle n'est pas bien tenue. Cette condition est donc
inexécutable.

441. Il en est de même du degré de fusibilité de la
rondelle fusible, qui ne laisse ici aucune marge, puisque, pour des machines travaillant avec de la vapeur à

atmosphères ou à 122°, elles doivent être fusibles à
27°. Il faudrait au moins 15° de marge.

442. Le manomètre coupé à la hauteur de règle de 2
mosphères perdra constamment son mercure, et lais-
ra à tout moment échapper de la vapeur; il y faut
ssi de la marge. L'examen de la détérioration des
achines est à peu près impraticable; la brûlure seule
s bouilleurs de tôle ou de cuivre se peut découvrir.
uant aux chaudières de fonte, elles cassent sans se
ûler, et il en est presque toujours de même des bouil-
urs de fonte. Relativement aux essais prescrits, ils
uvent fatiguer les chaudières, et y déterminer des ac-
dens qui ne se développeront que plus tard, parce que
pression de 15 atmosphères est énorme et ne s'obtient
mais avec la vapeur : de plus ils ont le grand
faut d'occasioner des frais inutiles, de forcer le con-
ructeur à donner aux bouilleurs, et aux chaudières
us d'épaisseur, pour assurer leur garantie lors de l'es-
i, tandis que cet excès d'épaisseur, loin d'être utile
travail de la chaudière, lui nuit beaucoup, et parce
'il rend le chauffage plus difficile et plus lent, et
rce qu'il expose les bouilleurs à se briser plus sou-
nt que s'ils étaient plus minces. En même temps ces
sais prennent beaucoup de temps, et occasionent des
tards qui pourraient être souvent très-fâcheux pour
manufacturier, dont les ateliers seraient tout à
up arrêtés par la fracture subite de ses deux bouil-
urs.

443. Ainsi toutes ces raisons se réunissent pour
ndre les mesures prescrites par les ordonnances aussi

gênantes qu'illusoires. Les rondelles fusibles seules peuvent prévenir une partie des accidens, mais on n'a pas
donné à beaucoup près assez de marge à la tension de
la vapeur. Quant à toutes les autres conditions imposées,
il n'y en a pas une qui soit juste et raisonnable, toutes
sont inutiles.

444. La question de sûreté des machines à vapeur, est
tout entière dans les soins qu'on leur donne et la surveillance qu'on y exerce ! C'est là seulement qu'on
trouvera le moyen de prévenir les accidens. Que les
manufacturiers ne confient leurs machines qu'à des
ouvriers intelligens intruits, soigneux : et qu'ils les
paient assez pour pouvoir exiger ces qualités; qu'ils les
intéressent à la bonne marche de la machine, en faisant reposer de manière ou d'autre sur cette condition une partie de leur traitement; ou qu'au moins
ils exercent la surveillance la plus active, qu'ils ne
souffrent ni le feu couvert la nuit, quand on arrête,
ni les soupapes sales et surchargées, ni les chaudières
et bouilleurs trop encrassés, ni le mauvais état de la
pompe alimentaire; qu'ils ne laissent pas leurs chauffeurs s'en rapporter à des outils trop faciles à déranger
pour régler et cette alimentation et la marche du registre de la cheminée, etc., ni une trop haute et inutile pression de la vapeur; et ils se mettront ainsi à
l'abri des accidens qui ne sont aucunement préve-
nus par les ordonnances.

445. En même temps il n'y a qu'un moyen de développer cette surveillance chez les manufacturiers :
c'est de faire là, comme on fait dans toute autre ques-

tion , de punir celui qui a manqué , et d'autant plus sérieusement , que la négligence et les accidens qui en sont résultés ont été plus graves. Ce délit est du même genre que tout autre délit. Il ne faut pas punir d'avance , ni réglementer pour l'empêcher. Il faut frapper celui qui le commet. Pourquoi ne ferait-on pas une enquête à la suite d'une explosion , pour savoir quelle en est la cause , et sur qui on doit faire tomber la responsabilité. Pourquoi ne voudrait-on pas rendre le manufacturier responsable en cela des fautes de son chauffeur ? Pourquoi l'enquête ne constaterait-elle pas le degré de négligence apporté dans la surveillance ou la conduite de la machine ? Et pourquoi , s'il est prouvé que le propriétaire a négligé les précautions et soins nécessaires , et forcé la marche de sa machine, pour en tirer un trop grand parti , surchargé les soupapes , etc. , pourquoi une forte indemnité au profit de ceux qui ont souffert de l'explosion , et une peine personnelle au besoin , ne le punirait-elle pas de sa coupable négligence ?

446. Dans cette route on trouverait toutes les garanties de sécurité que l'on peut désirer, puisque l'on provoquerait par l'intérêt personnel , la surveillance journalière , constante et éclairée du propriétaire ; tandis qu'aujourd'hui , après avoir satisfait à quelques vaines formalités et quelqu'inutiles conditions, il serait en sûreté et garanti contre tout accident et toute poursuite, et il négligerait une surveillance indispensable. Le soin des machines est donc en définitive alors confié à des inspecteurs étrangers , à qui l'entrée

des ateliers peut être légalement refusée, et qui , par délicatesse même , s'abstiennent souvent d'exécuter cette surveillance.

Toute autre marche est fausse , inefficace , dangereuse et vexatoire. Celle-ci seule est directe , active , utile et juste. Elle atteint parfaitement le but sans difficulté, sans aucun frais et sans perte de temps. Et c'est celle à laquelle il faudra tôt ou tard revenir.

L'instruction destinée à être affichée dans la chambre des machines à vapeur donne également lieu à quelques observations, que nous y ajouterons sous forme de notes. Nous croyons utile de l'insérer dans cet ouvrage, quoiqu'incomplète : on la trouvera à la fin du volume.

CINQUIÈME PARTIE.

APPENDICE.

THÉORIE ÉLÉMENTAIRE DES VAPEURS.

Nous avons promis de compléter les notions sur les machines à vapeur, que nous offrons aux manufacturiers, par un court exposé de la théorie des vapeurs et des lois auxquelles elles sont soumises : il devient nécessaire aujourd'hui de connaître parfaitement les outils que l'on emploie, et de se rendre un compte exact de leur action. Les chauffeurs y puiseront aussi une connaissance plus complète de la vapeur qu'ils mettent en œuvre chaque jour, et ils concevront plus facilement la marche régulière et en même temps les diverses maladies des machines à vapeur.

Nous n'avons pas cru pouvoir mieux faire, que, d'adopter la notice succincte mise par M. Péclet en tête de l'histoire descriptive de la machine à vapeur par Stuart. Nous n'aurions pu espérer de mieux resserrer, dans un cadre aussi étroit, tous les principes de la théorie des vapeurs.

Nous n'avons par le projet de donner ici une théorie complète des vapeurs : notre but est seulement d'en tracer les principales propriétés, de manière à rendre intelligible pour tous les lecteurs l'histoire des

machines à vapeur. Ainsi nous nous bornerons le plus souvent à énon
cer le résultat des observations faites, sans décrire la manière de le
faire : ce ne serait qu'autant que le mode d'observation n'exigerait que
peu de détails que nous nous permettrions de les développer.

Nous examinerons successivement la formation des vapeurs en général, dans le vide, dans les gaz, l'absorption de chaleur produite
par la vaporisation, et le retour des vapeurs à l'état liquide.

Formation des vapeurs.

Lorsque des liquides se trouvent exposés à l'air, ou dans un espace
vide, qu'ils sont soumis à l'action d'un foyer de chaleur, ou abandonnés à la température ordinaire ; ils se dissipent sous la forme de
gaz invisibles, qu'on a désignés sous le nom de vapeurs.

Les vapeurs d'un même liquide qui se forment dans ces diverses circonstances ne diffèrent que par leurs forces élastiques. Ainsi les vapeurs qui se produisent lentement par la dessiccation des matières humides sont de même nature que celles qui se dégagent tumultueusement
pendant l'ébullition. Cependant, dans le premier cas, les vapeurs sont
invisibles ; et dans le second elles apparaissent sous la forme de
brouillard. Mais cette différence d'aspect n'existe point réellement à
l'instant de leur émission, car les vapeurs formées par l'action de la
chaleur ne deviennent visibles que parce qu'elles se condensent, du
moins en partie, par leur contact avec l'air froid.

Formation des vapeurs dans un espace vide.

Prenons un tube de 30 à 40 pouces de hauteur, fermé par une extrémité et ouvert par l'autre ; remplissons ce tube de mercure, et après
l'avoir fermé avec le doigt, renversons-le dans une cuvette pleine du
même métal : ce sera un véritable baromètre, et le mercure se maintiendra dans le tube à une hauteur d'environ 28 pouces, ou $0^m,76$ au-
dessus du niveau du mercure dans la cuvette ; la portion de la capacité
du tube situé au-dessus du mercure, qu'on nomme chambre du baromètre, sera complétement vide. Si après cela on introduit une certaine
quantité de liquide au-dessous du tube, il montera à travers le mercure
et arrivera bientôt dans la chambre barométrique.

On observe alors 1° qu'à l'instant précis où le liquide arrive au-
dessus du mercure, ce métal descend d'une certaine quantité con-

stante pour le même liquide et la même température, quelle que soit d'ailleurs l'étendue de la chambre barométrique et la quantité du liquide introduit, pourvu que cette quantité soit en excès; 2° qu'en enfonçant le tube dans la cuvette, ce qui tend à diminuer l'étendue de la chambre, et par conséquent à comprimer la vapeur qui s'est formée, une partie de celle-ci se condense, et l'abaissement du mercure reste constant; 3° que, si on relève le baromètre, opération qui augmente l'étendue de la chambre barométrique, et qui par conséquent tend à dilater la vapeur, la dépression du mercure reste encore la même; 4° que, si on n'avait pas introduit un excès de liquide à mesure que l'on augmentait l'étendue de l'espace dans lequel la vapeur s'est formée, elle se dilaterait comme un gaz, et l'abaissement du mercure serait en raison inverse du volume ou proportionnel à la densité de la vapeur.

Il résulte de ces observations qu'un liquide en contact avec un espace vide émet instantanément toute la vapeur qui peut se former; que la quantité de cette vapeur est proportionnelle à l'étendue de l'espace vide; que sa forme élastique est indépendante de la plus ou moins grande étendue de l'espace dans lequel elle se développe; que la vapeur sur un excès de liquide n'augmente ni ne diminue de force élastique par la diminution ou l'augmentation de l'espace qu'elle occupe; dans le premier cas, une partie de la vapeur retourne à l'état liquide; dans le second, le liquide en excès fournit de nouvelles vapeurs.

Mais, si l'espace vide n'est point saturé, et n'est point par conséquent en présence d'un excès de liquide, à mesure qu'on augmentera cet espace, la vapeur se dilatera, et sa force élastique suivra la loi de sa densité. Si au contraire on diminue cet espace, la vapeur se comprime et augmente de densité et de force élastique; mais cet effet n'a pas lieu indéfiniment, car lorsque la vapeur a acquis la densité et par conséquent la tension de celle qui se serait formée sur un excès de liquide, ou, en d'autres termes, lorsque l'espace est saturé, une plus grande compression forcerait une partie de la vapeur à se liquéfier, et la pression resterait constante. En résumé, les vapeurs dans le vide sur un excès de liquide ne peuvent ni se comprimer ni se dilater; les vapeurs non saturées peuvent se dilater indéfiniment, mais ne peuvent se comprimer que jusqu'à la saturation de l'espace; et ces dilatations et ces condensations suivent les mêmes lois que celles des gaz; c'est-à-dire que les pressions correspondantes sont en raison inverse du volume occupé par la vapeur.

Examinons maintenant quelle est l'influence de la température sur l'émission des vapeurs dans le vide. Pour cela, on peut encore se servir de l'appareil que nous avons décrit, en enveloppant le baromètre d'un tube de verre que l'on remplirait d'eau à différentes températures. On a reconnu ainsi que les vapeurs se dilataient, et que leur force élastique croissait avec la température et de la même manière que pour les gaz, lorsqu'il n'y avait pas un excès de liquide. Or, d'après les belles expériences de M. Gay-Lussac, la dilatation d'un gaz est de 0,00375 de son volume à la température de zéro pour chaque degré du thermomètre centigrade : par conséquent cette loi est exactement applicable aux vapeurs non saturées. Mais si la vapeur se trouve en contact avec un excès de liquide, la force élastique croît avec une bien plus grande rapidité, par exemple, la force élastique de la vapeur d'eau, dans cette circonstance, croît de zéro à 100° dans le rapport de 1 à 160, tandis que dans les mêmes limites la vapeur non saturée n'augmenterait de tension, comme nous venons de le dire, que dans le rapport de 1 à 1,375.

Dalton, savant physicien de Manchester, à qui on doit tout ce que nous venons de dire sur les vapeurs, a reconnu que la force élastique de la vapeur saturée à une température parfaitement égale à celle de l'ébullition du liquide dans l'air, abaissait le mercure du baromètre au niveau du mercure dans la cuvette ; ce qui indique qu'à cette température la tension de la vapeur est égale à celle de l'atmosphère. D'après cela, nous pouvons définir l'ébullition la température à laquelle la force élastique de la vapeur fait équilibre à la pression atmosphérique.

Le même physicien a cherché suivant quelle loi les forces élastiques des vapeurs saturées croissaient avec la température. En faisant varier cette température jusqu'à celle où la force élastique des vapeurs était égale au poids de l'atmosphère, il a trouvé cette loi remarquable tous les liquides forment des vapeurs qui ont la même force élastique à des températures également éloignées de celles de leur ébullition. Par exemple, l'eau bout à 100°, l'alcool à 78°. A ces températures, les forces élastiques de leurs vapeurs sont égales entre elles et à la pression atmosphérique, comme nous avons vu plus haut ; et en vertu de la loi de Dalton, la force élastique de la vapeur d'eau à 90° est égale à celle de l'alcool à 68°, etc. On voit d'après cela que la force élastique des vapeurs émises par différens liquides à la température ordinaire est d'autant plus faible que ces liquides entrent en ébullition à une température plus élevée. Ainsi le mercure, qui bout à 400°, donne à zéro des vapeurs dont la tension est égale à celle de la vapeur d'eau à 300° au-dessus de zéro.

Il résulte de la loi que nous venons d'énoncer que, pour connaître les forces élastiques des vapeurs formées par les liquides, il suffit d'avoir 1o une table qui donne les forces élastiques des vapeurs fournies par un seul liquide pour chaque degré du thermomètre, 2o une table qui fasse connaître la température à laquelle les autres liquides entrent en ébullition.

Nous devons cependant dire que la loi de Dalton n'est point rigoureusement exacte : des expériences récentes, faites par plusieurs habiles physiciens, ne laissent aucun doute à cet égard ; mais on peut la regarder comme une approximation presque toujours suffisante.

Formation des vapeurs dans les gaz.

Pour observer les mélanges des vapeurs dans les gaz, on se sert d'un grand ballon de verre dans lequel se trouve un baromètre, un tuyau à robinet pour y faire le vide et introduire le gaz sur lequel on veut opérer, et un petit entonnoir, garni d'un robinet, dont la clef renferme une petite cavité destinée à introduire dans le ballon le liquide qui doit fournir les vapeurs, sans cependant faire communiquer sa capacité intérieure avec l'air. Cet appareil porte le nom de manomètre ; on le place dans un bain à la température convenable.

Dalton a reconnu par ce procédé 1o que les vapeurs qui se développent dans les gaz ne saturent pas instantanément l'espace occupé par le gaz, car il s'écoule un certain temps entre l'instant où le liquide est introduit et celui où le baromètre, devenant stationnaire, indique qu'il ne se forme plus de vapeurs ; 2o que la force élastique d'un mélange de gaz et de vapeurs est égale à la force élastique du gaz, plus celle de la vapeur qui se développerait dans le vide à la même température ; 3o que la quantité des vapeurs qui se forme dans un gaz est égale à celle qui se formerait dans une espace vide à la même température.

Il en résulte que les vapeurs se développent dans les gaz comme dans le vide, seulement les gaz opposent à la vaporisation un obstacle mécanique qui la retarde ; que les vapeurs qui pénètrent les gaz ne supportent point la pression à laquelle est soumis le gaz dans lequel elles sont disséminées ; du moins cette pression ne les fait point repasser à l'état liquide, comme elle le ferait si les vapeurs étaient dans un espace vide ; enfin que la vapeur se loge dans les gaz comme dans un espace vide de même volume et à la même température.-

Densité des vapeurs.

La connaissance de la densité des vapeurs est d'une très-haute importance dans les arts. Mais cette recherche présentait de grandes difficultés ; M. Gay-Lussac a résolu le problème d'une manière fort ingénieuse en le renversant. Il s'est proposé de déterminer le volume des vapeurs que pouvait produire, à la température de son ébullition, un volume donné de liquide. Nous ne décrirons point les procédés employés par ce célèbre physicien ; nous nous contenterons d'indiquer les résultats auxquels il est parvenu pour la vapeur d'eau.

M. Gay-Lussac a trouvé qu'un centimètre cube d'eau pure produit $1^l,6964$ (1696 centimètres cubes) de vapeur à 100 degrés, et sous la pression ordinaire de l'atmosphère, c'est-à-dire 28 pouces de mercure, ou 0^m76. Ainsi la densité de la vapeur d'eau est à celle de l'eau comme 1 est à 1696 ; et comme un litre d'eau pèse 1000 grammes, 1 litre de vapeur pèse $\frac{1000}{1696}$ g ou $\frac{1}{1,696}$ g. On peut facilement, d'après ce résultat, comparer le poids de la vapeur à celui de l'air : car on sait qu'un litre d'air sous la pression ordinaire et à la température de 100° pèse $\frac{1}{1,0577}$ g. Le poids de la vapeur est donc à celui de l'air comme 1, 0577 est à 1,6964, ou à peu près comme 10 est à 16. Quant à la densité des vapeurs qui se forment sous des pressions plus grandes que celles de l'atmosphère, et par conséquent à des températures supérieures à 100°, il paraît qu'elles sont proportionnelles à leur force élastique.

Influence de la pression sur la température de l'ébullition.

Nous avons dit que la température de l'ébullition était celle à laquelle la force élastique des vapeurs qui se formaient pouvait soulever le poids de l'atmosphère. Il résulte de là que la température à laquelle ce phénomène se manifeste dépend de l'état du baromètre. Mais comme les variations de pression dans un même lieu sont très-peu considérables, elles n'ont qu'une très-faible influence sur la température de l'ébullition des liquides : ce n'est qu'autant qu'on s'élève à de très-grandes hauteurs au-dessus de la terre que l'on obtient des variations sensibles. Mais on peut artificiellement faire varier la force élastique de l'air qui presse sur un liquide renfermé dans un vase ; et comme ces variations peuvent avoir lieu dans des limites fort étendues, on fait naître l'ébullition à des températures fort éloignées. Par exemple, si, au moyen d'une machine pneumatique, on raréfie l'air situé dans un vase qui renferme de l'eau, cette dernière pourra entrer en ébullition au-dessous de 30°. L'alcool, l'éther, entreront en ébullition à la température ordinaire. Si, au contraire, on augmente la température de l'air situé au-dessus d'un liquide, en le comprimant avec une pompe foulante, l'ébullition ne pourra s'établir qu'à une température supérieure à celle de l'ébullition dans l'atmosphère. On peut parvenir à ce dernier résultat par un moyen beaucoup plus simple. En effet, si on soumet à l'action de la chaleur un vase hermétiquement fermé, renfermant une certaine quantité de liquide, les vapeurs qui se formeront à mesure que le liquide s'échauffera s'accumuleront au-dessus du liquide, et y formeront une atmosphère artificielle, dont la pression, toujours croissante à mesure que la température s'élèvera, empêchera l'ébullition de se manifester. Si l'on voulait que l'ébullition se produisît à une température déterminée, il suffirait de pratiquer à la surface supérieure du vase une ouverture que l'on fermerait avec une plaque chargée d'un poids équivalent à la pression que la vapeur exercerait contre cette portion de la paroi à la température que l'on ne voudrait pas dépasser : car une fois que l'on aurait atteint cette limite, la vapeur soulèverait la soupape, et son écoulement deviendrait continu. On obtiendrait alors l'ébullition à une température d'autant plus élevée que la charge de la soupape serait plus considérable.

Si le vase était complétement fermé, quelle que fût d'ailleurs sa résistance, la température s'élèverait infailliblement à un point tel, que le vase ne pourrait pas résister à la force élastique de la vapeur ; il serait brisé avec explosion, et ses fragmens seraient lancés au loin avec une grande force. On voit, d'après cela, combien il est important de garnir de soupapes de sûreté les chaudières à vapeur.

Nous avons dit que, quand on échauffait un liquide renfermé dans un vase clos, la vapeur qui s'accumulait retardait continuellement l'ébullition ; mais ce retard n'a lieu que jusqu'à une certaine température, à laquelle toute la masse se transforme en vapeur. Ce fait remarquable a été constaté par M. Cagnard de la Tour. Les expériences ont eu lieu dans des tubes de verres fermés à la lampe d'émailleur. Ce physi-cien a reconnu, par une série d'expériences faites avec beaucoup de soin, 1° que l'éther se vaporisait complétement, en vase clos, à une température de 150°, dans un espace moindre que le double de son vo-lume, et produisait une pression de 70 atmosphères; 2° que le sulfure de carbone se vaporisait à 210°, en produisant une pression de 37 atmos-phères; 3° que l'alcohol et l'eau présentaient les mêmes phénomènes. La température du changement d'état n'a point été déterminée; mais le premier de ces liquides produisait une pression de 119 atmosphères, en se vaporisant dans un espace à peu près de trois fois plus grand; et le second a presque toujours brisé les tubes dans lesquels il a été vapo-risé, de sorte qu'il a été impossible de mesurer la pression que la va-porisation complète de l'eau a produite.

Dans ce qui précède nous avons examiné la formation des vapeurs dans toutes les circonstances; mais nous n'avons point eu égard à la quantité de chaleur absorbée. Comme c'est un objet important, sur-tout dans l'emploi de la vapeur comme force motrice, nous entrerons à cet égard dans tous les détails nécessaires.

Absorption de chaleur par la vaporisation.

Lorsqu'un liquide est abandonné à l'air, sa vaporisation lente est uniquement due à la tension du liquide, et la quantité de vapeurs for-mée dépend à la fois de la température du liquide, de celle de l'air et de la quantité de vapeurs déjà existante dans l'air. Si l'air est saturé de vapeurs, et si sa température est égale à celle du liquide, l'évapo-ration n'a point lieu; mais dans toute autre circonstance elle se ma-nifeste avec plus ou moins d'activité, et comme la vapeur n'est autre chose que de l'eau dissoute dans le calorique, la vaporisation ne peut se faire qu'autant que le liquide lui-même, les corps environnans et l'air fournissent la chaleur nécessaire; et par conséquent leur tempé-rature doit s'abaisser continuellement. Un grand nombre d'expériences viennent à l'appui de cette conséquence. Lorsqu'on met sur la main un liquide très-volatil, on éprouve une sensation de froid très-marquée. Lorsqu'on environne la boule d'un thermomètre d'une petite éponge ou d'amadou imbibé d'un liquide volatil, le thermomètre descend d'un grand nombre de degrés; le refroidissement serait encore bien plus considérable si l'instrument était placé sous le récipient d'une ma-

25

chine pneumatique duquel en absorberait continuellement les vapeurs, parce que dans le même temps il s'en formerait une bien plus grande quantité ; on obtiendrait le même effet en plaçant le thermomètre dans un courant d'air, ou en le fixant à l'extrémité d'une fronde que l'on ferait tourner rapidement. Le procédé usité en Égypte et en Espagne pour rafraîchir l'eau est fondé sur le même principe : on emploie des vases poreux, à travers lesquels l'eau suinte lentement, et présente à l'extrémité une grande surface humide qui facilite son évaporation aux dépens de la température du vase et de l'eau qu'il renferme. On obtient le même résultat en exposant à l'air des vases métalliques pleins d'eau et recouverts de linges mouillés. Le refroidissement serait encore beaucoup plus rapide en plaçant les vases dans un courant d'air, ou en les attachant à une machine qui se meut avec rapidité, comme l'aile d'un moulin à vent. Nous terminerons l'énumération des faits qui constatent l'absorption de chaleur due à l'évaporation, en rapportant la belle expérience de M. Leslie, dans laquelle ce célèbre physicien est parvenu à congeler l'eau par le refroidissement provenant de l'évaporation spontanée. L'appareil de M. Leslie consiste en une large capsule de verre ou de porcelaine remplie d'acide sulfurique concentré ; au-dessus se trouve une capsule métallique très-plate, pleine d'eau et soutenue par trois pieds qui s'appuient contre les bords de la capsule pleine d'acide ; l'appareil et placé sous le récipient d'une bonne machine pneumatique dans lequel on fait le vide ; l'acide sulfurique, ayant une très-grande affinité pour l'eau, s'empare de la vapeur à mesure qu'elle se forme, de sorte que, l'émission de vapeur étant presque aussi rapide que si l'espace vide était indéfini, dans un temps très-court l'abaissement de température de l'eau est suffisant pour la congeler. M. Gay-Lussac est même parvenu par ce moyen à congeler le mercure, en entourant d'un mélange frigorifique l'appareil dans lequel la vapeur aqueuse était produite et absorbée.

Lorsqu'on soumet à l'action de la chaleur un liquide renfermé dans un vase ouvert, le liquide s'échauffe, émet une quantité de vapeurs qui croît à mesure que la température augmente ; cette vapeur ne se forme plus alors que par la chaleur émanée du foyer. Si cette quantité de chaleur est suffisante, le liquide arrive bientôt à la température de l'ébullition, et alors sa température reste constante jusqu'à ce que tout le liquide soit vaporisé. Ainsi à cette époque toute la chaleur envoyée par le foyer est employée à former de la vapeur.

Mais si le foyer est très-petit, relativement à la masse liquide et à sa surface libre, le liquide n'arrive point à l'ébullition; sa température reste stationnaire à une température inférieure. Ce fait, que l'on a souvent l'occasion de reconnaître, provient de ce que l'évaporation qui se fait continuellement à la surface du liquide, à mesure qu'il s'échauffe, est proportionnelle à la surface libre du liquide et à sa température; or cette évaporation enlève du liquide une quantité croissante de chaleur : par conséquent, on conçoit facilement que, si la surface libre du liquide est très-grande, relativement à la quantité de combustible qui se brûle dans le foyer, il arrivera une époque à laquelle la quantité de chaleur emportée par l'évaporation sera égale à celle qui est reçue par le foyer; à cet instant la température de l'eau ne pourra plus augmenter, et cette température pourra être plus ou moins au-dessous de celle de l'ébullition.

Lorsqu'on soumet à l'action de la chaleur un liquide renfermé dans un vase clos, d'où la vapeur ne peut s'échapper qu'en soulevant une soupape pressée par un certain poids, l'eau s'échauffe au-delà du terme de son ébullition dans l'air; et lorsque la force élastique de la vapeur peut supporter le poids de l'atmosphère, plus celui de la soupape, l'ébullition se développe et la température de l'eau reste stationnaire. Mais il est plusieurs circonstances dans lesquelles elle peut s'élever encore. Si, par exemple, on active davantage le feu et que l'issue donnée à la vapeur ne soit pas suffisante, cette augmentation de vitesse qu'elle doit acquérir exigera une augmentation correspondante dans la pression de la vapeur qui est au-dessus du liquide, et par conséquent une élévation dans la température du liquide. Le même effet peut être produit sans que le foyer soit augmenté, si la vapeur ne peut pas se dégager en proportion de sa formation : l'excès de vapeur reste dans l'appareil, et sa force élastique augmente continuellement.

Dans toutes ces diverses circonstances d'évaporation par la chaleur, nous avons dit que la chaleur nécessaire à la production des vapeurs était uniquement fournie par le combustible. Des expériences multipliées ont démontré que la quantité de chaleur nécessaire pour évaporer le même poids de liquide était exactement la même, à quelque température que fût le liquide. Ainsi il faut la même quantité de chaleur pour réduire 1 k. d'eau en vapeur, soit par une évaporation lente, soit à la température de l'ébullition, soit dans un vase clos dont l'ouverture de dégagement est fermée par un poids quelconque; et, comme un même combustible en brûlant ne peut dégager qu'une quantité limiée de chaleur, il s'ensuit qu'il faut toujours la même quantité de combustible pour évaporer le même poids d'un liquide, quel que soit d'ailleurs la température à laquelle la vaporisation ait lieu.

La quantité de vapeurs formée dans un temps donné ne dépend pas uniquement de celle du combustible brûlé dans le foyer ; il faut encore que la surface de la chaudière qui reçoit l'action du feu soit proportionnée à la quantité de chaleur qu'elle doit transmettre au liquide ; car la quantité de chaleur qui passe à travers les parois de la chaudière est proportionnelle à sa surface. On a trouvé, par expérience, qu'un mètre carré de cuivre exposé à l'action d'un foyer le plus violent pouvait, dans une heure, transmettre une quantité de chaleur capable de réduire en vapeur 100 k. d'eau ; mais, dans la pratique, on compte de 20 à 30 k. de vapeur formée par mètre carré de surface de chaudière, et une consommation correspondante de 6 à 7 k. de combustible; si on en brûlait davantage, une grande partie de la chaleur développée par cet excédant de combustible ne passerait pas dans l'eau.

Ainsi, la quantité de chaleur absorbée par la vaporisation d'un même poids d'eau est constante. On a trouvé qu'elle était égale à celle qui serait nécessaire pour élever de la température de la glace fondante à celle de l'ébullition six fois et demie le même poids d'eau, c'est-à-dire que la chaleur nécessaire pour évaporer 1 k. d'eau éléverait 6 k., 5 d'eau de 0° à 100°.

Tels sont les phénomènes les plus importans que présente le développement des vapeurs dans les diverses circonstances où elles peuvent se former. Examinons maintenant le retour des vapeurs à l'état liquide, qu'on désigne ordinairement sous le nom de condensation.

Condensation des vapeurs.

Lorsqu'un espace ne renfermant point d'air est rempli de vapeurs saturées, cette vapeur exerce contre toutes les parois de cet espace une pression égale à sa force élastique. Cette quantité de vapeur peut être successivement condensée, en diminuant graduellement l'espace qu'elle occupe ; mais la vapeur restante conserverait toujours la même force ; il faut même, pour qu'elle n'augmente pas, que la diminution de volume ait lieu très-lentement : car la vapeur, en se liquéfiant, remet en liberté toute la chaleur qu'elle avait absorbée en se formant, et cette chaleur doit nécessairement élever la température de la vapeur qui reste, à moins que l'opération ne se fasse avec assez de lenteur pour que cet excès de chaleur se dissipe à mesure qu'il se reproduit.

On peut encore faire retourner la vapeur à l'état liquide en abaissant
sa température : dans ce cas, la force élastique de la vapeur non condensée diminue, et à chaque instant elle est égale à celle qui se formerait
au-dessus d'un liquide qui aurait la même température. Par exemple,
si la vapeur a 100°, sa force élastique sera égale au poids de l'atmosphère : elle fera par conséquent équilibre au poids d'une colonne de
mercure de $0^m,76$; mais si on la refroidit à 30°, la vapeur qui resterait
ne sera plus capable que de soutenir une pression de $0^m,03$. Il suit de là
que par le refroidissement on ne peut jamais anéantir complétement la
vapeur, ni par conséquent sa force élastique ; car, l'eau ayant une tension à toutes les températures, la glace même formant des vapeurs,
après le refroidissement il restera toujours une quantité de vapeur correspondante à la nouvelle température ; mais lorsque cette dernière est
peu élevée, la tension que conserve la vapeur est très-petite.

Lorsque de la vapeur est renfermée dans un vase, on peut la refroidir et par conséquent la condenser par deux moyens différens. On peut
environner le vase d'un corps plus froid qui absorbe lentement la chaleur à travers les parois du vase ; on peut aussi injecter dans le vase un
corps liquide. Le premier moyen est employé lorsqu'on veut recueillir
le liquide provenant des vapeurs condensées, comme dans les distille-
ries ; le second l'est uniquement dans les machines à vapeur, parce que
la condensation est très-rapide : la quantité d'eau doit évidemment être
d'autant plus grande que l'on veut diminuer davantage la force de la
vapeur.

Jusqu'à ces derniers temps on avait distingué les vapeurs des gaz.
Les vapeurs, disait-on, sont des substances gazeuses qui se liquéfient
par la pression ou le refroidissement. Les gaz proprement dits ne se
condensent ni par la pression ni par le refroidissement. Mais un grand
nombre de ces prétendus gaz permanens ont réellement été condensés
par la pression ou par le refroidissement : tels sont l'acide carbonique,
l'acide sulfureux, le chlore, etc.; et il est probable que si tous ne l'ont pas
été, cela tient à ce que la pression et le refroidissement n'ont pas été portés
au degré suffisant. Il résulte de là que les gaz ne sont autre chose que
des vapeurs non saturées, qui doivent se dilater par la chaleur, se con-
tracter par le refroidissement et la pression, sans se liquéfier, tant que
leur densité n'est pas telle que l'espace qu'ils occupent soit saturé.

Nous terminerons cet exposé succinct des propriétés les plus importantes des vapeurs par un tableau de la force élastique de la vapeur d'eau
à différentes températures.

Nous ajouterons à cet exposé quelques notes pour le compléter, e
nous terminerons par la table des forces élastiques de la vapeur d'eau
et de la température correspondante. En premier lieu, il sera, dans
beaucoup de cas, utile de savoir le poids d'un volume donné de vapeur
d'eau. On sait déjà qu'un litre ou 1 kilogramme d'eau donne 1696 litres
de vapeur sous la pression de 0^m,76 de mercure ou de l'atmosphère de la
température de 100° centigrades, ce qui correspond à une pression de
1 k.,033 par centimètre carré; donc 1697 litres de vapeur d'eau
à 100° pesant 1 k. d'eau, l'on conclut facilement que 1 litre pesera
0, grammes 5894, et que 1^m cube pesera 0,k., 5894.

Pour savoir le poids de 1 litre de vapeur, à toute autre pression, il
faut se rappeler qu'en vertu de la loi de Mariotte sur la compression
des gaz, le volume de ce gaz est en raison inverse de la pression qu'on
exerce dessus, de manière que, sous une pression double, le volume
est deux fois moindre et par conséquent le poids sous un même volume
est double. Il s'en suit que le poids de la vapeur est en raison de la
pression à laquelle elle est soumise; ainsi, un mètre cube de vapeur
d'eau à 3,5 atmosphère, ou avec une pression de 2^{m}60 de mercure
ou de 3k,615 par centimètre carré, ou bien encore à 140° 6 du thermomètre, pesera 0k,5894 × 3,5, = 2k,063.

On a vu aussi que la quantité de chaleur nécessaire pour vaporiser
1 k. d'eau était capable d'élever de 0, à 100° 6k°50, ou d'élever d'un
degré 657 k. d'eau; ainsi un k. de vapeur 100° contient 650° de
chaleur. Ce que nous nommerons avec M. Clément désormais 650
calories. Ces résultats suffisent pour calculer la quantité d'eau nécessaire à la condensation de la vapeur dans une machine. On calcule la
section du petit cilindre si la machine est à deux cilindres, comme
nous l'avons déjà dit, en multipliant le carré du diamètre par 0,785
et multipliant ensuite cette section par la course du petit piston, afin
d'obtenir le volume de vapeur qui est employé à chaque coup de piston.
On calcule ensuite le poids de la vapeur, comme nous avons dit plus
haut, et multipliant enfin le poids de la vapeur en kilogrammes par 600
on obtient à peu près le nombre de calories contenues dans la vapeur
employée à chaque coup de piston.

Si l'eau du puits arrive dans le condenseur à 12° de température et
qu'on ne veuille pas condenser plus de 40, il est clair que chaque
litre d'eau n'aura que 28° de chaleur à gagner. On divise alors le nombre de calories obtenues tout-à-l'heure par 28, et le quotient est l

nombre de kilogrammes d'eau froide nécessaire pour condenser à 40°
toute la vapeur fournie par un coup de piston ; on multiplie enfin ce
poids d'eau nécessaire pour un coup de piston , par le nombre de coups
que la machine donne en une heure , et l'on obtient la quantité d'eau
que la pompe de puits doit fournir au minimum par heure.

Il y a dans cette méthode de calcul deux légères erreurs , mais qui
se compensent à peu près et qui n'ont aucun inconvénient, nous les
indiquerons pour qu'on ne les ignore pas. La première est due à ce
que la vapeur à 3 $\frac{1}{2}$ atmosphères par exemple, a une température de
140° et contient par conséquent, quoiqu'on ait dit le contraire , plus
de chaleur que la vapeur à 177°, par conséquent plus de 650° calories, ce qui tend à rendre nécessaire une quantité d'eau de la condensation un peu plus grande; mais d'un autre côté, nous avons compté
la quantité d'eau de condensation , de manière à absorber toute la chaleur contenue dans la vapeur dont nous parlons : mais il faut observer
que la vapeur condensée donnera de l'eau qui s'écoulera à 47° avec
l'eau de condensation , et emportera, par conséquent, 28° de chaleur,
ce qui diminue légèrement la quantité d'eau de condensation nécessaire.

NOTES ET ADDITIONS.

Nous avons réuni dans ces notes plusieurs observations dont la véritable place était marquée dans le cours même de l'ouvrage ; mais, distraits constamment de ce travail de rédaction, par des travaux de construction, nous avons reconnu trop tard des omissions et quelquefois des erreurs qui n'étaient pas sans importance. Nous avons donc cherché à réparer les unes et les autres, soit dans l'errata, soit dans les présentes notes, que nos lecteurs feront bien de parcourir avec quelque attention.

NOTE Ire (21).

De la température des foyers et de celle que doit conserver la fumée dans les cheminées.

La température de la vapeur à trois atmosphères, comme on l'emploie dans les machines de Woolf, est de 138°. Celle du feu qui brûle vivement de 1800 à 2000° ; celle du feu qui brûle lentement de 800 à 1000°. Soit la différence de 1000 à 2000°.

Quand le feu est très-vif, il y a entre la chaleur du feu, et celle de la chaudière une différence de 2000 à 138 ou de 1862°. Quand il brûle lentement, la différence n'est que de 1000 à 138, ou de 862°. Ainsi, dans un cas, la différence est de 1862°, et dans l'autre de 862°, c'est-à-dire beaucoup plus que double. Quand la différence de température du feu est plus que double, la même quantité de charbon doit donc produire une quantité beaucoup plus grande de vapeur. En effet, sous

ès chaudières en tôle, avec un feu vif, 1 kil. de houille peut produire
usqu'à 7 et 8 kil. de vapeur. Sous les chaudières en plomb, où l'on est
obligé de conduire le feu lentement, 1 kil. de houille ne produit que
2 kil. ½ à 3 kil. de vapeur.

C'est par la même raison que dans les fourneaux également bien
construits 1 kil. de houille produit plus de vapeur sous une chaudière
à basse pression que sous une chaudière à moyenne et à haute pression ; car la température la plus élevée de la vapeur à basse pression
est de 100 à 104°, et celle de la vapeur à haute pression peut s'élever
au-delà de 160°. Il est évident alors que, la température du feu étant la
même, la différence de température entre le feu et la vapeur à basse
pression sera de 2000 à 104 ou 1896ᵇ ; tandis qu'entre le feu et la vapeur à haute pression elle sera seulement de 2000 à 160 ou 1840.
Dans le premier cas, la houille produira donc plus d'effet que dans le
second.

Il résulte également de là qu'on ne trouve pas une économie de
combustible appréciable en faisant circuler long-temps la fumée autour des chaudières, quand la surface exposée au feu direct est suffisamment grande et au-delà d'un tour entier : ou d'une longueur de carneaux de 6 à 8 mètres (3 ou 4 toises). La diminution de tirage qui en
résulte donne plus de perte que la chaleur absorbée par la chaudière
dans les conduits ne laisse de bénéfice.

Si, en effet, le feu a 2000°, et l'eau de la chaudière 138°, la différence de température est de 1862°. Lorsque l'on veut utiliser encore la
fumée, qui, selon nous, doit arriver dans la cheminée à 500°, la différence de température de cette fumée à l'eau de la chaudière ne sera plus
que de 362°. Le rayonnement direct dispersant ⅖ de la chaleur totale,
il s'ensuit qu'à part toute différence de température, l'effet de la chaleur dans les conduits sera moins grand de ⅖ que l'effet direct. En
même temps, comme la quantité de chaleur qui passe à travers une
surface donnée est proportionnelle à la différence de température, il
s'ensuit que le mètre carré de tôle qui, exposé directement au feu,
donne 60 kil. de vapeur environ, mis en contact avec la fumée, donnera au plus cinq fois moins de vapeur que les ⅖ de 60 ou 8 kil. de
vapeur par heure. Ce calcul est conforme aux résultats obtenus par
M. Péclet. En chauffant une surface de 1 mètre carré de cuivre par un
courant d'air à 500° qui passait dessous, il a obtenu 9 kil. par heure.
Mais cette surface chauffée dans les carneaux et dont nous parlons ici,

au lieu d'être placée horizontalement au-dessus de la fumée, comme le fond de la chaudière l'est par rapport au feu et comme l'était la tôle dans l'expérience de M. Péclet, est échauffée de côté par la fumée ; ce qui diminue l'effet de plus des deux tiers dans un fourneau où le tirage est vif. Or ce défaut d'action d'un courant de chaleur très-rapide sur les parois latérales qui l'enveloppent est un phénomène si facile à remarquer, que quand un fourneau a un faible tirage et que le feu y dort les parois du foyer fatiguent extraordinairement, se brûlent et se fondent ; mais quand le tirage est très-vif elles se conservent intactes pendant très-long-temps, quoique construites en briques ordinaires d'une faible qualité. Par la même raison, la suie et les cendres s'attachent facilement à la chaudière dans les conduits, et s'opposent encore plus efficacement à l'action de la chaleur, ce qui n'a pas lieu sous l'action du feu direct ; de sorte que l'effet produit par la surface de chaudière exposée dans les carnaux à l'action de la fumée à 500° n'est pas égale 1/45 de l'effet total. Or, pour obtenir cette économie de 1/45 du combustible, on diminue le tirage du fourneau, et par conséquent la température du feu ; de sorte que l'on perd définitivement beaucoup plus qu'on ne gagne.

NOTE 2 (29 et 30).

Sur la hauteur des cheminées.

La question de la hauteur à donner aux cheminées des fourneaux à vapeur est un objet si important, par les grandes dépenses qu'elle occasione aux manufacturiers, et par son peu d'utilité dans le but qu'on lui a assigné jusqu'à ce jour, que nous croyons devoir ajouter quelques développemens aux principes que nous n'avons fait qu'énoncer. Nous disons que la hauteur des cheminées n'est pas une condition indispensable au tirage des fourneaux à vapeur, qu'elle peut être complétement inutile, et que pour donner un tirage vif il ne faut qu'une ouverture de cheminée suffisante, et une température assez élevée dans la fumée qui s'échappe. Nous ne citerons pas l'exemple des fours de verreries, et de beaucoup de fours à réverbère des fourneaux de fusion et des fourneaux à vent employés chez tous les orfèvres, qui tous ont un tirage très-fort, et presque toujours de cheminées très-courtes. Nous puiserons nos preuves dans le tableau de expériences faites par M. Péclet, sur la vitesse que prend l'air chaud dans les cheminées; en faisant varier leur diamètre, leur température et leur hauteur. Les tableaux suivans sont extraits du *Traité de la Chaleur* (Péclet, t. I, p. 254), le meilleur ouvrage qui ait encore été publié sur les applications de la chaleur.

Vitesse de l'air chaud, à température et à diamètre égal dans des cheminées dont la hauteur varie.

HAUTEUR.	DIAMÈTRE.	Excès de la tempér. moy. de l'air chaud et sur celle d l'air extér.	VITESSE.	RAPPORTS	
				DE HAUT'.	DE VITESSE.
mètre.	mètre.		mètre.		
3.65	0.2115	45°	1.33	1	1
9.95	»	42	1.48	3	1.11
3.65	»	88	2.10	1	1
6.80	»	80	2.20	2	1.05
9.95	»	81	1.99	3	0.95
3.65	»	148	2.70	1	1
6.80	»	155	3	2	1.11
9.95	»	154	2.87	3	1.06
3 65	0.175	80	1.82	1	1
6.80	»	80	1.80	2	1
9.95	»	75	1.73	3	0.95
6.80	»	95	23.12	1	1
9.95	»	96	2.20	1.50	1.03
3.93	0.12	227	2.75	1	1
7.07	»	230	2.83	1.8	1.03
10.23	»	237	2.70	2.6	0.98
13.38	»	243	2.95	3.4	1.07
39.03	0.08	113	1.60	1	1
7.08	»	114	1.70	1.8	1.06
10.23	»	102	1.60	2.6	1
13.38	»	120	1.67	3.4	1.04

Vitesse de l'air chaud, à hauteur et à température égale dans des cheminées dont la section varie.

HAUTEUR.	DIAMÈTRE.	TEMPÉRAT.	VITESSE.	RAPPORTS	
				DE SURFACE.	DE VITESSE.
mètre. 3.65	mètre. 0.080	210°	mètre. 2	1	1
»	0.120	227	2.75	2.2	1.37
»	0.175	221	3.04	4.7	1.52
»	0.2115	220	3.22	7	1.61
6.18	0.08	94	1.57	1	1
et 7.08	0.120	98	1.77	2.2	1.12
	0.175	80	1.80	4.7	1.14
	0.2115	80	2.20	7	1.40

Dans le premier tableau, on trouve la vitesse de l'air à section et à température égale, en augmentant successivement la hauteur de la cheminée. Dans le second, la hauteur et la température sont les mêmes, mais la section varie. Nous avons choisi autant que nous avons pu le faire, dans les tableaux de M. Péclet, les expériences faites dans les mêmes circonstances. On verra, que quelquefois la température n'est pas exactement la même ; mais elle se rapproche toujours beaucoup de l'égalité, et il est facile de tenir compte de cette différence. On peut juger à la première inspection de ce tableau, que l'augmentation de hauteur des cheminées, n'exerce qu'une influence très-légère sur la vitesse de l'air qui les traverse. Puisqu'en triplant cette hauteur, on n'a obtenu que, dans très-peu de cas, un accroissement de vitesse de $^4/_{10}$, et dans la plupart des expériences, cet accroissement a été presque nul. D'un autre côté, on augmente le tirage dans une proportion beaucoup plus grande, en augmentant la section de la cheminée ; et les tablaux de M. Peclet prouvent clairement que l'on augmente encore plus le tirage, en augmentant la température moyenne de la fumée. Or, en triplant la hauteur d'une cheminée, on rend la dépense au moins 5 à 6 fois plus grande, et 15 à 20 fois quand on la porte à 30 ou 40^m ; tandis qu'il n'en est pas, à beaucoup près, de même, en doublant et triplant sa section. Il résulte de là, que pour des fourneaux à vapeur, les hautes cheminées sont une dépense de luxe complétement inutile, quand elles n'ont pas pour unique objet de porter des gaz dangereux à une grande hauteur dans l'atmosphère.

Il est toutefois certain que dans les cheminées très-larges et d'une grande hauteur, le rapport de la quantité de combustible brûlé augmente considérablement. Aussi lorsque l'on construit le fourneau d'une machine au-dessus de 8 à 10 chevaux par exemple, si la disposition des lieux exige une haute cheminée, il est très-important d'adopter la section un peu moindre que celle que nous avons indiquée, et de compter avec une cheminée de 25 à 30^m sur 50 k. de houille brûlée par 10 décimètres carrés de cheminée. Si la cheminée était déjà construite et trop large, il faudrait y opérer un rétrécissement dans le bas, pour en ralentir le tirage qui, trop violent, emporterait inutilement une grande quantité de chaleur.

Il est résulté des recherches de M. Péclet la connaissance d'un fait très-intéressant : c'est que le frottement de l'air chaud dans les cheminées de tôle ou de cuivre, et surtout de fonte, est beaucoup moins grand que dans les cheminées de briques, la vitesse du courant et le tirage beaucoup plus actifs, et que l'on peut par conséquent utiliser sans ralentir trop le tirage une plus grande partie de la chaleur totale, et laisser la fumée s'échapper à une température beaucoup plus basse, ou, ce qui revient au même, donner beaucoup moins de section aux cheminées.

Il n'en est pas moins vrai cependant qu'en donnant aux cheminées de briques la section que nous avons indiquée, il suffit qu'elles aient de 4 à 6^m de hauteur pour fournir un très-fort tirage, et un emploi très-avantageux au combustible, puisque sous ces conditions une chaudière de tôle à fond plat donne de 7 à 8 k. de vapeur pour 1 k. de houille.

NOTE 3 (17).

Du rapport à établir entre la surface de la chaudière et la section de la cheminée.

Il est important , dans la construction des fourneaux , de faire aussi attention au rapport qui doit exister entre la surface de la chaudière à vapeur exposée directement au feu , et la section de la cheminée , et par conséquent de la grille. Quand la chaudière est de tôle ou de cuivre et à fond plat , et c'est ce genre de chaudières qui a été l'objet principal des recherches de M. D'Arcet , la section de la cheminée doit être à peu près 1/20°, et la surface de la grille 1/6 de la surface de chaudière exposée directement au feu. Ce résultat est à peu près identique à celui que nous avons déjà donné ; car, si la chaudière expose au feu direct 4 mètres carrés de surface, la section de la cheminée devra avoir 20 décim. carrés qui brûleront environ 60 kil. de houille. Or ces 60 kil. de houille doivent produire 60×6 k° ou même 7 k° vapeur $= 360$ à 400 k°. Or les 4 mètres carrés exposés directement produiront 290 à 500 m. vapeur, et les 100 autres seront produits par les carneaux latéraux. Il faut bien se garder, dans la construction des fourneaux , de donner trop d'ouverture aux carneaux , par rapport à la surface de chauffe de la chaudière ; car on brûlerait beaucoup de houille sans effet , surtout si la chaudière est cilindrique , parce qu'ainsi que nous l'avons dit , les chaudières cilindriques produisent à surface égale , beaucoup moins de vapeur que les chaudières à fond plat ; et nous avons même remarqué que lorsqu'elles ont un très-petit diamètre , elles sont fort désavantageuses, à cause de la manière très-oblique dont leurs flancs se présentent au feu , obliquité qui est moins grande quand le diamètre est plus grand. Si l'on s'aperçoit qu'un fourneau tire trop fortement et brûle trop de houille , il faut en rétrécir les carneaux ou la cheminée , ou construire au bas de celle-ci un étranglement nommé *nez*, pareil à celui que l'on établit dans tous les fours à réverbère , et sans lequel ils ne peuvent chauffer fortement.

On trouvera , dans la note 4 , la manière de mesurer la quantité de vapeur que produit le fourneau d'une machine , et par conséquent sa quantité.

NOTE 4 (39).

Mesure de la qualité des fourneaux de machines à vapeur par l'eau de condensation.

Le meilleur moyen de s'assurer qu'un fourneau est bien construit et donne un produit avantageux en vapeur est de peser la quantité de houille qu'il brûle en une heure quand la machine marche régulièrement sous sa charge habituelle, et de mesurer ou peser en même temps la quantité d'eau qui s'écoule du condenseur pendant deux ou trois minutes, en ayant soin de recommencer plusieurs fois cet essai. Pour en vérifier les résultats, on observe en même temps la température de l'eau du puits, et celle qui s'écoule du condenseur, en la prenant dans le chapeau même du condenseur, pour être certain qu'elle n'a pas encore donné de refroidissement. Admettons que l'on ait obtenu les résultats suivans pour une machine de 20 chevaux à deux cilindres et à chaudière de fonte :

Houille brûlée en une heure...................... 62 kilog.

Température de l'eau de puits.................... 12° centig.

Température de l'eau de condenseur.............. 39°

Quantité d'eau écoulée en 3 minutes.............. 373 kilog.

L'élévation de température qu'a reçue l'eau de condensation sera de 27° ou 27 calories par kilog. d'eau et $373^k \times 27$ calories $= 10,071$ calories en 3 minutes, ou 201,420 calories en une heure, divisées par 650 calories (correspondant à 1 kilog. de vapeur), donneront 310 k. de vapeur par heure.

$\frac{310}{62} = 5$ k. de vapeur pour 1 k. de houille. Or pour une chaudière de fonte, c'est le résultat que l'on doit ordinairement obtenir.

(401)

NOTE 5 (40).

Procédés employés pour empêcher le dépôt de s'attacher aux chaudières.

Il paraît certain que l'on a réussi à empêcher toute adhérence du dépôt terreux aux chaudières, en les frottant intérieurement et sur toutes leurs parties d'un mélange de suif et de plombagine. Ce moyen a échoué dans plusieurs ateliers, parce qu'on n'a pas eu le soin de répéter plusieurs fois l'opération ; car lorsque la chaudière est bien imprégnée de graisse, le dépôt ne s'y attache aucunement.

On a obtenu aussi de bons résultats en jetant de temps en temps dans les chaudières une légère quantité de sous-carbonate de soude qui en précipite tout à coup les sels terreux, et les laisse former un dépôt pâteux qui n'altère que peu la chaudière.

NOTE 6 (40).

Nétoyage des chaudières et tuyaux par l'acide hydrochlorique (muriatique).

Les dépôts qui se forment dans les chaudières à vapeur peuvent devenir la cause de graves inconvéniens, car, outre qu'ils sont une des causes les plus fréquentes de rupture pour les bouilleurs, ils peuvent occasioner des explosions s'ils se détachent tout à coup et laissent arriver l'eau sur la fonte rougie quand ils sont devenus assez épais pour que le fond de la chaudière rougisse ; on ne saurait trop prendre de soins pour les retirer avant qu'ils puissent devenir nuisibles. Nous avons indiqué les moyens les plus usités pour opérer ce nétoyage. Celui que nous donnons ici, et qui est dû à M. D'Arcet, comme son application au dégorgement des conduites d'eau, étant dans la plupart des cas supérieur à tous les autres par la facilité, la rapidité et la certitude de l'opération, nous le développerons avec quelques détails.

Les dépôts des chaudières à vapeur sont formés des sels insolubles et solubles que contient l'eau employée à l'alimentation et qui se pré-

26

cipitent tous ensemble. Les seuls qui soient abondans sont le sulfate
et le carbonate de chaux , le plâtre et la craie.

Quand le dépôt est entièrement formé de sulfate de chaux , il est
très-dur, n'entraîne pas d'eau de cristallisation, et adhère fortement
aux chaudières. L'acide hydrochlorique ne pouvant pas le dissoudre ,
il faut l'enlever par un moyen mécanique , à petits coups de marteau ,
comme nous l'avons dit pour tous les dépôts.

Mais si l'eau ne contient que du carbonate de chaux, ou au moins
du sulfate de chaux mêlé de carbonate, le dépôt qui souvent même
forme une bouillie au fond de la chaudière , et peut être enlevé par un
simple lavage , sera en tout cas attaqué par l'acide hydrochlorique qui
dissoudra le carbonate de chaux et désaggrégera le sulfate ; de sorte
qu'en balayant et lavant la chaudière , on enlèvera le tout. Si la quantité de sulfate était trop grande , par rapport à celle du carbonate, pour
que le dépôt compact et attaché à la chaudière fût attaqué et désaggrégé par l'acide, il faudrait employer tous les moyens réunis , l'acide
et le marteau. Supposons donc que le dépôt est attaquable par l'acide
hydrochlorique , et traçons la marche du procédé. On doit avoir essayé
d'avance dans un verre si le dépôt que l'on couvre d'un excès d'acide
est ou non altérable par l'acide , et même , si on le peut, examiner
combien il faut d'acide pour attaquer complétement ce dépôt. Au reste
deux ou trois nétoyages faits à des époques régulières, et en pesant l'acide
employé à chaque opération , serviront facilement de guide. Ainsi le
nétoyage d'une chaudière , quand le dépôt contient assez de carbonate
de chaux pour que sa dissolution laisse le sulfate de chaux désaggrégé
et pulvérulent , ce nétoyage , disons-nous , consiste simplement à ouvrir la chaudière le samedi soir, quand on arrête l'atelier , à y verser
par parties et à mesure que le bouillonnement s'apaise , de l'acide hydrochlorique, jusqu'à ce qu'il en ait dans l'eau une excès marqué et que
l'eau rougisse le papier de tournesol et le sirop de violettes; on agite
fortement le tout avec un bâton. Le fourneau étant encore très-chaud ,
l'action est vive et rapide, tout le dépôt se dissout ou se délaye , et le
lendemain matin , si l'on a employé assez d'acide, il suffit de vider,
balayer et laver la chaudière , elle est remise à neuf. Au second nétoyage, on sait d'avance quelle est la quantité d'acide à employer.

Si l'on connaît d'avance la quantité de sels insolubles contenus dans
les eaux que l'on emploie , comme dans les eaux de la Seine, de Belle-

ville, d'Arcueil, qui ont été analysées , il sera facile de détermine
d'avance la quantité d'acide nécessaire à la dissolution du dépôt.

Un essai, fait comme nous le disons note (4) donnera immédiate
ment la quantité d'eau évaporée chaque jour, et par conséquent l:
quantité totale de dépôt formée à l'époque de chaque nétoyage, et l'oi
en déduira le poids de l'acide hydrochlorique à employer.

Voici quelques données qui serviront à faire ces calculs :

100 grammes d'acide hydrochlorique du commerce à 22°, peuven
dissoudre 46 grammes de carbonate de chaux pur.

100 litres d'eau de Belleville, qui est la plus chargée en sulfate d
chaux des eaux de Paris, donnera 139 gr. de dépôt contenant 2
grammes 1/2 de carbonate, exigeant l'emploi de 55 gr. 1/2 d'acide hy
drochlorique.

100 litres d'eau d'Arcueil fournissent 32 gr. 1/2 de dépôt calcair
dans lequel on trouve 16 gr. de carbonate de chaux, que l'on ne peu
dissoudre qu'en employant 27 gr. d'acide.

100 litres d'eau de Seine ne donnent que 16 gr. dépôt calcaire, con
tenant 10 gr. de carbonate de chaux, et n'exigent que l'emploi d
25 gr. d'acide.

Ce procédé de nétoyage a été employé avec le plus grand succès
dégorger une conduite de tuyaux de plomb de 218^m de longueur, san
la démonter, ni déranger en rien les tuyaux. On fit passer lentement u
courant d'acide hydrochlorique faible à travers la conduite qui éta
presque entièrement engorgée, en ayant soin de ne laisser sortir l'acid
que quand il était saturé, et en peu de jours le dépôt fut complétemer
dissous. Un courant d'eau bientôt lave la conduite, et on opère ainsi
à peu de frais, un dégorgement qui aurait coûté quatre fois plus s'
eût été nécessaire de renouveler tous les tuyaux. Il est un gran
nombre de circonstances où des moyens semblables peuvent deveni
très-utiles. Aussi n'hésitons-nous pas à publier cette note entière pou
appeler sur les procédés qu'elle développe toute l'attention des manu
facturiers qui emploient des chaudières à vapeur ou qui peuvent l:
trouver des applications que le bas prix de l'acide hydrochlorique do
rendre très-fréquentes.

NOTE 7 (315).

Table des longueurs du pendule qui donne le nombre de coups de pistons en une minute.

Nombre des coups de pistons de la machine.	Nombre d'oscillations de pendule.	Longueur du pendule.
31	62	0^m,930
30	60	0.994
29	58	1.063
28	56	1.144
27	54	1.227
26	52	1.323
25	50	1.431
24	48	1.552
23	46	1.691
22	44	1.848
21	42	2.028
20	40	2.236
19	38	2.477
18	36	2.760
17	34	3.094
16	32	3.493
15	30	3.974

Les longueurs que nous donnons dans ce tableau, qui sont celles du pendule à Paris, donnent le nombre d'oscillations de la machine à vapeur, c'est-à-dire le double du nombre des coups de pistons. Comme on ne peut pas ordinairement construire ce métronome avec plus de 2 mètres de longueur, on se contente de le régler pour donner les vitesses de 20 à 30 coups de pistons. Ce sont les vitesses les plus usitées, puis qu'elles comprennent les machines à vapeur depuis 8 jusqu'à 25 chevaux. Au-dessus et au-dessous des nombres de coups de pistons correspondans à ces longueurs, on en prend le double ou la moitié, et il est toujours facile d'arriver avec certitude à régler sans peine la vitesse d'un machine à vapeur, de la manière la plus régulière.

On pourrait employer au même usage le métronome de Maelzel, bien connu aujourd'hui de toutes les personnes qui s'occupent de musique.

NOTE 8 (41).

Du Mesurage ou Blocage de la houille.

. Les tables que nous donnons ici pour jauger rapidement les bateaux et mesurer les tas de houille seront sans doute utiles aux manufacturiers, qui en achètent en grandes quantités, et qui sont exposés à être trompés chaque jour sur les mesures, ou astreints à de longues pesées qui exigent une grande dépense de temps et beaucoup de main-d'œuvre inutile. Ce sont les tables qui servent au commerce de houille de Paris, dans ses transactions journalières.

1 mètre cube équivaut à...................... 1000 litres.
1 hectolitre   —   .... 100 —
Donc le mètre cube équivaut à............... 10 hectolitres.
Et un hectolitre   —   .... 0,1 mètre cube.

L'*hectolitre* pour la mesure des matières sèches est un cilindre dont la hauteur est égale à son diamètre.

Pour l'hectolitre, diamètre et hauteur............. 0^m,5031
Pour le demi-hect.   —   .... 0^m,3993
L'hectolitre de charbon de terre pèse communément
sec...................................... 80 kil.
La voie de 15 hectolitres pèse.................... 1200

Quand le charbon de terre est mouillé,

L'hectolitre pèse, terme moyen................... 87
La voie.................................... 1305
L'hectolitre de coke ou charbon épuré............. 57
La voie.................................... 855

Mesurage d'un Bateau chargé de Houille.

Cette mesure consiste à évaluer le volume d'eau déplacé par la houille, à chercher ensuite le nombre d'hectolitres d'eau contenus dans le volume trouvé, et à le multiplier par le rapport qui existe entre le volume de l'eau et le volume de la houille, à poids égal, d'après la table qui suit. En effet, il est prouvé qu'un bateau plongé dans l'eau déplace un volume d'eau qui pèse autant que le bateau entier avec sa charge, c'est-à-dire qu'en mesurant le volume de la partie de bateau qui plonge dans l'eau, le bateau et sa charge pèseront ensemble autant de fois 100 k° qu'il y aura d'hectolitres dans ce volume.

Tables des volumes qu'occupent, suivant leur qualité, 100 k° de charbon de terre, c'est-à-dire l'équivalent en poids d'un hectolitre d'eau.

Charbon épuré ou coke

Coke pesant 55 x° l'hect.	100 k° ou la valeur de 1 hectol. d'eau, donnent		1,82
— 56	—	—	1,78
— 57	—	—	1,75
— 58	—	—	1,72

Houille, ou Charbon de terre.

Houille pesant 78 k° l'hect.	100 k° ou la valeur de 1 hectol. d'eau, donnent		1,28
— 79	—	—	1,27
— 80	—	—	1,25
— 81	—	—	1,23
— 82	—	—	1,22
— 83	—	—	1,20
— 84	—	—	1,19
— 85	—	—	1,18
— 86	—	—	1,16
— 87	—	—	1,15
— 88	—	—	1,14
— 89	—	—	1,12
— 90	—	—	1,11

Les toues employées au transport des houilles qui descendent la Seine pour venir à Paris, sont des bateaux construits sur des mesures régulières et constantes, et destinés à être détruits après le déchargement. Il y en a de deux dimensions.

Les grandes toues ont environ

$23^m,4$ (72 pieds) de longueur.
$5^m,03$ (15 pieds 6°) de largeur.

Les petites ont

$21^m.4$ de longueur (68 pieds).
$3^m.47$ de largeur (10 pieds 9°).

Elles s'achètent avec la houille même dont elles sont chargées, et se comptent comme houille en volume, de manière que l'on mesure la toue avec la houille qu'elle contient, ce qu'on nomme *bloquer une toue.* Pour cette opération, on mesure la longueur de la toue d'une chauffée à l'autre, c'est-à-dire entre les planches qui retiennent le chargement de houille aux deux extrémités.

On mesure ensuite la largeur de la toue à quatre endroits : aux deux extrémités, puis à chaque tiers de la longueur ; on prend la moyenne de ces quatre largeurs ; en y ajoutant 8 centimètres pour l'épaisseur des bordages. On mesure ensuite la hauteur du bateau en dedans, c'est-à-dire depuis son bord jusqu'au fond ; et la hauteur en dehors, c'est-à-dire depuis le bord du bateau jusqu'au niveau de l'eau. Ces hauteurs se prennent aux quatre points où l'on a mesuré la largeur. On en prend également les moyennes. On retranche la hauteur en dehors de celle en dedans, pour avoir la hauteur de la partie plongée dans l'eau.

Le reste de l'opération ressemble au cubage de tout autre corps. Ayant la longueur, la largeur et la hauteur du volume d'eau déplacée, on multiplie ces trois dimensions l'une par l'autre, et le résultat est le volume de l'eau déplacée en mètres cubes. En multipliant ce volume par 10, on l'obtient en hectolitres d'eau ou en autant de fois 100 k. de houille. Multipliant alors ce nombre d'hectolitres d'eau par le nombre correspondant d'hectolitres de houille, d'après sa qualité que l'on a déterminée d'avance en pesant un hectolitre, on a le nombre d'hectolitres de houille contenue dans le bateau , le bateau compris , comme nous l'avons déjà dit. On compte en général que le bateau vide paie les frais de déchargement.

Exemple de blocage d'une toue.

Longueur d'une cheuffée à l'autre....................	22^m,10
Largeur sur quatre points...........................	3,50
	5,90
	5,90
	3,50
Ensemble.......	14,50
1/4 de tout ou moyenne..........................	3,70
A ajouter pour les bordages	0,08
	3,78

Hauteur en dedans   {   Hauteur en dehors.

Prises aux mêmes points où l'on a déjà mesuré la largeur , et sur chaque côté de la toue , ce qui donne huit mesures en dedans et huit en dehors.

Hauteur en dedans		Hauteur en dehors
1^m,12		0^m,66
1,14		0,63
1,05		0,34
1,05		0,34
1,05		0,36
1,05		0,36
1,00		0,49
1,00		0,55
8,46	8^m,46	3,73
Moins.......	3,73	
Différence............	4^m,78	
Hauteur de la partie.. } plongée ou moyenne. . {	0,59	

Longueur du volume d'eau déplacé.......................... 22^m,10
Largeur moyenne..................................... 3,78
Hauteur moyenne..................................... 0,59

Multipliant 22^m,10 par 3^m,78 et par 0^m,59 ,
on obtient en mètres cubes................ 49,382 mètres cubes.
en hectolitres, 10 fait ce nombre........... 493,82 hectolitres.

Si la houille est sèche et pèse 80 k° l'hectol.
la table ci-dessus donne pour le volume de
houille correspondant à 1 hectol. d'eau 1,25
hectolitres.

493,8 hectolitr. multipliant 1,25 hectolitr. ,
donnent.............................. 616 hect. de houille.
ou 41 voies, tout compris.

Quand le bateau ne doit pas être détruit, on obtient le poids de
houille en mesurant le volume du bateau plongé dans l'eau , à charge
et ensuite à vide. La différence donne évidemment le volume d'eau déplacé par la houille ; multipliant alors ce volume en hectolitres par le
rapport correspondant à sa qualité dans la table, on obtient le nombre
d'hectolitres de houille qu'il contient.

Ce procédé s'applique à tous les bateaux, quelles que soient leurs
formes et leurs dimensions, qui varient , suivant le pays où on les a
construits. Il y a en outre des usages reçus à Paris pour le mesurage
des divers bateaux : il est bon de les connaître aussi.

Pour les bateaux flamands , on prend deux mesures au centre , une
en avant et une en arrière , à deux mètres de chaque extrémité.

Pour les bateaux picards ou *besogres* , l'arrière est égal à la moitié
de la longueur ; l'avant est égal au tiers de la longueur

Pour les bateaux marnois achevés en Picardie , l'arrière et l'avant
sont comptés chacun pour un tiers.

Tableau de l'opération pour un bateau marnois.

Longueur	avant............	0^m,70	ensemble	26^m,60
	centre	26,40		
	arrière	1,50		

Largeur.

Une mesure à la fin de l'arrière....................	5ᵐ,90
— à 3 pieds de la 1ʳᵉ matière....................	6 »
— à 3 pieds de la dernière matière..............	6 »
— au commencement de la dernière matière......	5,80
	23ᵐ,70
1/4 ou le moyenne.....................	5ᵐ,92
Ajouter pour l'épaisseur des deux bordages..............	0,08
	6ᵐ,00

Hauteur du flot à plein | Hauteur du flot à vide.

Ces mesures sont prises depuis le bord du bateau jusqu'au niveau de l'eau, aux mêmes points que les largeurs, et sur les deux bords du bateau, ce qui donne et mesure pour chacun :

0ᵐ,70	1ᵐ,58
0,70	1,58
0,18	1,24
0,18	1,24
0,22	1,30
0,22	1,30
0,42	4,48
0,42	1,52
3ᵐ,04 11ᵐ,24	11ᵐ,24

Moins........... 3,04

Différence 8ᵐ,20

1/8 ou moyenne... 1,03, c'est-à-dire hauteur dont la charge de houille faisait enfoncer le bateau ou hauteur du volume d'eau déplacée par la houille : donc 28ᵐ,60 multipliant 6ᵐ, multipliant 1ᵐ,03, donnent le volume d'eau en mètres cubes ; et quand on le multiplie par 10, en hectolitres, 176,7 mètres cubes, ou 1767 hectolitres d'eau. Si nous supposons cette houille mouillée de sorte que l'hectolitre en pèse 87 k°, la table nous donne, pour le rapport correspondant de volume en houille, 1,15 hect. par chaque hectolitre d'eau. Multipliant donc 1767 hect. par 1,15 hect., on obtient 2032 hectolitres de houille ou 162,500 k° de houille sèche.

On emploie aussi à Paris, pour le blocage des grandes toues, une
méthode beaucoup plus rapide et qui donne des résultats fort exacts.
Il suffit de mesurer la hauteur de la partie plongée, devant, au milieu,
et derrière ce bateau, des deux côtés, et en ajoutant ensemble les trois
moyennes de ces six mesures, la somme donne immédiatement, au
moyen d'une table, la quantité de houille composant le chargememt,
a toue comprise.

Voici la table qui sert à ce blocage.

66	pouces donnent	38	voies de houille.
68	—	39	—
70	—	40	—
72	—	41	—
74	—	42	—
76	—	43	—
78	—	44	—
80	—	45	—

Nous terminerons cet article par un exemple qui montrera la ma-
ière d'employer cette table.

	Hauteur du bateau en dedans.	Hauteur depuis le bord jusqu'au niveau du flot.	Différence ou hauteur plongée.	Moyenne.	
Sur le devant.	42°	49°	23°	21° 1/2	
	42°	22°	20°		
Sur le milieu.	42°	13°	29°	28° 3/4	somme 74° 1/4
	42°	13° 1/2	28° 1/2		
Sur le derrière.	45°	20°	25°	24°	
	47°	24°	24°		

Ces 74 pouces 1/4, d'après la table ci-dessus, donnent 42 voies et
/8 de voie.

NOTE 9.

Raccommodage des bouilleurs.

Nous avons omis de dire que , dans le procédé de M. Pauly, pour raccommoder les bouilleurs, on ne perce pas tous les trous par ordre et à la suite l'un de l'autre , mais on taraude et bouche tous les trous de rang impair , par exemple ; puis , lorsque les vis de cuivre y sont entrées et mattées , on fore les trous intermédiaires de manière à prendre à la fois sur les deux vis déjà entrées de chaque côté.

NOTE 10 (50).

Explosions des chaudières de cuivre.

On vient d'avoir , il y a peu de temps , un exemple d'explosion dans une chaudière de cuivre. Il est probable qu'elle s'était en partie vidée , et qu'elle avait rougi dans quelques endroits. Ce n'est pas le premier exemple.

NOTE 11 (52).

Calcul des soupapes de sûreté.

On sait que le poids de l'air, ou de l'atmosphère, qui pèse sur une surface de 1 centimètre carré , est égal à un kilogramme environ (ou à 15 livres sur une surface de 1 pouce carré). Supposons que la soupape de sûreté a une surface de 7 $\frac{1}{2}$ centimètres carrés, ou 1 pouce carré, et qu'elle n'est chargée d'aucun poids ; lorsque la vapeur sera capable de soulever cette soupape, il est évident qu'elle supportera un poids égal à celui de l'air, c'est-à-dire que sa force sera suffisante pour soulever le poids de l'air, que nous avons dit être égal à 1 kilogramme sur chaque centimètre carré, ou 15 livres sur 1 pouce carré; en d'autres termes, sa force sera égale au poids de l'atmosphère : c'est ce que les mécaniciens appellent de la vapeur à une atmosphère de pression.

Si maintenant cette soupape , qui ne supportait précédemment que le poids de l'air égal à 7 kil. ½ par pouce carré, vient à être chargée , en outre, d'un poids de 7 kil. ½, comme le poids de l'air la presse toujours de même , il est évident que la vapeur capable de la soulever alors soulevera deux fois le poids de l'atmosphère. Soit 15 kil., elle est donc deux fois plus forte que précédemment. C'est de la vapeur à 2 atmosphères de pression.

Si on charge la soupape d'un poids de 15 kil., plus le poids de l'air, qui reste le même, en tout 22 kilos ½ ; la vapeur capable de soulever alors la soupape supportera une pression trois fois plus grande , ou de 3 kil. par centimètre carré. Ce sera de la vapeur à 3 atmosphères.

On peut ainsi obtenir de la vapeur à 3, 4, 6, 8 atmosphères de pression et au-delà, c'est-à-dire de la vapeur dont la tension est assez forte pour soulever une soupape de 1 centimètre carré, chargée de 2 , 3 , 4 , 6 et 8 kilogrammes , ou une soupape de 1 pouce carré , chargée d'un poids égal à deux, trois, quatre, six et huit fois le poids de l'atmosphère, ou 7 kilos et ½.

On a même voulu , dans quelques machines, employer la vapeur à 32 atmosphères, mais sans succès jusqu'à présent.

La pression la plus avantageuse pour travailler dans les machines de Woolf est celle de 3 à 4 atmosphères. Les soupapes doivent donc être réglées de manière à se soulever quand la tension s'élève au-dessus de ce degré. La surface qu'on leur donne ordinairement est de 29 millimètres (13 lignes de diamètre) dans les machines de 10 à 12 chevaux, et on en place deux sur chaque chaudière. La surface de chacune est de 8 centimètres carrés environ. Pour se soulever dès que la vapeur atteindra 5 atmosphères, par exemple, les soupapes doivent donc être chargées d'un poids égal à 5 kil. par centimètre carré, ou 40 kil. en tout. Mais comme elles soutiennent déjà le poids de l'atmosphère , égal à 1 kil. par centimètre carré, ou 8 kil. sur toute la soupape, il ne restera plus que 32 kil. à ajouter.

Il serait cependant difficile de placer sur la soupape un poids aussi considérable, et de pouvoir l'enlever, le déplacer, ou le changer facilement au besoin. Pour éluder cette difficulté, au lieu de faire presser la soupape directement par le poids, on la fait presser par un levier *a*, *pl. 3, fig. 2*, sur lequel on fixe le poids *P*, qui n'a pas alors besoin d'être aussi considérable. Il résulte de cette disposition qu'un poids de 4 à 5 kil. peut produire sur la soupape un effet de 32 kil., pourvu qu'il soit placé au bout d'un lévier assez long : et pour cela il suffit que le bras de lévier du poids, soit sept fois plus grand que le bras de lévier sur lequel agit la soupape, c'est-à-dire la pression intérieure de la vapeur. Toutes les fois donc que la vapeur acquerra une tension supérieure à 5 atmosphères, ou en omettant le poids de l'air, supérieure à 4 atmosphères, ou 60 livres par pouce carré, cette vapeur, devenant plus forte que le poids placé sur la soupape qui lui résiste, le soulèvera et s'échappera au dehors, jusqu'à ce qu'ayant perdu l'excès de sa force elle fasse équilibre au poids de 5 kil. , dont la soupape est chargée, sans pouvoir le soulever ; alors l'écoulement cesse.

Voici la règle à suivre pour calculer la charge d'une soupape. Supposons que le poids P pèse 4 kil. : b est le point fixe autour duquel tourne le lévier qui transmet à la soupape S, l'action du poids.

Le bras du lévier sur lequel agit le poids qui pousse la soupape du dedans au dehors est bd. Dans l'exemple actuel, il a 3 centimètres.

Le bras de lévier sur lequel agit le poids qui presse la vapeur du dehors au dedans est dc. Il a 28 centimètres.

On fera la proportion suivante, pour savoir l'effet réel que le poids P, agissant sur son bras de lévier, exerce directement sur la soupape.

Le petit bras du lévier db est au grand bras eb comme le petit poids P est au grand effort ou poids x qu'il exerce sous la soupape.

$$\text{ou } db : cb = P : x$$

$$3 : 28 :: 4 \cdot x = \frac{28 \times 4}{3} = 37$$

En multipliant 28 par 4 et divisant le produit par 3, on obtient 37 kilos pour l'effort fait par le poids sur la soupape. Or, si celle-ci a 8 centimètres carrés, en divisant 37 kilos par 8, on aura 4 kilos ÷ environ de pression, ou 4 ÷ atmosphères sur chaque centimètre carré ; ce qui, en y ajoutant le poids de l'air qui presse toujours dessus, fait 5 ÷ atmosphères de pression pour la vapeur qui soulèvera cette soupape.

Si l'on voulait, au contraire, savoir à quelle distance du point fixe, il faut placer le poids P, pour qu'il soit soulevé à 3 atmosphères de pression, sans compter celle de l'air, il faudrait faire le calcul suivant.

La pression de la vapeur à 3 atmosphères, sur une soupape de
8 centimètres carrés, est de 8, multipliant 3 kil., ou 24 kil. : le petit
lévier *db* est toujours de 3 centimètres ; le poids *P* de 4 kil. On dirait donc : le petit poids 4 kil. est au grand effort 24 kil., comme le
petit bras 3 centimètres est au grand bras *x*. Multipliant 24 par 3=72,
et le divisant par 4, on trouverait que le grand lévier *db* est de 18 centimètres pour une pression de 3 atmosphères.

NOTE 12 (53).

Pression du dehors au dedans sur les soupapes à siége plat.

Les observations recueillies par M. Clément et les expériences qu'il
y a ajoutées prouvent sans aucun doute que l'écoulement de la vapeur
par des soupapes de la forme usitée dans les machines à vapeur (pl. 3,
fig. 9) produit, sous la soupape même qui est soulevée, une inégalité
de pression, en vertu de laquelle l'air, qui presse sur l'autre surface, re-
pousse la soupape sur l'orifice même d'où s'écoule la vapeur. Mais
cette différence de pression n'est pas la même sur toute la surface de la
soupape. Dans toute la partie *ab*, qui couvre l'ouverture percée dans la
chaudière, la pression intérieure de la vapeur est beaucoup plus forte
que la pression extérieure : il ne s'y produit pas de vide. Cet effet n'a
lieu que sur l'anneau *cd* de contact de la soupape, et encore il est à son
minimum en *c*, et va en augmentant à mesure que l'on s'éloigne de l'o-
rifice *ab*, comme l'indiquent les flèches de différentes longueurs ; de
sorte que sur cet anneau circulaire, il y a pression du dehors au dedans, tandis que dans toute la surface *ab* de l'orifice, il y a pression du
dedans au dehors.

Or, dans les soupapes ordinaires des machines de Woolf de 10 à 12
chevaux, l'orifice a 29 à 30 millimètres de diamètre, ou environ 900
millimètres carrés, et l'anneau à 7 à 8 millimètres de largeur sur une
circonférence moyenne de 110 millimètres ou 800 millimètres carrés
environ. Mais, sur l'orifice, la pression véritable de la vapeur est de 2
à 3 atmosphères, et la différence moyenne de pression de l'air qui, en
agissant sur l'anneau, tend à produire le mouvement du dehors au dedans, est inférieure à l'atmosphère ; de sorte qu'en somme, la pression
du dedans au dehors qui soulève les soupapes, est quatre à cinq fois

plus forte que celle du dehors au dedans, qui tend à les tenir fermées ; et en effet elles fonctionnent parfaitement, et la vapeur peut, au-besoin, s'écouler avec la plus grande facilité. C'est aussi l'opinion de M. Péclet (t. 2, p. 80).

NOTE 13 (76).

M. Edwards, qui apporte sans cesse de nouveaux soins à la fabrication et au perfectionnement des machines à vapeur construites dans ses ateliers de Chaillot, a heureusement remplacé le chapeau qui ferme la chapelle des pompes alimentaires au moyen d'un plateau pressé par un lévier et un poids semblable à celui des soupapes de sûreté. Par ce moyen, on est assuré de ne jamais briser la tringle de la pompe alimentaire, si l'on venait à fermer par erreur le robinet d'injection pendant que la machine marche ; car toute l'eau jetée par la pompe soulèverait alors la soupape et s'échapperait sans peine. On règle le poids sur la pression nécessaire pour alimenter la chaudière à pleine charge.

NOTE 14 (108).

Trempe des ressorts d'acier fondu.

Ces ressorts doivent être chauffés au charbon de bois, et trempés avec une égalité parfaite. C'est de cette égalité que dépend toute leur qualité.

NOTE 15 (159).

Moyens d'enlever le bocal de cuivre de la petite boîte.

On éprouve quelquefois de la difficulté à enlever le bocal de la petite boîte à vapeur, parce qu'il y est entré à force. Il faut, pour le sortir facilement, quand la machine est encore très-chaude, ôter les deux plateaux de la boîte, et, bouchant le dessous du bocal, le remplir d'eau froide. Le bocal se contracte immédiatement avant que la fonte, bien plus épaisse de la boîte, ait pu éprouver le même effet, et on la retire alors avec la plus grande facilité.

NOTE 16 (187 et 193).

Tension de l'air et de la vapeur dans le condenseur.

Si, par exemple, la colonne d'eau à élever du niveau du puits jusqu'au condenseur a 8 mètres de longueur, et que la température du condenseur soit égale à 30° centigrades, la vapeur à cette température peut soutenir une colonne d'eau de 4 décimètres ou 15°, qui, ajoutée aux 8 mètres, font 8 mètres 40 centimètres ou 25 pieds. Or, comme le poids total de l'air qui fait monter l'eau dans les pompes est égal à une colonne d'eau de 32 pieds, il est clair que l'eau montera dans le condenseur, puisqu'il y a 6 pieds de différence entre la longueur de la colonne d'eau que l'air peut soutenir et de celle qu'il soulève ici, quoiqu'il y ait toujours dans les condenseurs une certaine quantité d'air qui ajoute sa tension à celle de la vapeur, et diminue par conséquent la hauteur à laquelle l'eau peut monter. Supposons la tension de cet air égale au poids d'une colonne d'eau de 2 pieds qui, avec les 25 pieds font 27 pieds pour le poids de la colonne d'eau à soulever. Si maintenant la température du condenseur s'élevait à 50°, la tension de la vapeur à 30°, poids d'une colonne d'eau de 1 mètre 20 centimètres environ, près de 4 pieds; en ajoutant ces 4 pieds aux 24 pieds de colonne d'eau à élever et aux 2 pieds que représente la tension de l'air, sans tenir même compte de l'augmentation que cette tension a subie par l'élévation de la température, on trouve que la hauteur de la colonne d'eau à soulever est maintenant égale à 30 pieds au moins. D'où il suit que le poids de la colonne d'air extérieur égale à 32 pieds d'eau, qui doit vaincre, outre le poids d'une colonne d'eau de 30 pieds, tous les frottemens de l'eau dans les tuyaux, n'est plus assez fort pour le faire monter. La différence serait bien plus grande encore, si l'on examinait ce qui se passe dans un condenseur semblable, quand la machine vient à prendre de l'air, qui y triple et quadruple bientôt la tension de la vapeur.

NOTE 17 (188).

Passage de la vapeur au condenseur.

Le tuyau qui conduit la vapeur au condenseur doit être large, et cette largeur ne présente aucun danger. Il est un signe auquel il sera

27

facile de reconnaître si la machine, et principalement la grande boîte à vapeur fonctionnent bien, c'est lorsqu'en approchant l'oreille du tuyau de vapeur du condenseur, et ensuite des petits tuyaux des boîtes, on y entendra le sifflement bien net et bien tranché de la vapeur, à chaque coup de piston. L'oreille reconnaîtra bientôt si les soupapes de la grande boîte ferment bien, ou si elles laissent échapper de la vapeur quand elles doivent être fermées ; car alors le sifflement se prolongera, et se mêlera quelquefois même d'un coup de piston à l'autre, au lieu d'être bien distinct. C'est un des objets auquel le manufacturier doit faire attention quand il visite une machine.

NOTE 18 (231).

Du Mastic rouge.

Nous avons essayé sans succès de faire du mastic à l'huile de lin sans minium, c'est-à-dire avec de la céruse et de la terre de pipe. Ce mastic est long à faire ; il ne devient liant qu'après 20 ou 24 heures de repos, et il s'amollit ensuite, soit seul, soit par l'action de la chaleur, sans sécher de long-temps. Il livre donc souvent un passage aisé à la vapeur. Avec 1/3 de terre de pipe, 1/3 de céruse, 1/3 de minium ou même 1/2 de terre de pipe, ce mastic est fort bon et très-économique.

NOTE 19 (58).

De la loi de mariotte et de l'échelle de graduation des manomètres.

La graduation des manomètres repose sur la loi de compression des gaz, en vertu de laquelle les volume d'un gaz sont en raison inverse des poids qui le compriment ; de sorte que, si, sous la charge d'un atmosphère, le volume est égal à 1 litre ou à une colonne de 1 mètre, sous la charge de 2 atmosphères, il sera réduit à 1/2 litre ou la colonne à 1/2 mètre. En un mot, pour connaître le volume que le gaz occupera sous une pression quelconque, il faut multiplier le volume primitif

par la pression primitive qu'il supportait et le diviser par la nouvell
pression.

Si le volume était d'abord 0,30 mètre cube, et la pression $0^m,76$, l
volume, sous une pression triple de $2^m,28$, sera :

$$\frac{0^{mc},30 \times 0,76}{2,28} = 0^{mc},10 \; ; \; \text{ou } \tfrac{1}{3} \text{ du volume primitif.}$$

Ainsi la longueur du volume d'air, qui occupe 100 centimètres o
100 parties dans le manomètre gh. (pl. 3, fig. 10) à une atmosphèr
de pression, prendra successivement sous les pressions suivantes le
volumes suivans.

Pour 2 atmosphères $\frac{100 \times 1^{at}}{2^{ut}} = 50$ parties. Comme on voit, le ma
nomètre coupé en deux ou le volume d'air réduit à moitié, sous un
pression de 2 atmosphères, en y comprenant la pression de l'air, c'est
à-dire de 1 atmosphère au-dessus de celle de l'air, $= 7k. \, ^1/_2$ ou 14 liv

Pour 3 atmosphères, $\frac{100 \times 1}{3} = 33$ parties environ; $cm = 15k.$ o
30 livres au-dessus du poids de l'air.

Pour 1 $^1/_2$ atmosphère ou 0,5 at. $\frac{100 \times 1}{1,5} = 67$ parties; $cr. \, 3 \, k. \, ^3/$
ou 7 $^1/_2$ livres, et ainsi de suite. C'est ainsi qu'a été construite l'échell
de la *fig.* 10.

On trace en effet un angle quelconque acb, on le coupe par des li
gnes parallèles $ab \; cd \; ef$; on en divise une gh, par exemple, en 10
parties; et faisant, pour chaque pression, de 1, 1 $^1/_4$, 1 $^1/_2$, 1 $^3/_4$, 2
3, etc., atmosphères, le calcul donné plus haut, on se fait une tabl
des volumes auxquels se réduit successivement, sous ces diverses pres
sions, le volume d'air 100 ou les longueurs dont la colonne d'air gh
divisée en 100 parties, est réduite.

Ainsi, sous une pression de l'atmosphère en sus du poids de l'air
ou, autrement dit, 2 atmosphères, le volume 100 est réduit à 50 o
moitié; on divise la ligne gh en deux par la ligne cd, et tous les ma
nomètres, dont la longueur sera égale à $ab \; cd$ ou gh, seront partagé

deux par *cd* et marqueront 1 atmosphère de pression en sus du poids
l'air toutes les fois que le mercure y montera jusqu'en *cd*.

Ainsi , avec une table qui forme la ligne *gh* , divisée en 100 parties ,
la correspondance avec les pressions indiquées sur la ligne *ab*, il
a facile de graduer exactement tous les manomètres, puis qu'on peut
jours supposer leur longueur divisée en 100 parties , et y reporter le
mbre de divisions indiquées par notre échelle pour chaque pression.

DIRECTION GÉNÉRALE

DES PONTS-ET-CHAUSSÉES ET DES MINES.

INSTRUCTION

Sur les mesures de précaution habituelles à observer dans l'emploi des machines à vapeur à haute pression.

L'EMPLOI des machines à vapeur à haute pression exige des précautions de tous les instans, de la part des ouvriers chauffeurs auxquels leur service est confié, et une surveillance constante de la part des propriétaires de ces machines. En négligeant les précautions nécessaires, les ouvriers peuvent occasioner des accidens funestes, dont ils seraient les premières victimes. En se relâchant de la surveillance qui est indispensable, les propriétaires deviendraient la cause indirecte de ces accidens ; ils s'exposeraient d'ailleurs à des pertes considérables, telles que celles qui résulteraient de la destruction des machines, de la dégradation des ateliers et de la cessation des travaux.

Il est du devoir de tout propriétaire de ne confier la conduite de sa machine qu'à un ouvrier dont l'intelligence et la capacité soient bien reconnues, et qui soit non-seulement attentif, actif, propre et sobre, mais encore exempt de tout défaut qui pourrait nuire à la régularité du service. Rien ne doit déranger cette régularité, rien ne doit troubler ou détourner l'attention de l'ouvrier pendant le travail ; autrement il ne peut y avoir de sécurité dans l'établissement.

L'attention de l'ouvrier chauffeur et la surveillance

28

du propriétaire doivent porter principalement sur les parties suivantes de la machine , savoir : le foyer , la chaudière et les tubes bouilleurs, la pompe alimentaire et le niveau de l'eau dans la chaudière , les soupapes de sûreté , le manomètre. Il y a aussi quelques précautions à prendre relativement à l'enceinte extérieure.

DU FOYER.

Le principe d'après lequel on doit diriger le chauffage , est d'éviter une augmentation de chaleur trop brusque ou un refroidissement trop rapide. Dans l'un et l'autre cas , les tubes bouilleurs éprouvent partiellement des inégalités de température plus ou moins considérables, et qui , à raison des variétés des dilatations produites , peuvent occasioner des félures et des pertes.

Ainsi donc la mise en feu ne doit pas être poussée avec trop de vivacité , surtout lorsque le foyer a été tout-à-fait refroidi. On ne gagnerait du temps qu'en compromettant la conservation des tubes bouilleurs.

Lorsque le feu est arrivé au point d'activité nécessaire pour le jeu de la machine , on doit le conduire avec égalité , et à cet effet, tiser à propos et ne jeter que les quantités de combustible déterminées par l'expérience. Il faut éviter de laisser tomber le feu pendant le travail ; et lorsque cela est arrivé , il n'est point convenable de projeter à la fois une trop grande quantité de combustible dans le foyer , car cette précipitation , qui aurait d'abord l'inconvénient de le refroidir momentanément , occasionerait ensuite un développement de chaleur excessif et dangereux. .

Il est à propos d'exécuter dans le moins de temps possible les opérations du tisage et du rechargement du combustible, afin d'abréger l'action destructive que l'air froid peut exercer sur les tubes bouilleurs, en s'introduisant avec rapidité par l'ouverture de la porte du foyer.

On est dispensé de la plupart de ces précautions lorsque le foyer est muni d'un distributeur mécanique versant la houille au feu, et à mesure quelle est nécessaire ; mais alors l'ouvrier doit veiller à ce que ce distributeur ne manque pas d'aliment, et à ce que le versement soit uniforme et continu.

L'extinction du feu, lorsqu'elle n'est point conduite avec soin, est une des causes les plus ordinaires des accidens qui arrivent aux tubes bouilleurs. Le meilleur mode est de laisser le foyer chargé du résidu de la combustion, de fermer le registre de la cheminée ainsi que la porte du cendrier, et de luter avec un peu de terre grasse les joints de cette porte et ceux de la porte du foyer. En procédant ainsi, on évite non-seulement que l'air ne refroidisse trop brusquement les tubes, mais encore qu'il ne contribue à oxider trop promptement leur surface extérieure. On profite de plus d'une partie du résidu de la combustion ; car ce résidu finit par s'éteindre à raison du défaut d'air, et l'on peut ensuite le retirer sans inconvénient.

DES TUBES BOUILLEURS ET DE LA CHAUDIÈRE.

Quelque pure que paraisse l'eau qu'on emploie, elle dépose toujours un sédiment terreux qu'il importe de ne pas laisser accumuler. En effet, ce sédiment se durcirait et s'épaissirait en peu de temps ; il augmenterait a difficulté de faire pénétrer dans les tubes bouilleurs et dans la chaudière la chaleur qui est nécessaire pour produire la vapeur avec le degré de tension convenable. Il faudrait un plus grand feu. Il en résulterait par conséquent plus de dépense de combustible , et plus de chances d'altération ou de rupture.

L'expérience a démontré qu'en introduisant dans les tubes bouilleurs et dans la chaudière une certaine quantité de pommes de terre , la substance de ces pommes de terre se mêle avec les sédimens terreux, sous forme de bouillie , et en prévient l'endurcissement ; mais à mesure que les sédimens augmentent, cette bouillie nuit à la production de la vapeur , soit par sa viscosité , soit par l'espace qu'elle occupe. Il vient un terme où l'enlèvement des dépôts devient indispensable ; ce terme arrive plus ou moins fréquemment suivant la nature des eaux. C'est au propriétaire de chaque machine à chercher par l'expérience le période de temps le plus convenable pour le nettoyage, comme aussi de trouver le *minimum* de la quantité de pommes de terre qui doit être employée. Ces recherches ne tiennent pas seulement aux soins de la sûreté, mais encore à des considérations d'économie relativement à la facile production de la vapeur.

Lorsque , malgré toutes les précautions , un tube bouilleur vient à se fendre , l'ouvrier doit en avertir le propriétaire , et celui-ci ne doit pas hésiter à faire procéder au remplacement. Le rhabillage du tube ne ferait que masquer l'inconvénient , et le danger d'une rupture pourrait s'accroître en très-peu de temps.

Le propriétaire et l'ouvrier doivent observer avec attention les progrès de la détérioration superficielle que les tubes bouilleurs éprouvent à la longue ; ceux sur tout qui sont fabriqués en tôle. Ils ne doivent pas attendre la visite de l'ingénieur pour provoquer de nouvelles épreuves de ces tubes, lorsque leur amincissement peut donner des doutes sur leur solidité.

Il en est de même des chaudières ; mais comme les moyens d'observation sont moins multipliés, l'ouvrier et le propriétaire doivent saisir toutes les occasions de constater l'état des choses, soit lorsqu'il faut changer un ou plusieurs tubes bouilleurs, soit lorsqu'il y a des réparations à faire au foyer ou à la chemise de la chaudière, soit enfin toutes les fois qu'il est nécessaire de vider la chaudière pour la nettoyer. Mais en outre, aucune des indications que les moindres suintemens peuvent donner, ne doit être négligée.

Lorsqu'on s'aperçoit d'une fuite à la jointure du plateau qui ferme un tube bouilleur ou à celui qui recouvre l'entrée de la chaudière, on ne doit point essayer d'y pourvoir pendant le travail en serrant les écrous : on courrait le risque d'occasioner la rupture de ces plateaux, surtout lorsque le mastic qui garnit les bordures a eu le temps de s'endurcir ; en cas de rupture, l'ouvrier serait tué par les éclats ou brûlé par l'eau et la vapeur. Ces sortes de fuites ne doivent être réparées que lorsque le travail a cessé.

Lorsque les tubes bouilleurs et la chaudière sont à nettoyer, les propriétaires ne doivent pas exiger que les ouvriers entreprennent de vider l'eau avant que sa température ne soit suffisamment abaissée, surtout pour les machines dans lesquelles les plateaux des tubes bouilleurs ne sont point garnis de robinets.

DE LA POMPE ALIMENTAIRE ET DU NIVEAU DE L'EAU DANS LA CHAUDIÈRE.

Il est de la plus grande importance que l'eau de la chaudière soit maintenue au niveau qui est indiqué par la position horizontale du levier mu par le flotteur. Il ne faut pas que l'ouvrier s'en rapporte à la simple inspection du levier pour connaître la hauteur de l'eau dans la chaudière : il doit s'assurer très-souvent que les mouvemens du flotteur sont parfaitement libres. Il doit veiller surtout à ce que la garniture qui empêche la vapeur de s'échapper le long de la tige du flotteur , ne serre pas trop cette tige ; car , si cela arrivait , les indications données par le flotteur cesseraient d'être exactes.

Ces dernières précautions sont également nécessaires pour les machines dans lesquelles les mouvemens d'abaissement du flotteur font ouvrir le tuyau nourricier , et portent ainsi le remède convenable à la diminution de l'eau dans la chaudière.

La surveillance de la pompe alimentaire n'est pas moins indispensable (1) : si , par suite de négligence , la hauteur de l'eau avait très-notablement diminué dans la chaudière , il faudrait , aussitôt qu'on s'en apercevrait , rétablir ou augmenter peu à peu le jet nourricier ; car autrement on s'exposerait à des accidens. En effet , l'eau , en s'élevant rapidement contre

_____

(1) Dans le cas où la chaudière se viderait considérablement sans que l'on s'en aperçût, il faudrait bien se garder de rétablir l'alimentation interrompue, même avec les plus grandes précautions et peu à peu ; il ne s'en produirait pas moins une explosion. Il faut immédiatement, dans ce cas, laisser tomber le feu, arrêter la machine, permettre à la chaudière de se refroidir lentement, et en écarter tout le monde pendant ce refroidissement.

les parois de la chaudière , que la chaleur aurait rou
gies , fournirait instantanément une trop grande quan
tité de vapeur , et il serait possible que l'accroissement
de pression qui en résulterait fût supérieur à la pres
sion que la chaudière pourrait supporter. Le danger
de l'explosion serait imminent, si, dans une telle cir
constance , les soupapes de sûreté n'étaient point
en état de jouer librement , ou si , par suite d'une
pratique imprudente ou coupable , elles se trouvaient
surchargées de poids.

En général, le moindre inconvénient que le manque
d'eau dans les chaudières puisse produire , c'est d'y
occasioner des ruptures très-préjudiciables , quand
bien même il n'y aurait pas d'explosion.

DES SOUPAPES DE SURETÉ (1).

Dans les machines dont les soupapes de sûreté sont

---

(1) Ce n'est pas l'adhérence qui est à redouter dans les soupapes
de sûreté, parce qu'en les nettoyant tous les huit jours elle est
nulle ; mais ce sont au contraire les saletés qui, en s'y engageant,
empêchent la soupape de fermer hermétiquement, laissent échapper
beaucoup de vapeur et forcent le chauffeur à la surcharger. Aussi ,
est-ce une grande erreur que d'engager le chauffeur à soulever la
soupape fréquemment ; il faut au contraire le lui défendre très-ex
pressément : car la vapeur entraîne avec elle des saletés qui occa
sionent des pertes de vapeur qu'on arrête le plus souvent en sur
chargeant les soupapes , comme nous venons de le dire , tandis qu'on
devrait seulement les rôder à sec, ainsi qu'il a été recommandé.

Ces conseils sont loin d'être complets ; mais on trouvera dans l'ar
ticle relatif à la conduite des machines à vapeur , des instructions
plus détaillées sur les précautions à prendre et à exiger des chauf
feurs. Nous ne reviendrons pas autrement sur ce sujet : ce que nous
avons dit suffira pour faire sentir combien les mesures prescrites
sont insuffisantes et peu faites pour atteindre le but qu'elles se pro
posent.

à la disposition de l'ouvrier chauffeur, il est utile que cet ouvrier s'applique à en étudier le jeu et à bien connaître le degré d'adhérence qu'elles contractent ordinairement avec le collet sur lequel elles pressent, surtout lorsqu'elles ont été rôdées récemment. Il faudrait avoir égard à cette adhérence, lors même que la soupape serait construite de telle manière que le plan de contact serait réduit à une zone circulaire très-étroite. Le chauffeur doit s'assurer très-fréquemment que les soupapes jouissent de toute la liberté de mouvement dont elles ont besoin pour remplir leur destination. A cet effet, il est bon qu'il soulève de temps en temps l'extrémité de la branche du levier qui supporte le poids servant de charge habituelle, afin de s'assurer que la soupape n'a pas contracté une trop forte adhérence.

Lorsque les soupapes d'une machine ne jouent pas librement, et lorsque en même temps on vient à leur donner le *maximum* de charge habituelle, elles ne peuvent remplir leur objet qu'imparfaitement, elles retiennent la vapeur alors qu'elles devraient lui donner issue; la vapeur s'accumule et se comprime, et pourrait, suivant les circonstances, acquérir une force de tension qui surpasserait la résistance que la chaudière est capable d'opposer, et qui la ferait éclater.

Ce funeste effet pourrait encore être produit, si, dans l'intention de donner plus d'activité à la machine, on avait ajouté des poids à ceux qui composent le *maximum* de la charge habituelle des soupapes. De telles surcharges sont extrêmement dangereuses; l'ignorance du danger pourrait seule excuser les propriétaires de les ordonner, et l'ouvrier chauffeur de s'y prêter. Il faut que les ouvriers sachent bien que l'un des principaux effets d'une explosion serait d'épancher une immense quantité de vapeur brûlante qui leur causerait une mort cruelle.

De tels dangers seront beaucoup moins à craindre dans les machines qui seront établies en vertu de l'ordonnance royale du 29 octobre 1823 ; mais les soupapes n'en devront pas moins être surveillées et entretenues dans un état de liberté parfaite. En effet, pour peu que leur jeu devînt moins facile, il arriverait qu'à la moindre augmentation dans l'activité du feu, la vapeur, au lieu de s'échapper, acquerrait plus de chaleur et de tension, et il y aurait un terme où elle fondrait et romprait les rondelles de métal fusible qui devront être appliquées à chaque chaudière ; le travail de l'atelier serait interrompu, et le propriétaire encourrait les inconvéniens des retards résultant de la pose de nouvelles rondelles. Le propriétaire est particulièrement intéressé à visiter journellement la soupape qui sera renfermée sous le grillage en fer dont la clé devra rester à sa disposition.

En général les soupapes ont besoin d'être rôdées très-fréquemment ; autrement elles finissent par laisser perdre de la vapeur. Ce soin d'entretien n'admet pas le négligence, car l'ouvrier ne pourrait y suppléer qu'en augmentant la charge habituelle : or les propriétaires ne sauraient proscrire les surcharges avec trop de rigueur.

Lorsqu'on veut cesser tout-à-fait le feu, ou lorsqu'on le couvre seulement pour en retrouver le lendemain, il ne faut pas quitter l'atelier sans s'être assuré que les soupapes, convenablement déchargées, peuvent don-

ner librement issue à la vapeur qui continue de se pro-
produire.

DU MANOMÈTRE.

Le manomètre, à raison de sa communication avec
l'intérieur de la chaudière, indique à chaque instant
la marche plus ou moins rapide de la production de la
vapeur, et le degré de la force de pression qui en résulte. Cette indication est donnée par le mouvement
de la colonne de mercure renfermée dans le tube de
verre; elle se mesure au moyen de l'échelle qui est placée le long du tube.

Cet instrument est d'une grande utilité, lorsqu'il a
été construit avec soin et gradué avec exactitude.
Comme il est fragile, les propriétaires de machines
doivent prendre les mesures nécessaires pour le préserver de tout accident, et le faire couvrir d'un grillage en fil de fer ou en fil de laiton.

Le propriétaire doit aussi donner ses soins pour que
l'ouvrier comprenne la destination et les avantages de
l'instrument, et sache à propos tirer parti de ses indi-
tions.

Enfin, il est du devoir de l'ouvrier de consulter
très - fréquemment le manomètre, et de le prendre
constamment pour guide dans la conduite du feu,
quelle que soit d'ailleurs la charge, ou, en d'autres
termes, la pression avec laquelle la machine travaille,
suivant les besoins de l'atelier.

DE L'ENCEINTE DE LA MACHINE.

En supposant qu'une explosion pût arriver, c'est un
moyen de la rendre moins dommageable que de tenir

le local de la machine complètement isolé, et de ne placer les matériaux qu'on serait forcé d'emmagasiner dans son voisinage, qu'à la distance de plusieurs mètres. Le propriétaire se mettrait en contravention avec l'article 6 de l'ordonnance royale du 29 octobre 1823, s'il venait à remplir avec des matériaux résistans l'espace qu'il faut laisser du côté des habitations entre les murs mitoyens et le mur de défense qui doit enceindre le local de la machine. Ce mur de défense ne peut remplir l'objet que l'ordonnance royale a eu en vue, qu'autant qu'il confine au dehors avec un espace vide.

Enfin, il est indispensable que le local de la machine puisse être bien fermé, et, qu'en l'absence du chauffeur, personne ne puisse s'y introduire. On conçoit, par exemple, que si, par malveillance, on venait à surcharger les soupapes ou à les bander avec des cales, lorsque le feu a été arrêté ou couvert, l'accumulation de la vapeur pourrait occasioner un accident. Les précautions habituelles que ce cas particulier peut exiger sont tout aussi importantes que celles qui concernent les différens cas qui ont été précédemment exposés. La prévoyance des propriétaires des machines et la vigilance des ouvriers chauffeurs ne doivent être en défaut dans aucun temps, dans aucune circonstance.

Paris, le 19 mars 1824.

Le Conseiller-d'Etat, directeur général des Ponts-et-Chaussées et des Mines,

Signé BECQUEY.

APPROUVÉ, le 19 mars 1824 :

Le Ministre secrétaire d'Etat au département de l'intérieur,

Signé CORBIÈRE.

TABLE
DES MATIÈRES.

DEUXIÈME PARTIE.

QUATRIÈME PARTIE.

ERRATA.

Pag. 19 , *lig.* 13. Les côtés ABCD , lisez : les côtés *abcd.*

Pag. 23 , *lig.* 23. Aux chaudières cilindrique de fonte (pl. 1re , fig. 6), lisez : (pl. 1re , fig. 6.). Aux chaudières cilindriques de fonte.

Pag. 28 , *lig.* 11. Traverses F et G; lisez : traverses *f* et *g.*

d° *lig.* 12. Un boulon H ; lisez : un boulon *h.*

Pag. 31 , *lig.* 5. De fer B et la plaque de fonte E ; lisez : de fer *b* , et la plaque de fonte *e.*

Pag. 32 , *lig.* 7. De fonte E et le support B; lisez : de fonte *e* et le support *b.*

Pag. 46 , *lig.* 15. Les carneaux (EGHSKL); lisez : les carneaux (GHJKLM).

Pag. 61 , *lig.* 18. Carneaux latéraux *f* et *k ;* lisez , carneaux latéraux JK.

Pag. 101 , *lig.* 16. Elles s'entortilleraient autour du fil d'acier et en gêneraient ; lisez: elle s'entortillerait autour du fil et en gênerait.

Pag. 104, *lig.* 10. (Pl. 3 , fig. 11); lisez : (pl. 3 , fig. 8).

Pag. 125 , *lig.* 13. Chapeaux *a* ; lisez : chapeau *k.*

Pag. 126 , *lig.* 26. Rondelle de cuivre *b ;* lisez : rondelle de cuivre *L.*

Pag. 132 , *lig.* 17. Des charbons ardens ; lisez : des charbons de bois ardens.

Pag. 159, *lig.* 19. Une douille en cuivre ; lisez: un bocal en cuivre.

Pag. 178, *lig.* 18. Piston *c ;* lisez : piston *b.*

Pag. 186 , *lig.* 29. Soupapes *dc*, fig. 7 ; lisez : soupapes *bc* , fig. 6 et 7.

Pag. 190 , *lig.* 29. Ont été très-importans ; lisez : sont très-importans.

Pag. 211 , *lig.* 23. Des cloches et des canons ; lisez : des cloches ou à celui des canons.

Pag. 217 , *lig.* 27. (pl. 8 , fig. 9) ; lisez : (pl. 9 , fig. 9).

Pag. 218 , *lig.* 23. (pl. 8 , fig. 3 aaa) ; lisez : (pl. 9 , fig. 3 aaa).

Pag. 220 , *lig.* 22. Une ligne *hin* ; lisez : une ligne *hm*.

d°   *lig.* 26. Son égal ihl ; lisez : son égal *thl*.

Pag. 222 , *lig.* 11. La circonférence de deux roues ; lisez: la circonférence de chacune des deux roues.

Pag. 303 , *lig.* 28. Languit , et d'autres ; lisez : languit , en d'autres.

Pag. 311 , *lig.* 25. C'est-à-dire 6 cardes ; lisez : c'est-à-dire 6 à 8 cardes.

Pag. 313 , *lig.* 8. Total des frais dans l'année , 13500 ; lisez : total des frais dans l'année , 3500.

Pag. 324 *lig.* 25. Presque jamais sur des cours d'eau ; lisez : presque jamais que sur des cours d'eau.

Pag. 328 , *lig.* 9. Ne leur est pas compté ; lisez : ne leur est pas fourni.

Pag. 343 , *lig.* 17. La machine vide ; lisez : la machine à vide.

d°   *lig.* 23. C'est-à-dire 25 ou 30 liv. ; lisez : c'est-à-dire 30 ou 35 livres.

Pag. 350 , *lig.* 18. Effort réel de 3982 ; lisez : effort réel de 3k. 98.

Pag. 361 , *lig.* 29. 0.5c , lisez 0.40.

Pag. 391 , *lig.* 23. Degré 657 k. d'eau ; lisez : degré 650 k. d'eau.

d°   *lig.* 24. M. Clément désormais ; lisez : M. Clément-Desormes.

Pag. 391 , *lig.* 32. En kilogramme par 600 ; lisez : en kilogramme par 650.

Pag. 392 , *lig.* 11. Vapeur à 177 ° ; lisez : vapeur à 100 °.

d°   *lig.* 16. S'écoulera à 47 ° ; lisez : s'écoulera à 40 °.

Pag. 414 , *lig.* 21. Au grand bras *eb* ; lisez : au grand bras *cb*.

Pag. 419 , *lig.* 4. Sous une pression triple de 2^m,28 , sera ; lisez : sous une pression triple = 2^m,28, sera :

Pag. 419 , *lig.* 16. Ou 0,5 at. ; lisez ; 1,5 at.

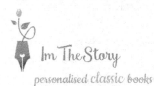